国家卓越工程师教育培养计划食品类系列教材

高等学校食品专业通用教材

食品分析与检测实验

主　编　孙汉巨

副主编　黄晓东　王家良　陈文军　陈　彦

　　　　鲍士宝　刘生杰　叶应旺　何述栋

合肥工业大学出版社

图书在版编目(CIP)数据

食品分析与检测实验/孙汉巨主编.—合肥:合肥工业大学出版社,2016.12
ISBN 978-7-5650-3096-3

Ⅰ.①食…　Ⅱ.①孙…　Ⅲ.①食品分析—实验—教材②食品检验—实验—教材
Ⅳ.①TS207.3-33

中国版本图书馆 CIP 数据核字(2016)第 277992 号

食品分析与检测实验

主编	孙汉巨		责任编辑	陆向军　刘　露

出　版	合肥工业大学出版社	版　次	2016 年 12 月第 1 版
地　址	合肥市屯溪路 193 号	印　次	2018 年 2 月第 2 次印刷
邮　编	230009	开　本	787 毫米×1092 毫米　1/16
电　话	综合编辑部:0551-62903028	印　张	20
	市场营销部:0551-62903198	字　数	486 千字
网　址	www.hfutpress.com.cn	印　刷	安徽昶颉包装印务有限责任公司
E-mail	hfutpress@163.com	发　行	全国新华书店

ISBN 978-7-5650-3096-3　　　　　　　　　定价: 35.00 元

编　委　会

主　编　孙汉巨

副主编　黄晓东　王家良　陈文军　陈　彦

　　　　　鲍士宝　刘生杰　叶应旺　何述栋

编委会（按姓氏拼音顺序）

　　　　鲍士宝　安徽师范大学

　　　　陈文军　安徽医科大学

　　　　陈志宏　滁州学院

　　　　陈　彦　安徽大学

　　　　何胜华　哈尔滨工业大学

　　　　何述栋　合肥工业大学

　　　　黄晓东　安徽工程大学

　　　　李从虎　安庆师范大学

　　　　李　菁　合肥学院

　　　　李雪玲　安徽农业大学

　　　　刘生杰　阜阳师范学院

　　　　刘艳红　阜阳师范学院

　　　　鲁红侠　合肥师范学院

　　　　闵运江　皖西学院

潘文娟　安徽大学

桑宏庆　安徽科技学院

宋留丽　安徽师范大学

孙汉巨　合肥工业大学

吴永祥　黄山学院

吴庆喜　安徽大学

王家良　蚌埠学院

汪张贵　蚌埠学院

魏兆军　合肥工业大学

谢秀玲　阜阳师范学院

徐　涛　合肥学院

徐　晖　福建农林大学

叶应旺　合肥工业大学

翟科峰　宿州学院

张　斌　蚌埠学院

张　汆　滁州学院

张方艳　合肥师范学院

张丹凤　合肥工业大学

张　莉　皖西学院

张文娜　安徽大学

前　言

　　为贯彻教育部推行的"卓越工程师教育培养计划"和"工程教育认证计划",促进高等教育面向国家及社会发展培养人才,全面提高食品专业人才的培养质量,在充分考虑社会对食品专业人才能力的需求以及实际教学经验的基础上,参考已出版的同类教材,我们编写了《食品分析与检测实验》。

　　《食品分析与检测》与《食品分析与检测实验》是配套教材,前者重点讲解食品分析及检测的理论,后者重点介绍食品分析与检测的实验操作,兼顾食品相关专业人员的实际需要,尤其突出食品安全性检测实验。本书包括:食品感官检验与物理性质检验,食品中营养成分的测定,食品添加剂的检测,食品中金属元素的检测,食品中农药,兽药及抗生素残留的检测,食品中有害成分及污染物的检测,食品腐败变质和天然毒素的检测,食品中非法添加物的检测,食品掺伪的鉴别,保健食品中功能成分的检测,综合训练实验,附录等内容。本书在现有教材的基础上,运用了最新检测仪器及技术手段,引用了大量最新的国家标准,具有较高的权威性、系统性、先进性及实用性。

　　本书可供高等学校轻工食品、食品科学与工程、食品质量与安全、粮食贮藏及加工、粮食工程、烹饪及营养教育、食品卫生及营养学、公共卫生等专业本科生及研究生使用,也可供从事食品卫生检验、商检、质量监督、食品研究及开发的技术人员参考。

　　参加本书编写的人员有:鲍士宝、陈文军、陈志宏、陈彦、何胜华、何述栋、黄晓东、李从虎、李菁、李雪玲、刘生杰、刘艳红、鲁红侠、闵运江、潘文娟、桑宏庆、宋留丽、孙汉巨、吴永祥、吴庆喜、王家良、汪张贵、魏兆军、谢秀玲、徐涛、徐晖、叶应旺、瞿科峰、张斌、张尒、张方艳、张丹凤、张莉、张文娜等。本书由孙汉巨主编,黄晓东、王家良、陈文军、陈彦、鲍士宝、刘生杰、叶应旺、何述栋担任副主编。

　　本书在编写过程中,参考及引用了大量国家标准、研究论文、书籍、网站上的相关内容,在此对相关工作人员表示诚挚的感谢。合肥工业大学食品科学与工程学院在读研究生王鑫、娄秋燕、章萍萍、余敏、朱永生、何钱为本书的文字、图表处理做了大量工作,在此表示感谢。本书由食品科学与工程专业国家级卓越工程师教育培养计划建设经费及安徽省高等学校质量工程项目(2014zy005)资助出版。

　　由于编者的水平有限,书中难免出现的错误及不妥之处,恳请读者批评指正。

编　者

2016 年 12 月

前　言

目　录

第1章　食品感官检验与物理检验

第2章　食品中营养成分的测定

第 10 章 保健食品中功能成分的检测

第 11 章 综合训练实验

附 录

第1章　食品感官检验与物理检验

实验 1-1　食品的感官检验

Ⅰ　罐头食品的感官检验

一、实验目的

1. 通过眼观、鼻嗅、口尝、耳听以及手触等方式,对食品的色、香、味、形、质等质量状况进行客观的综合性鉴别分析,最后以文字、符号或数据的形式做出评判。

2. 通过本实验的学习了解食品的感官鉴定,熟悉食品感官检验的方法。

二、实验原理

根据人类的感觉特性,用眼(视觉)、鼻(嗅觉)、舌(味觉)和口腔(综合感觉),按照产品标准要求,对其色泽、形态、组织、滋味与口感以及有无杂质等进行感官鉴定。

三、样品

肉、禽、水产、水果、果汁等罐头。

四、实验器具

开罐刀、不锈钢圆筛(丝的直径 1 mm,筛孔 2.8 mm×2.8 mm)、白瓷盘、刀叉餐具等。

五、操作步骤

1. 外观和外包装检验

检查容器的密封完整性,有无泄漏及胖听现象,容器外表有无锈蚀,开罐后的空罐内壁涂料有无脱落及腐蚀等。

2. 组织、形态与色泽检验

(1) 肉、禽、水产类罐头:先经加热至汤汁融化(有些罐头如午餐肉、凤尾鱼等,不经加热),然后将内容物倒入白瓷盘中,观察其组织、形态和色泽是否符合标准。将汤汁注入量筒中,静置 3 min 后,观察色泽和澄清程度。

(2) 糖水水果类及蔬菜类罐头:在室温下将罐头打开,先滤去汤汁,然后将内容物倒入白瓷盘中观察组织、形态和色泽是否符合标准。将汁液倒在烧杯中,观察是否清亮透明,有无夹杂物及引起浑浊的果肉碎屑。

(3) 果酱类罐头:在室温(14 ℃~20 ℃)下开罐后,用匙取果酱(20 g)置于干燥的白瓷盘上,在 1 min 内观察酱体有无流散和汁液分泌现象,并察看色泽是否符合标准。

(4) 果汁类罐头:在玻璃容器中静置 30 min 后,观察其沉淀过程,有无分层和油圈现象,浓淡是否适中。

（5）糖浆类罐头：开罐后，将内容物平倾于不锈钢圆筛中，静置 3 min，观察组织、形态及色泽是否符合标准。另将一罐全部倒入白瓷盘中观察是否浑浊，有无胶冻、果屑及夹杂物存在。

3. 气味和滋味检验

（1）肉、禽及水产类罐头：检验其是否具有该产品应有的气味与滋味，有无异味。

（2）果蔬类罐头：检验其是否具有与原果蔬相近似之香味，浓缩果汁稀释至规定浓度后再嗅其香味，然后评定酸甜是否适口。

六、结果评定

对照产品的感官指标，对检验样品进行感官评定并记录。几种典型产品的感官指标评价标准参见表 1－1 及表 1－2。

表 1－1　苹果酱罐头的感官要求

项目	优级品	一级品	合格品
色泽	酱体呈红褐色或琥珀色，有光泽	酱体呈红褐色或琥珀色	酱体呈红褐色或黄褐色
滋味与气味	具有苹果酱罐头应有的滋味与气味，无异味	具有苹果酱罐头应有的滋味与气味，无异味	具有苹果酱罐头应有的滋味与气味，允许有轻微焦煳味
块状酱组织形状	酱体呈软胶凝状，徐徐流散，酱体保持部分果块，无汁液析出，无糖的结晶	酱体呈软胶凝状，徐徐流散，酱体保持部分果块，无汁液析出，无糖的结晶	酱体呈软胶凝状，酱体保持部分果块，允许有少量汁液析出，无糖的结晶
泥状酱组织形状	酱体细腻均匀，胶黏适度，徐徐流散，无汁液析出，无糖的结晶	酱体较细腻均匀，胶黏较适度，徐徐流散，无汁液析出，无糖的结晶	酱体尚细腻均匀，允许有少量汁液析出，无糖的结晶

表 1－2　午餐肉罐头的感官要求

项目	优级品	一级品	合格品
色泽	表面色泽正常，切面呈粉红色	表面色泽正常，无明显变色；切面呈淡粉红色，稍有光泽	表面色泽正常，允许带浅黄色；切面呈浅粉红色
滋味与气味	具有午餐肉罐头浓郁的滋味与气味	具有午餐肉罐头较好的滋味与气味	具有午餐肉罐头应有的滋味与气味
组织	组织紧密、细嫩，切面光洁；夹花均匀，无明显的大块肥肉、夹花和大蹄筋；富有弹性，允许存在极少量的小气孔	组织较紧密、细嫩，切面较光洁；夹花均匀，稍有大块肥肉、夹花或大蹄筋；有弹性，允许存在少量小气孔	组织尚紧密，切面完整；夹花尚均匀；略有弹性，允许存在小气孔

（续表）

项目	优级品	一级品	合格品
形态	表面平整,无收腰,缺角不超过周长的10%,接缝处略有黏罐	表面较平整,稍有收腰,缺角不超过周长的30%,黏罐面积不超过内壁总面积的10%	表面尚平整,略有收腰,缺角不超过周长的60%。黏罐面积不超过罐内壁总面积的20%
析出物	脂肪和胶冻析出量不超过净含量0.5%,净含量为198 g的析出量不超过1.0%,无析水现象	脂肪和胶冻析出量不超过净含量1.0%,净含量为198 g的析出量不超过1.5%,无析水现象	脂肪和胶冻析出量不超过净含量的2.5%,无析水现象

Ⅱ　食品的感官检验——排序试验(以饼干为样品)

一、实验目的

1. 通过眼观、鼻嗅、口尝以及手触等方式,对食品的色、香、味、形、质等质量状况进行客观的综合性鉴别分析,最后以文字、符号或数据的形式做出评判。

2. 通过本实验学习了解食品的感官鉴定,熟悉食品感官检验的方法。

二、实验原理

排序试验是比较数个样品,按指定特性由强度或嗜好程度排出一系列样品的方法。按其形式可以分为:1. 按某种特性(如甜度、黏度等)的强度递增顺序;2. 按质量顺序(如竞争食品的比较);3. 赫道尼克(Hedonic)顺序(如喜欢/不喜欢)。

该法只排出样品的次序,不评价样品间差异的大小。具体来讲,就是以均衡随机的顺序将样品呈送给品评员,要求品评员就指定指标将样品进行排序,计算序列和,然后利用Friedman法等对数据进行统计分析。排序试验的优点在于可以同时比较两个以上的样品。但是对于样品品种较多或样品之间差别很小时,就难以进行。所以通常在样品需要为下一步的试验预筛或预分类的时候,可应用此方法。排序试验中的评判情况取决于鉴定者的感官分辨能力和有关食品方面的性质。

三、样品

5 种同类型饼干样品,例如不同品牌的苏打饼干或酥性饼干。

四、器具

预备足够量的碟、样品托盘等。

五、操作步骤

1. 实验分组

每 10 人为一组,如全班为 40 人,则分为 4 个组,每组选出一个小组长,轮流进入实验区。

2. 样品编号

备样员给每个样品编出三位数的代码，每个样品给 3 个编码，作为 3 次重复检验之用，随机数码取自随机数表。编码实例及供样方案见下表所列。

样品名称：＿＿＿＿＿＿＿＿　　　　　　　日期：＿＿＿＿年＿＿＿＿月＿＿＿＿日

样品名称	重复检验编码			
	1	2	3	4
A	463	973	434	
B	995	607	225	
C	067	635	513	
D	695	654	490	
E	681	695	431	

检验员	供样顺序	第 1 次检验时号码顺序
1	CAEDB	067 463 681 695 995
2	ACBED	463 067 995 681 695
3	EABDC	681 463 995 695 067
4	BAEDC	995 463 681 695 067
5	ECCAB	681 695 067 463 995
6	DEACB	695 681 463 067 995
7	DCABE	695 067 463 995 681
8	ABDEC	463 995 695 681 067
9	CDBAE	067 695 995 463 681
10	EBACD	681 995 463 067 695

在做第 2 次重复检验时，供样顺序不变，样品编码改用上表中第二次检验用码，其余类推。检验员每人都有一张单独的登记表。

样品名称：＿＿＿＿＿＿＿＿　　　　　　　日期：＿＿＿＿年＿＿＿＿月＿＿＿＿日

检验员：＿＿＿＿＿＿＿＿

检验内容：请仔细品评您面前的 5 个饼干样品，例如酥性甜饼干，请根据它们的入口酥化程度、甜脆性、香气、综合口感以及外形、颜色等综合指标给它们排序，最好的排在左边第 1 位，依次类推，最差的排在右边最后一位，将样品编号填入对应横线上。

样品排序（最好）　　1　　2　　3　　4　　5（最差）

样品编号　　　　　　＿＿　＿＿　＿＿　＿＿　＿＿

六、结果分析

1. 以小组为单位,统计检验结果。
2. 用 Friedman 检验法和 Page 检验法对 5 个样品之间是否有差异做出判定。
3. 用多重比较分组法和 Kramer 法对样品进行分组。
4. 每人分析自己检验结果的重复性。
5. 讨论你的实验体会。

七、注意事项

1. 感官检验场所必须空气清新,无烟味、臭味、香味、霉味和陈腐味。
2. 感官检验宜在散射光下进行,而不宜在直射阳光或灯光下进行。必须在灯光下检验时应使用日光灯。
3. 检验场所必须安静、不喧闹,以免分散检验者的注意力。检验场所不宜有耀眼的颜色存在。
4. 检验人员要有健康的感官器官,要有丰富的实践经验,要准确掌握正常食品的感官性状。
5. 口味检验最好在饭前 1 h 或饭后 2 h 进行,检验前不得吸烟、吃糖,检验时用温水漱口。
6. 一个样品的气味或口味检验完后要稍休息并漱口,几个样品的检验按气味、滋味强度从轻到重的顺序进行,以防造成错觉。
7. 检验时间不宜过长,以防感觉器官疲劳。

八、思考题

1. 食品的感官检验有哪几大类方法? 试说明感官检验的特点。
2. 食品感官检验对周围的环境有什么具体要求?
3. 感官检验评价员应具备哪些基本条件? 如何选择、培训和考核感官检验评价员?

实验 1-2　液态食品相对密度的测定(密度瓶法)

一、实验目的

1. 掌握密度瓶测定液态食品相对密度的原理。
2. 掌握密度瓶的使用方法。
3. 掌握把测量值校正为标准温度值的方法。

二、实验原理

密度瓶是测定液体相对密度的专用精密仪器,其种类和规格有多种,常用的有带温度计的精密密度瓶和带毛细管的普通密度瓶,如图 1-1 所示。密度瓶具有一定的容积,20 ℃时用同一密度瓶分别称量等体积的试样及水的质量,两者之比即为试样的相对密度。由水的质量确定密度瓶的容积即试样的体积,根据试样的质量及体积可计算相对密度。

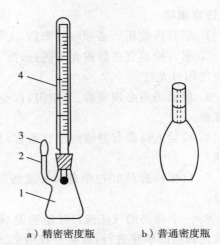

a)精密密度瓶　　　b)普通密度瓶

图 1-1　密度瓶

1—密度瓶;2—支管标线;

3—支管上小帽;4—附温度计的瓶盖

三、试剂和材料

待测试液、滤纸条等。

四、仪器

密度瓶、水浴锅、温度计及分析天平等。

五、操作步骤

取洁净、干燥、准确称量的密度瓶,装满待测试样,盖上瓶盖,置 20 ℃水浴中浸 0.5 h,使内容物的温度达到 20 ℃,用细滤纸条吸去支管标线以上的试样,盖好小帽后取出,用滤纸将密度瓶外擦干,置天平室内 0.5 h 后称重。再将试样倾出,洗净密度瓶,装入煮沸 30 min 并冷却至 20 ℃以下的蒸馏水,方法同上再称量,测出同体积 20 ℃蒸馏水的质量。

六、结果计算

待测试样的相对密度按式(1-1)及式(1-2)进行计算。

$$d_{20}^{20} = \frac{m_2 - m_0}{m_1 - m_0} \qquad (1-1)$$

$$d_4^{20} = d_{20}^{20} \times 0.99823 \qquad (1-2)$$

式中,m_0 为密度瓶的质量,g;m_1 为密度瓶加水的质量,g;m_2 为密度瓶加液体试样的质量,g;

0.99823 为 20 ℃时水的密度,g/cm³。

　　计算结果表示到称量天平精度的有效数位。

七、注意事项

　　1. 本法适用于测定各种液体食品的相对密度,特别适合于样品量较少的场合,对挥发性样品也适用,结果准确,但操作较烦琐。

　　2. 测定较黏稠样液时,宜使用具有毛细管的密度瓶。

　　3. 水及样品必须装满密度瓶,瓶内不得有气泡。

　　4. 拿取已达恒温的密度瓶时,不得用手直接接触密度瓶球部,应戴隔热手套去拿瓶颈或用工具夹取。

　　5. 水浴中的水必须清洁无油污,防止瓶外壁被污染。

　　6. 天平室温度不得高于 20 ℃,以免液体膨胀流出。

八、思考题

　　1. 简述密度与相对密度的概念以及两者之间的区别。

　　2. 加入密度瓶的液体为何要求温度低于 20 ℃?

实验 1-3　液态食品相对密度的测定(相对密度计法)

一、实验目的

1. 学习测定液态食品相对密度的各种方法。
2. 重点掌握各种相对密度计的测定原理及操作方法。
3. 掌握把测量值校正为标准温度值的方法。

二、实验原理

相对密度计是根据阿基米德定律制成的,即浸在液体里的物体受到向上的浮力的大小等于物体排开液体的重量。相对密度计的质量是一定的,液体的密度越大,相对密度计就浮得越高,所以从相对密度计上的刻度就可以读取相对密度的数值和某种溶质的百分含量。相对密度计的种类很多,但结构和形式基本相同,都是由玻璃外壳制成。头部呈球形或圆锥形,里面灌有铅珠、水银或其他重金属,使其能立于溶液中,中部是胖肚空腔,内有空气,故能浮起,尾部是一细长管,内附有刻度标记,刻度是利用各种不同密度的液体标度的。食品检验中常用的相对密度计按其标度方法的不同,可分为普通密度计、糖锤度计、乳稠计、波美计、酒精计等。

三、材料

糖浆溶液、食盐溶液、鲜牛奶、酱油、牛奶、白酒等。

四、仪器

糖锤度计、波美计、酒精计、乳稠计、温度计、量筒、玻璃棒等。

五、操作步骤

将所选用的相对密度计(或专用密度计)(图 1-2)洗净擦干,缓缓放入盛有待测液体试样的适当量筒中,勿使碰及容器四周及底部,保持试样温度在 20 ℃,待其静止后,再轻轻按下少许,然后使其自然上升,静置至无气泡冒出后,从水平位置观察与液面相交处的刻度,即为试样的相对密度。

1. 糖锤度计测蔗糖溶液的浓度

(1)将蔗糖溶液倒入 200～250 mL 的干燥量筒中(应排除气泡),至量筒体积的 3/4,并用温度计测定样品液的温度。

(2)将洗净擦干的糖锤度计小心置入蔗糖溶液中,待静止后,再轻轻按下少许,待其浮起至平衡为止,读取糖液水平面与糖锤度计相交处的刻度。

(3)根据糖液的温度和糖锤度计的读数查表校正为 20 ℃ 的数值。

表 1-3　常用相对密度计及用途

常用的相对密度计	用途	测量值表示	与 d 的关系	温度校正
糖锤度计	测糖液浓度	质量分数以"°Bx"	$d=0.9982+0.0037\,°\mathrm{Bx}+0.000018\,°\mathrm{Bx}^2$	查附表

（续表）

常用的相对密度计		用途	测量值表示	与 d 的关系	温度校正
波美计	重表 $d>1$	测酱油等溶液浓度	以"°Be′"	$X=\dfrac{F_1\times f_1\times 0.25\times 100}{V_1\times m}$	查表,如无表可查,按照温度 $\pm 1\ ℃$ 与波美度约 $\pm 0.05\ °Be′$ 进行校正
	轻表 $d<1$	测比水轻重等溶液浓度	10 °Be′约相当于 18 °Bx	$m_1=\dfrac{h_i}{h_s}\times\dfrac{V_m}{V_i}\times V_s\times p$	
乳稠计		测生乳密度	以度表示	牛乳密度 $=1+0.001\times$（乳稠计+2）+（测定温度-20）$\times 0.0002$	查附表

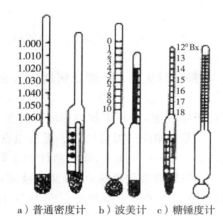

a）普通密度计　b）波美计　c）糖锤度计

图 1-2　几种常见的相对密度计

2. 酒精计测酒精溶液的浓度

(1)将酒精溶液注入 200～250 mL 干燥的量筒中,加到量筒体积的 3/4 待气泡消失后,用温度计测定样品的温度。

(2)将洗净擦干的酒精计小心置入酒精溶液中,待静止后,再轻轻按下少许,待其浮起至平衡为止,读取酒精度。

3. 波美计测食盐的相对密度

(1)将食盐溶液倒入 200～250 mL 干燥的量筒中(应排除气泡),至量筒体积的 3/4,并用温度计测定样品液的温度。

(2)将洗净擦干的波美计小心置入食盐溶液中,待静止后,再轻轻按下少许,待其浮起至平衡为止,读取溶液水平面与波美计相交处的刻度。

(3)根据食盐溶液的温度和波美计的读数查表校正为 20 ℃的数值。

4. 乳稠计测生乳的相对密度

(1)取混匀并调节温度为 9 ℃～20 ℃的生乳,小心倒入 200～250 mL 量筒内,加到量筒体积的 3/4,勿使其产生泡沫。

(2)小心将乳稠计沉入生乳样品中到相当刻度 30 处,然后让其自然浮起,但不能与量筒内壁接触。静置 2～3 min,眼睛平视筒内液面的高度,读取乳稠计数值。同时,测量生乳的温度。

（3）根据生乳样品的温度和乳稠计读数查表换算成15℃或20℃时的度数。

六、结果计算

表1-4　实验记录表

样品	仪器及型号	样品温度	测量值（单位）	校正系数	校正密度

七、注意事项

1. 应根据被测试样的相对密度大小选用合适刻度范围的相对密度计,量筒的选取要根据密度计的长度确定。

2. 量筒应放在水平台面上,操作时应注意不要让密度计接触量筒壁及底部,待测液中不得有气泡。

3. 测定中注入样液时不可产生气泡,并根据被测样液的种类和性质选用合适的相对密度计。如果液体温度不是20℃,需查相应的温度校正表进行温度校正。

4. 一般相对密度计的刻度是上面小、下面大,而酒精计则正好相反,是上面大、下面小,其单位为体积百分数（V/V%）。如果酒液颜色深,可取蒸馏液测定。

5. 测定生乳时,读数应以生乳液面的最上端所示刻度为准,且测定时间不宜过长,否则由于脂肪球上浮,生乳上层脂肪增多,而下层脂肪减少,会使所测数值偏高。

6. 仔细清洗相对密度计,测液体相对密度时,用手拿住干管最高刻线以上部位垂直取放。

7. 容器要清洗后再慢慢倒进待测液体,并不断搅拌,使液体内无气泡后,再放入相对密度计,相对密度计浸入液体部分不得附有气泡。读数时以弯月面下部刻线为准,对不透明液体,只能用弯月面上缘读数法读数。

8. 糖锤度计的读数是溶液中溶质（固形物）质量百分浓度的近似值。

9. 酒精度为100 mL酒精中含纯酒精的毫升数。

10. 乳稠计有20℃/4℃和15℃/15℃两种规格。

$$a+2=b \tag{1-3}$$

式中,a为20℃/4℃测得的度数;b为15℃/15℃测得的度数。

八、思考题

1. 简述密度与相对密度的概念,以及两者之间的区别。

2. 简述测定液体食品的专用密度计的种类和适用对象,如何正确使用相对密度计?

3. 用糖锤度计测定某糖液在17℃时的锤度为20.00°Bx,那么该糖液的蔗糖含量是多少?

4. 波美度与相对密度之间如何换算?

实验 1-4　折光法在食品分析中的应用

一、实验目的

1. 理解可溶性固形物的概念,学习测定物质折射率的方法。
2. 了解折光仪的结构和工作原理。
3. 掌握手持式折光仪、阿贝折光仪的操作技能。

二、实验原理

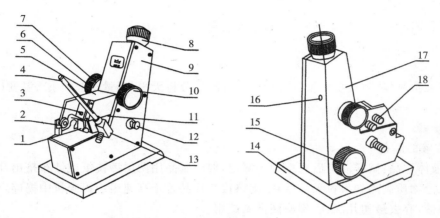

图 1-3　阿贝折光仪的结构图

1—反射镜;2—转轴;3—遮光板;4—温度计;5—进光棱镜座;6—色散调节手轮;
7—色散值刻度圈;8—目镜;9—盖板;10—手轮;11—折射棱镜座;12—照明刻度盘镜;
13—温度计座;14—底座;15—刻度调节手轮;16—小孔;17—壳体;18—恒温器接头

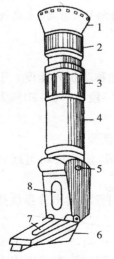

图 1-4　手持式折光仪

1—眼罩视度圈;2—视度调节圈;3—旋钮;4—望远镜;
5—校准螺丝;6—盖板;7—进光窗;8—折光棱镜

图 1-5　数显式折光仪的外形结构

1—样品池;2—棱镜;3—校准键;
4—刻度转换键;5—检测键;6—液晶屏

光线从一种介质进入另一种介质时,由于速度不同,光线改变本身的方向而产生折射。入射角正弦和折射角正弦之比,称为折射率。折射率是物质的特征常数,每一种均一物质都有其固有的折射率。折射率的大小决定于入射光的波长、介质的温度和溶质的浓度。对于同一种物质,其浓度不同时,折射率也不相同。因此,根据折射率,可以确定物质的浓度。折光仪的浓度标度是用纯蔗糖溶液标定的,对于不纯蔗糖溶液,由于盐类、有机酸、蛋白质等物质对折射率有影响,测定结果包括蔗糖和上述物质,所以通称为可溶性固形物。一般情况下,溶液的质量是溶剂和溶质的质量之和,而折射率与可溶性固形物含量关系可通过换算表查得或从折光仪上直接读出可溶性固形物含量。

三、材料

橙汁饮料、浓缩橙汁、茶饮料等,水果或蔬菜等。

四、仪器

手持式折光仪、阿贝折光仪、高速组织捣碎机、分析天平(感量≤0.01 g)、温度计等。

五、操作步骤

1. 样液的制备

(1)液体样品:试样混匀后直接用于测定,混浊制品用两层擦镜纸或纱布挤出汁液测定。而对含悬浮物质制品如果粒果汁饮料,则将待测样品置于高速组织捣碎机中捣碎,用四层纱布挤出滤液,弃去最初几滴,收集滤液供测试用。

(2)半黏稠制品(果浆、菜浆类):将试样充分混匀,用四层纱布挤出滤液,弃去最初几滴,收集滤液供测试用。

(3)含悬浮物质软饮料(果粒果汁饮料):将样品置于组织捣碎机中捣碎,用4层纱布挤出滤液,弃去最初几滴,收集滤液供测定用。

(4)新鲜果蔬:取试样的可食部分切碎,混匀。称取 250 g,准确至 0.1 g,放入高速组织捣碎机捣碎,用两层擦镜纸或纱布挤出匀浆汁液测定。

2. 手持式折光仪的使用

(1)手持式折光仪常用于测定蔗糖的浓度,所测得的蔗糖浓度也称为折光锤度。手持式折光仪的测定范围通常为 0~80%,用两段刻度尺表示:0~50%为一段,50%~80%为另一段(用镜筒上的旋钮转换)。手持式折光仪的光路采用反射光。

(2)开启照明棱镜盖板,用蒸馏水洗净进光窗和折光棱镜,用滤纸吸干。

(3)取制备好的样品溶液 1~2 滴,滴于折光棱镜面上,合上盖板,使溶液均匀地分布于棱镜表面。

(4)将进光窗对向适当光源,调节视度圈,使视野中出现明暗分界线,读出分界线相应的读数,即为软饮料可溶性固形物之百分数。

(5)使用完毕,用清水洗净棱镜和盖板,并用滤纸吸干。

(6)温度修正。测量样品溶液的温度,若温度不在标准温度(20 ℃)时,查温度修正表进行修正。或者先用纯净蒸馏水校正为 0(旋动校正螺丝),然后进行样品测定,则不用修正表也可获得正确的读数。

3. 阿贝折光仪的使用

阿贝折光仪较手持式折光仪精密,因装有色散补偿器,故明暗分界线清晰,可测定溶液或透明体的折射率或糖溶液的折光锤度。

(1)校正:折光仪在每次使用前,先用纯水进行校正。先打开两棱镜,用水洗净拭干,滴1~2滴蒸馏水于进光棱镜中央,闭合并锁紧后,调节反光镜,使两镜筒内视野最亮。由目镜观察,转动棱镜旋钮,使视野出现明暗两部分;转动色散补偿器,使视野中只有黑白两色;转动棱镜旋钮,使明暗分界线刚好在十字线交叉点上。从读数镜筒中读取折射率。20 ℃时纯水的折射率为 1.33299,或可溶性固形物含量为 0。若校正时温度不是 20 ℃,应查出该温度下水的折射率值再进行校正。若示值不符,可先把示值旋至纯水折射率值处,然后调节分界线调节旋钮,使明暗分界线在十字线中心。校正完毕后,在以后的测定过程中调节旋钮不允许再动。

对于刻度尺折射率较高部分,可用折射率一定的标准玻璃块校验。校验时,把进光棱镜打开,在标准玻璃板抛光面上加一滴溴化萘,使之粘在折射棱镜表面上,标准玻璃抛光的一端向下,以接受光线。测得的折射率与标准玻璃板上的示值相一致,如有偏差,用上述同样方法校正。

(2)测定:在开始测定前,必须将进光棱镜和折射棱镜洗净拭干,以免留有其他物质影响测定准确度。然后把 1~2 滴待测溶液样品滴于进光棱镜的磨砂面上,迅速闭合锁紧,使试液成一均匀薄膜并充满视场,溶液中不得存有气泡。其余步骤同校正步骤,从读数镜筒中读取折射率或折光锤度值,记录测定时样品溶液的温度。

(3)测定完毕,用水洗净镜面并用滤纸吸干。

六、结果处理

表 1-5　数据记录表

样品名称	使用仪器	样液温度/℃	折射率	浓度/%	温度校正值	校正后浓度

七、注意事项

1. 折光棱镜为软质玻璃,注意防止刮损。

2. 阿贝折光仪也可在反射光中使用,此时尤适用于颜色较深的样品溶液测定。可通过调整反光镜,使光线从折射棱镜的侧孔进入。

3. 样品测定通常规定在 20 ℃时测定,如测定温度不是 20 ℃,可按实际的测定温度,查温度校正表进行校正。若室温在 10 ℃以下或 30 ℃以上时,一般不宜查表校正,可在棱镜周围通以恒温水流,使试样达到规定温度后再测定。

4. 同一样品两次测定值之差,不应大于 0.5%。取两次测定的算术平均值作为结果,精确到小数点后一位。

5. 对于折射率较高的液体,可用仪器附有的标准玻璃板来校正。

6. 对于高浓度的样品如蜂蜜及白砂糖等样品糖度的测定,可加同质量的水稀释 1 倍,测定的数值乘上 2 倍。

7. 对于蜜饯、果脯等固体样品的糖度测定,将样品充分粉碎后,加 1 倍质量的水稀释,加热溶解后过滤,测定滤液的糖度乘以 2 倍。

8. 要对仪器进行校准后才能得到准确结果。

八、思考题

1. 简述食品的组成及其浓度与折射率的关系?

2. 阿贝折光仪及手持式折光仪的工作原理是什么?

3. 总固形物和可溶性固形物有何区别?

实验 1-5　旋光法在食品分析中的应用

一、实验目的

1. 学习旋光法的基本原理。
2. 熟悉自动旋光仪的基本结构和操作方法。
3. 掌握旋光法测定淀粉含量、蔗糖及味精纯度的方法。

二、实验原理

在旋光仪中设计有两个尼科尔棱镜,一个是起偏镜,另一个是检偏镜。仪器利用起偏镜使光源发出的光变成单一直线的偏振光,光通过起偏镜和检偏镜之间盛有旋光活性物质的样品管时,由于物质的旋光作用,使偏振光偏转了一个角度,即通过检偏镜的光线角度也发生改变。仪器采用光电检测自动平衡原理,进行自动测量,经数控系统把光信号转换成数字信号输出,红字为左旋(-),黑字为右旋(+),即可检测物质的旋光度。根据测定物质的旋光度值,结合旋光物的比旋光度等参数间的换算,可以分析确定物质的浓度、含量及纯度等。

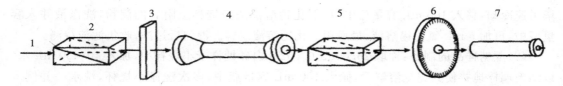

图 1-6　旋光仪构造示意图

1—单色光;2—起偏棱镜;3—石英片;4—盛液管;5—检偏棱镜;6—刻度盘;7—目镜

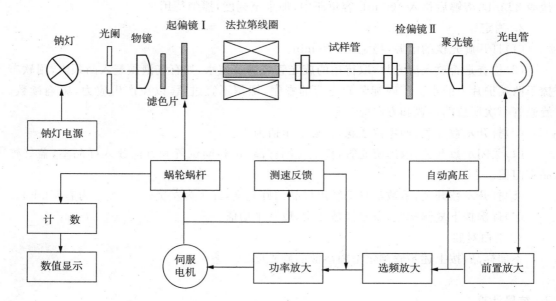

图 1-7　自动旋光仪构造示意图

三、试剂

1. 氯化钙溶液:546 g $CaCl_2 \cdot 2H_2O$ 溶于水中,稀释至约 1000 mL,调整相对密度为 1.30(20 ℃),再用 1.6％醋酸调整 pH 为 2.2～2.5,过滤后备用。

2. 氯化锡溶液:称取 $SnCl_4 \cdot 5H_2O$ 2.5 g,溶解于 75 mL 上述氯化钙溶液中。

3. 盐酸溶液(6 mol/L,1∶1 盐酸溶液)。

4. 木薯淀粉、面粉、白砂糖或味精等检测样品。

四、仪器

旋光仪。

五、操作步骤

1. 样品制备

(1)淀粉样品处理:于 250 mL 烧杯中称取淀粉样品 2.00 g,加水 10 mL,搅拌使样品湿润,再加入 70 mL 氯化钙溶液,盖上表面皿,在 5 min 内加热至沸,并继续加热 15 min,加热过程中要随时搅拌,防止样品黏附在烧杯壁上,若泡沫过多,可加 1～2 滴辛醇消泡。加热完毕迅速冷却,移入 100 mL 容量瓶中,用氯化钙溶液洗涤烧杯上附着的淀粉,洗涤液并入容量瓶中,再加 5 mL 氯化锡溶液,最后用氯化钙溶液定容。混匀后过滤,收集滤液待测。

(2)蔗糖样品的制备:称取 26.000±0.002 g 白砂糖样于小烧杯中,加入 40～50 mL 水,以细玻璃棒搅拌使其完全溶解后,倾入 100 mL 容量瓶中,多次洗涤小烧杯,洗水一并倒入容量瓶并定容到刻度。如有浑浊需用滤纸过滤后待用,用 0.2 m 旋光管测定。

(3)味精样品的处理:称取 10.000 g 味精于小烧杯中,加 40～50 mL 水,再加 6 mol/L 盐酸 32 mL,溶解后移入 100 mL 容量瓶中,加水至刻度,摇匀待用。

2. 测定

(1)打开旋光仪的电源,稳定 4～10 min。

(2)检查是否放入滤光片,取待用的旋光管装满蒸馏水,如有气泡须赶入凸颈内,用软布擦干两端护片上的水。正确旋紧旋光管的螺帽,螺帽不宜过紧,以免产生应力,影响读数。旋光管每次所放的位置和方向应一致。

(3)打开示数开关,调零位手轮,使旋光示值为零。

(4)关闭示数开关,取出旋光管,换上待测样品,按相同位置和方向放入样品室,盖好样品室门盖。

(5)打开示数开关,示数盘自动转出样品的旋光度,红字为左旋(一)、黑字为右旋(＋)。

(6)逐次按下复测按钮,重复读数几次,取其平均值。

3. 空白对照

不加样品,按上述步骤测定空白溶液的旋光度。

五、结果计算

1. 面粉等淀粉含量的计算

$$X = \frac{(\alpha - \alpha_0) \times 100}{L \times 203 \times m} \times 100\% \qquad (1-4)$$

式中，X 为淀粉的质量分数，%；α 为样品的旋光度，°；α_0 为淀粉提取剂的旋光度，°；L 为旋光管的长度，dm；m 为样品的质量，g；203 为小麦淀粉的比旋光度。

2. 白砂糖中蔗糖分含量计算

根据 1986 年国际统一糖品分析法委员会第 19 届会议的规定，蔗糖纯度的标定方法是：20 ℃用 0.2 m 观测管，以波长 $\lambda = 589.44$ nm 的钠光为光源测得 26.000 g 纯蔗糖配成 100 mL 的糖液的读数定为 100 °S。1 °S 相当于 100 mL 糖液中含有 0.26 g 蔗糖。按此操作条件，测得的°S 度数，即为样品的蔗糖分含量。如测得的是旋光度数，其换算关系式为：

$$1° = 2.887 \text{ °S} \quad (20 ℃) \qquad (1-5)$$

$$X = \alpha \times 2.887$$

式中，X 为白砂糖中蔗糖的质量分数，%；α 为标定条件下测得的样品旋光度，°；2.887 为换算系数。

3. 味精纯度计算

$$X = \frac{(\alpha - \alpha_0)}{32 \times L \times m \times \dfrac{147.13}{187.13}} \times 100\% \qquad (1-6)$$

式中，X 为味精中谷氨酸钠的质量分数，%；α 为样品的旋光度，°；α_0 为空白溶液的旋光度，°；32 为 L-谷氨酸钠的比旋光度（20 ℃）；147.13 为 L-谷氨酸的摩尔质量；187.13 为水合谷氨酸单钠的摩尔质量；L 为旋光管的长度，dm；m 为样品的质量，g。

六、注意事项

1. 温度对旋光度有很大影响。如果测定时样品溶液的温度不是 20 ℃，应进行校正。

2. 用氯化钙溶液可以提取样品中的淀粉，使之与其他组分分离，加入氯化锡溶液则具有沉淀提取液中蛋白质的作用，以消除蛋白质的影响。此外，其他可溶性糖及糊精均对测定有影响，用此法测定淀粉含量时应充分注意。

3. 对于纯度很高的成品白砂糖，由于旋光性非蔗糖的含量已很微小，故可采用一次旋光法测定蔗糖分。若样品中含有较多的其他旋光活性物质，如葡萄糖（＋52.5°）、果糖（－92.5°）等，则应采用二次旋光法。

七、思考题

1. 简述旋光法测定样液浓度的基本原理。

2. 旋光活性物质的左旋和右旋是如何定义和划分的？

3. 影响旋光度的因素有哪些？

实验 1－6　　液态食品黏度的测定

一、实验目的

1. 通过实验使学生了解旋转黏度计的结构、测定原理,并掌握其测定黏度的方法。

2. 能够通过实验进行食品流变特性检测和分析,掌握实验设计的基本步骤和数据分析的基本方法。

二、实验原理

如图 1－8 所示,同步电机以稳定的速度旋转,连接刻度圆盘,再通过游丝和转轴带动转子旋转。如果转子未受到液体的阻力,则游丝、指针与刻度圆盘同速旋转,指针在刻度盘上指出的读数为"0"。反之,如果转子受到液体的黏滞阻力,则游丝产生扭矩,与黏滞阻力抗衡,最后达到平衡,这时与游丝连接的指针在刻度圆盘上指示一定的读数(即游丝的扭转角)。将读数乘上特定的系数即得到液体的黏度(MPa·s)。

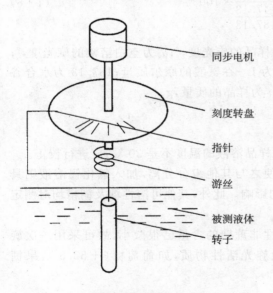

同步电机

刻度转盘

指针

游丝

被测液体

转子

图 1－8　旋转黏度计结构示意图

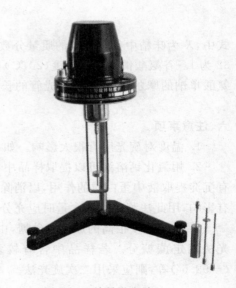

图 1－9　旋转黏度计

三、材料

白砂糖、酸奶等。

四、仪器

旋转黏度计、500 mL 烧杯、温度计、玻璃棒等。

五、操作步骤

1. 准备被测液体,置于直径不小于 70 mm 的烧杯或直筒型容器中,准确控制被测液体的温度。

2. 将保护架装在仪器上。

3. 将选配好的转子旋入连接螺杆,旋转升降钮,使仪器缓慢地下降,转子逐渐浸入被测液体中,直至转子液面标志和液面平行为止。

4. 调整仪器水平,开启开关,转动变速旋钮,使所需转速向上,对准速度指示点,使转子在液体中旋转。

5. 经过多次旋转,待指针趋于稳定,按下指针控杆使读数固定下来(不可用力过猛,转速慢时可不利用控制杆直接读数),再关闭电机,使指针停在读数窗内,读取读数。

6. 加热被测液体,测量温度,按上述步骤测定其黏度。

7. 转子选择说明

注:当指针所指的数值过高或者过低时,可变换转子和转速。

(1)首先大概估计被测液体的黏度范围,然后根据说明书中的量程选择适合的转子和转速。

(2)当估计不出被测液体的大致黏度时,应视为较高黏度,试用由小到大的转子(转子号由高到低)和由慢到快的转速。原则上高黏度的液体选用小转子(转子号高),慢转速,低黏度的液体选用大转子(转子号低),快转速。

8. 超低黏度液体(低于 15 MPa·s)可使用 0 号转子进行测定,测定步骤如下:将 0 号转子装在连接螺杆上,将固定套筒套入仪器低部圆筒上,并用套筒固定螺丝拧紧,向外试筒(有底)内倒入 20～25 mL 被测液体。将外试筒套入固定套筒并用试筒固定螺钉予以并紧,旋紧时注意时筒固定螺钉之锥端以旋入外试筒上端之三角形槽内,控制好温度后进行测试。

六、结果计算

$$\eta = K \cdot \alpha \tag{1-7}$$

式中,η 为绝对黏度,MPa·s;K 为转换系数;α 为指针读数(偏转角度)。

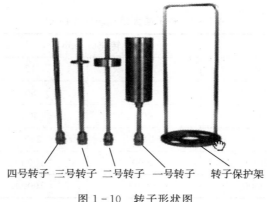

四号转子　三号转子　二号转子　一号转子　转子保护架

图 1-10　转子形状图

七、注意事项

1. 装卸转子时应小心操作,装卸时应将连接螺杆微微抬起进行操作,避免用力过大,不要使转子横向受力,避免转子弯曲。

2. 不得把已装上转子的黏度计侧放或倒放。

3. 保持连接螺杆与连接端面及螺纹处清洁,否则会影响转子晃动度。

4. 黏度计升降时用手托住,防止黏度计因自重下落。

5. 调换转子后,请及时输入新的转子号。每次使用后对换下来的转子应及时清洁并放回到转子架中,请不要在仪器上清洁转子。

6. 当调换被测液体时,请及时清洁(擦干净)转子和转子保护框架,避免由于被测液体相混淆而引起的测量误差。

7. 仪器与转子为一对一配对,请不要把不同仪器及转子相混淆。

8. 不得随意拆卸和调整仪器零件,不得自行加注润滑油。

9. 搬动及运输仪器时,应将米黄色盖帽盖在连接螺杆处后,将仪器放入箱中。

10. 转子装上后,不得在无液体的情况下长期旋转,以免损坏轴尖。

11. 悬浊液、乳浊液、高聚物及其他高黏度液体中有许多属"非牛顿液体",其黏度值随切变速度和时间等条件的变化而变化,故在不同转子、转速和时间下测定的结果不一致属正常情况,并非仪器误差。对非牛顿液体的测定一般应规定转子、转速和时间。

表 1-6　黏度转化系数表

转子代号	转速(r/min)			
	60	30	12	6
0	0.1	0.2	0.5	1
1	1	2	5	10
2	5	10	25	50
3	20	40	100	200
4	100	200	500	1000

表 1-7　转子最大量程表(MPa·s)

转子代号	转速(r/min)			
	60	30	12	6
0	10	20	50	100
1	100	200	500	1000
2	500	1000	2500	5000
3	2000	4000	10000	20000
4	10000	20000	50000	100000

12. 为提高数值的精确度,努力做到以下要点:

(1)精确地控制被测液体的温度。

(2)将转子以足够长的时间浸于被测液体中,使两者温度一致。

(3)保持液体的均匀性。

(4)测定时将转子置于容器中心,并一定要装上转子保护框架。

(5)保证转子的清洁和晃动度。

(6)当高速测定立即变为低速时,应关机一下,或在低速的测定时间掌握稍长一点以克服由于液体旋转惯性造成的误差。

(7)测定低黏度时选用 1 号转子,测定高黏度时选用 4 号转子。

(8)低速测定黏度时,测定时间相对要长些。

(9)测定过程中由于换转子或被测液体等需要,当旋动升降夹头变动过黏度计位置后,应及时查看并调整黏度计的水平状况。

八、思考题

1. 如何提高黏度的测定准确性,操作过程中应注意哪些事项?

2. 比较糖液、搅拌后酸奶和搅拌后静置酸奶黏度测定结果,并分析其原因。

实验 1－7　食品质构的测定与分析

一、实验目的

通过实验了解质构仪的结构、测定原理及操作过程,进一步理解固态和半固态食品力学性质的测定原理,并加强与感官品质间建立联系的能力。

二、实验原理

物性仪(质构仪)的系统组成如下:动力源及控制组件——决定仪器的整体性能,提供仪器移动部件上下移动的原动力、定位控制及其他控制组件。力量感应系统——决定了力量测试精度和应用范围。规格越多,越可以保证特点范围的高精度测试。检测探头——与样品接触的作用方式,决定了分析样品的角度,种类越多,能够保证多种作用方式研究样品。分析控制软件——决定了仪器应用的分析能力和分析的灵活性,具有良好的控制功能和数据分析功能可以大大提高仪器的应用价值。物性仪可分析食品、农产品的嫩度、硬度、黏性、弹性、咀嚼性、拉伸强度、抗压强度、穿透强度、吸水率等指标。

三、材料

猪肉和奶酪(每类食品选择两种样品)。

四、仪器

食品物性分析仪(质构仪)。

五、实验内容

1. 实验设计

(1)猪肉的 TPA(texture profile analysis)分析。

(2)利用穿刺法测试奶酪的凝胶强度。

(3)猪肉的应力松弛实验。

2. 样品处理

猪肉冲洗晾干后切成 3 cm×3 cm×3 cm 正方体肉块备用;奶酪去包装后除去游离水分。

3. 感官评价

利用两点嗜好试验法对猪肉和奶酪的感官质量进行评价,设计表格。

4. 仪器测试

猪肉和奶酪按质构仪设定的程序进行测定,记录测试条件和结果。每个样品重复实验3次。

六、操作步骤

1. 检查主机是否接通电源,检查主机是否同电脑连接完好;

2. 安装合适的力量感应元；

3. 安装合适的检测探头；

4. 打开仪器背后的主机电源，主机面板两个指示灯变亮；

5. 在电脑上启动食品物性分析仪数据分析软件，软件自检并查找食品物性分析仪测试主机，选择合适的 COM 连接端口，选择进入软件的用户身份；

6. 进入软件主界面，新建试验文件；

7. 在试验方法库中调用试验方法；

8. 放置样品到样品台上，检查探头安装和样品放置都正确；

9. 按软件中"开始"键进行试验；

10. 上一次试验结束后，可继续进行下一个试验的检测；

11. 查看软件中的分析结果，可对实验结果进行进一步分析；

12. 存储试验结果，调用其他方法进行其他试验；

13. 实验结束，关闭主机和电脑，清理样品台和检测探头，保持主机和检测探头表面干净。

七、实验报告要求

1. 掌握 TPA 各种参数的含义及实验结果进行分析。

2. 根据应力—应变曲线解析应力松弛实验的各个参数。

3. 按教材上两点嗜好实验法区分不同猪肉和奶酪的黏性与硬度上的区别，并与仪器测定结果进行比较（先于仪器实验做）。

（黄晓东　王家良　张　斌　汪张贵）

第 2 章　食品中营养成分的测定

实验 2-1　食品中水分含量的测定(常压干燥法)

一、实验目的

1. 学习和领会常压干燥法测定水分的原理及操作要点。
2. 熟练掌握烘箱的使用、天平称量、恒量等基本操作。
3. 掌握常压干燥法测定食品中水分的方法和操作技能。
4. 掌握影响水分测定准确性的因素。

二、实验原理

在一定温度($101\,℃\sim105\,℃$)和常压下,将样品放在烘箱中加热,样品中的水分受热以后,产生的蒸汽压高于空气在恒温干燥箱中的分压,使水分蒸发出来,同时,由于不断的加热和排走水蒸气,而达到完全干燥的目的。食品干燥的速度取决于这个压差的大小。食品中的水分一般是指在($103\,℃\pm2\,℃$)直接干燥的情况下所失去物质的总量。此法适用于在 $101\,℃\sim105\,℃$ 下,含其他挥发性物质甚微及不发生反应的食品。

三、材料

谷物、果蔬等食品原料。

四、实验仪器

常压电热恒温干燥箱、玻璃称量皿或带盖铝盒、分析天平及干燥器等。

图 2-1　玻璃称量皿

图 2-2　铝盒

图 2-3　干燥器

五、操作步骤

1. 将称量皿洗净、烘干,置于干燥器内冷却,再称重,重复上述步骤至前后两次称量之差小于 2 mg,即烘至恒重。记录称量皿质量(m_3)。

2. 称取 3.00～4.00 g 样品于已恒重的称量皿中,加盖,准确称重,记录质量(m_1)。

3. 将盛有样品的称量皿置于 101 ℃～105 ℃ 的常压恒温干燥箱中,盖斜倚在称量皿边上,干燥 2 小时(在干燥温度达到 100 ℃ 以后开始计时)。

4. 在干燥箱内加盖,取出称量皿,置于干燥器内冷却 0.5 h 称量。

5. 重复步骤 3、4,直至前后两次称量不超过 3 mg。记录其质量(m_2)。

6. 实验记录见表 2-1 所列。

表 2-1　实验记录表

称量皿的质量(g)	称量皿＋食品的质量(g)	称量皿＋食品干燥后的质量(g)

六、结果计算

$$水分含量(\%)=\frac{m_1-m_2}{m_1-m_3}\times100\%\qquad(2-1)$$

式中,m_1 为干燥前样品与称量皿(或蒸发皿加海砂、玻璃棒)的质量,g;m_2 为干燥后样品与称量皿(或蒸发皿加海砂、玻璃棒)的质量,g;m_3 为称量皿(或蒸发皿加海砂、玻璃棒)的质量,g。

七、注意事项

1. 固态样品必须磨碎,全部经过 20～40 目筛,混合均匀后方可测定。水分含量高的样品要采用两步干燥法进行测定。

2. 对于黏稠样品(如甜炼乳或酱类)和液体样品,将 10 g 经酸洗和灼烧过的细海砂及一根细玻璃棒放入蒸发皿中,在 101 ℃～105 ℃ 下干燥至恒重。然后准确称取适量样品,置于蒸发皿中,用小玻璃棒搅匀后放在沸水浴中蒸干(注意中间要不时搅拌),擦干皿底后置于 101 ℃～105 ℃ 干燥箱中干燥 4 小时,按上述操作,反复干燥,直至恒重。

3. 本法测得的水分包括微量的芳香油、醇、有机酸等挥发性物质。

4. 水果、蔬菜样品,应先洗去泥沙,再用蒸馏水冲洗一次,然后用洁净纱布吸干表面的水分。

5. 测定过程中,当盛有样品的称量器皿从烘箱中取出后,应迅速放入干燥器中进行冷却半小时后称重;否则,不易达到恒量。

6. 为保持干燥器内形成密封的环境,用凡士林均匀涂抹干燥器的磨口。并且采用平行推动的方式打开或者关闭。

7. 干燥器内一般用硅胶作为干燥剂,硅胶吸潮后会使干燥效能降低,当硅胶蓝色减退或变红时,应及时更换,或于 135 ℃ 左右烘 2～3 h 使其再生后再用。硅胶若吸附油脂等后,去湿力也会大大降低。

8. 加热过程中,一些物质发生的化学反应,会使测定结果产生误差。

9. 易分解或焦化的样品,可适当降低温度或缩短干燥时间。果糖含量较高的样品,如水果制品、蜂蜜等,在高温下(>70 ℃)长时间加热,样品中的果糖会发生氧化分解作用而导致明显误差。对此类样品宜用减压干燥测定其水分含量。

10. 含有较多氨基酸、蛋白质及羰基化合物的样品,在长期加热时会发生联氨反应,析出水分而导致误差。

11. 油脂或高脂肪样品,由于脂肪氧化,而使后一次重量可能反而增加,应以前一次重量计算。

12. 在水分测定中,恒量的标准一般指前后 2 次称量之差小于等于 3 mg。

八、思考题

1. 干燥器有何作用? 怎样正确地使用?

2. 常压烘箱干燥法测定水分含量的原理是什么?

3. 烘箱干燥法测定水分的样品应当符合什么条件?

4. 常压干燥法操作过程中应注意什么事项?

实验 2-2　食品中水分含量的测定(减压干燥法)

一、实验目的

1. 了解水分测定的意义。
2. 掌握真空干燥箱的正确使用方法。

二、实验原理

利用在低压下水的沸点降低的原理,将取样后的称量皿置于真空干燥箱内,在选定的压强与加热温度下,干燥至恒重。干燥后样品所失去的质量即为水分含量。

三、材料

谷物、果蔬等食品原料。

四、实验仪器

真空干燥箱、玻璃称量皿或带盖铝盒、分析天平(0.0001 g)、干燥器等。

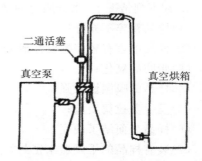

图 2-4　真空干燥工作示意图

五、操作步骤

1. 干燥条件

温度:40 ℃~100 ℃,受热易变化的食品加热温度为 55 ℃~65 ℃(有时需要更低);压强:40~53kPa。

2. 样品测定

将称量皿在 105 ℃下烘干至恒重,称量(精确到 0.1 mg),取试样 2~4 g,置于称量皿内,再称重(精确到 0.1 mg),将称量皿放入干燥箱内,关闭干燥箱门,启动真空泵,抽出干燥箱内空气至所需压强,并同时加热至所需温度,关闭通向水泵或真空泵的活塞,停止抽气,使干燥箱内保持一定的温度与压强。经过一定时间后,打开活塞,使空气经干燥装置慢慢进入干燥箱内,待干燥箱内压强恢复正常后再打开,取出样品,置于干燥器内 0.5 小时后称重,重复以上操作至恒重。

六、结果计算

$$水分含量(\%) = \frac{m_1 - m_2}{m_1 - m_3} \times 100\% \qquad (2-2)$$

式中,m_1 为干燥前样品与称量皿(或蒸发皿加海砂、玻璃棒)的质量,g;m_2 为干燥后样品与称量皿(或蒸发皿加海砂、玻璃棒)的质量,g;m_3 为称量皿(或蒸发皿加海砂、玻璃棒)的质量,g。

七、注意事项

1. 本法适用于在 100 ℃ 以上加热容易变质及含有不易除去结合水的食品,如糖浆、味精、蜂蜜、果酱等。

2. 称量皿有玻璃和铝质两种,前者适用于各种食品,后者导热性好、质量轻,常用于减压干燥法。但铝盒不耐酸碱,使用时应根据测定样品加以选择。

3. 称量皿的规格:以样品置于其中,平铺开后厚度不超过 1/3 为宜。

八、思考题

1. 减压干燥法适用在什么条件下使用,其原理是什么?

2. 干燥器有何作用? 怎样正确使用和维护干燥器?

3. 为什么经加热干燥的称量皿要迅速放到干燥器内? 为什么要冷却后再称量?

4. 在下列情况下,水分测定的结果是偏高还是偏低?

(1)样品粉碎不充分;

(2)样品中含有较多挥发性成分;

(3)脂肪的氧化;

(4)样品的吸湿性较强;

(5)发生美拉德反应;

(6)样品表面结了硬壳;

(7)装有样品的干燥器未密封好;

(8)干燥器中硅胶已受潮失效。

实验 2-3　食品中水分活度值的测定(水分活度仪法)

一、实验目的

1. 了解水分活度测定的意义。
2. 掌握水分活度仪测定水分活度的原理及方法。

二、实验原理

水分活度是水占食品的摩尔比。近似地表示为在某一温度下溶液中水蒸气分压与纯水蒸气压之比值。也可用平衡时大气的相对湿度(ERH)来计算。故水分活度(A_w)可用下式表示:

$$A_w = \frac{P}{P_0} = \frac{n_0}{n_1 + n_0} = \frac{ERH}{100} \qquad (2-3)$$

式中,P 为样品中水的分压;P_0 为相同温度下纯水的蒸汽压;n_0 为水的摩尔数;n_1 为溶液的摩尔数;ERH 为样品周围大气的平衡相对湿度(%)。

水分活度测定仪主要是在一定温度下利用仪器装置中的湿敏元件,根据食品中水蒸气压力的变化,从仪器表头上读出指针所示的水分活度。在密封、恒温的水分活度仪测量舱内,试样中水分扩散平衡。此时水分活度仪测量舱内的传感器或数字探头显示出的响应值(相对湿度对应的数值),即为试样的水分活度(A_w)。

 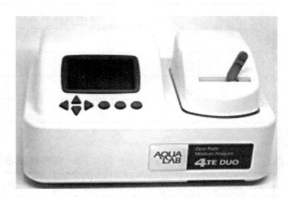

图 2-5　水分活度仪

三、材料

饮料、蜜饯、面包、饼干等食品;氯化钠、氯化钾、硝酸钾、碘化钾等化学试剂。

四、主要仪器

水分活度测定仪(精度 $\pm 0.02 A_w$)、样品皿、分析天平(感量 0.01 g)等。

五、操作步骤

1. 将等量的纯水及捣碎的样品（约 2 g）迅速放入测试盒，拧紧盖子密封，并通过转接电缆插入"纯水"及"样品"插孔。固体样品应碾碎成米粒大小，并摊平在盒底。

2. 把稳压电源输出插头插入"外接电源"插孔（如果不外接电源，则可使用直流电），打开电源开关，预热 15 分钟，如果显示屏上出现"E"，表示溢出，按"清零"按钮。

3. 调节"校正 II"电位器，使显示为 100.00±0.05。

4. 按下"活度"开关，调节"校正 I"电位器，使显示为 1.000±0.001。在室温 17 ℃～25 ℃，湿度 50%～80% 的条件下，用饱和盐溶液校正水分活度仪。

5. 等测试盒内平衡半小时后（若室温低于 25 ℃，则需平衡 50 分钟），按下相应的"样品测定"开关，即可读出样品的水分活度（A_w）值（读数时，取小数点后面三位数）。每间隔 5 min 记录水分活度仪的响应值。当相邻两次响应值之差小于 $0.005A_w$ 时，即为测定值。仪器充分平衡后，同一样品重复测定三次。

6. 测量相对湿度时，将"活度"开关复位，然后按相应的"样品测定"开关，显示的数值即为所测空间的相对湿度。

7. 关机，清洗并吹干测试盒，放入干燥剂，盖上盖子，拧紧密封。

六、结果计算

当符合允许误差所规定的要求时，取三次平行测定的算术平均值作为结果。计算结果保留三位有效数字。

表 2-2　数据记录表

样品名称	测量水分活度值（A_w）			测量温度（℃）	平均值
	1	2	3		

表 2-3　四种标准液在不同温度下的 A_w 值

温度（℃）	氯化钾	氯化钠	碘化钾	硝酸钾
0	0.885	0.755	0.744	0.604
5	0.877	0.757	0.733	0.598
10	0.868	0.757	0.721	0.574
15	0.859	0.756	0.710	0.559
20	0.851	0.755	0.700	0.544
25	0.843	0.753	0.698	0.529
30	0.836	0.751	0.679	0.514

表 2-4　A_w的温度校正

温度(℃)	校准值	温度(℃)	校准值
15	−0.010	21	+0.002
16	−0.008	22	+0.004
17	−0.006	23	+0.006
18	−0.004	24	+0.008
19	−0.002	25	+0.010

七、注意事项

1. 在测定前,仪器一般用标准溶液进行校正。下面是几种常用盐饱和溶液在 25 ℃时水分活度的理论值(如果不符,要更换湿敏元件)。

2. 环境温度不同,应对标准值进行修正。根据表 2-4 所列的 A_w 校准值,可将其校准为 20 ℃时的数值。如在 18 ℃时测得某一样品的 A_w 为 0.850,查 A_w 值的温度校正表 2-4,表中 18 ℃时的校准值为 −0.004。因此,样品在 20 ℃时的 A_w = 0.850+(−0.004)= 0.846。反之,如在 25 ℃时测得某一样品的 A_w 为 0.743,查 A_w 值的温度校正表 2-4,表中 25 ℃时的校准值为 +0.010。因此,样品在 20 ℃时的 A_w = 0.743+(+0.010)= 0.753。

3. 测定时切勿使湿敏元件沾上样品盒内样品。如不小心接触了液体,需要蒸发干燥,进行校准后方能使用。

4. 样品盒及玻璃器皿应保持干净,如果潮湿会使测量结果误差加大,因此,使用前应该干燥及清洁处理。

5. 仪器应避免测量含二氧化硫、氨气、酸和碱等腐蚀性样品。

6. 为了使校准与测量的测定条件一致,必须把样品盒开启(即传感器暴露在空气中)5 min,才能进行一次样品测试。每次测量时间不应超过 1 h。

7. 常规测量一般半天校准一次,如需要测量结果特别正确,则每一次测量样品前必须进行校准。

八、思考题

1. 分别解释水分活度值和水分含量的概念,它们之间有何关联?

2. 知道一纯蔗糖溶液的糖度为 60 °Bx,该糖液的水分活度为多少?

3. 水分活度与食品腐败之间的关系是怎样的?

实验 2-4　食品中灰分的测定

一、实验目的

1. 学习和了解直接灰化法测定灰分的原理及测定方法。

2. 进一步熟练掌握高温电炉的使用方法,坩埚的处理、样品炭化、灰化、天平称量、恒重等基本操作技能。

图 2-6　坩埚　　　　　图 2-7　坩埚钳　　　　图 2-8　马弗炉

二、实验原理

一定量的样品炭化后放入高温炉内灼烧,使有机物质被氧化分解成二氧化碳、氮的氧化物及水等形式逸出,剩下的残留物即为灰分,称量残留物的质量即得总灰分的含量。

三、试剂

盐酸溶液(1∶4)、硝酸溶液(6 mol/L)、过氧化氢(36%)、三氯化铁溶液和等量蓝墨水的混合液(0.5%)、辛醇或纯植物油、凡士林。

四、仪器

分析天平、高温灰化炉(马弗炉)、电炉、坩埚、坩埚钳、干燥器等。

五、操作步骤

1. 瓷坩埚的准备

将坩埚用盐酸(1∶4)煮 1~2 小时,洗净、晾干,用三氯化铁与蓝墨水的混合液在埚外壁及盖上写编号,置于 500 ℃~550 ℃高温灰化炉中灼烧 1 h,于干燥器内冷却至室温,称量,反复灼烧、冷却、称量,直至两次称量之差小于 0.5 mg,记录重量(m_1)。

2. 称取样品

根据样品的性质,准确称取 1~20 g 样品于坩埚内,并记录重量(m_2)。

3. 炭化

将盛有样品的坩埚放在电炉上,坩埚盖斜倚在坩埚上,小火加热炭化至无黑烟产生。

4. 灰化

将盛有炭化好的样品的坩埚慢慢移入高温炉(500 ℃~600 ℃),盖斜倚在坩埚上,灼烧 2~5 h,直至残留物呈灰白色为止。冷却至 200 ℃以下时,再放入干燥器冷却,称重。反复灼烧、冷却、称重,直至恒量(两次称量之差小于 0.5 mg),记录重量(m_3)。测定值(%)中小数至少保留一位小数。

5. 记录实验数据

实验数据记录见表 2-5 所列。

表 2-5　数据记录表

实验序号	坩埚质量(g)	坩埚加样品的质量(g)	坩埚加灰分的质量(g)
1			
2			
3			

六、结果计算

$$灰分含量(\%) = \frac{m_3 - m_1}{m_2 - m_1} \times 100\% \qquad (2-4)$$

式中,m_1 为空坩埚的质量,g;m_2 为样品+坩埚的质量,g;m_3 为残灰+坩埚的质量,g。

七、注意事项

1. 样品的取样量一般以灼烧后得到的灰分量为 9~100 mg 为宜。通常奶粉、麦乳精、大豆粉、鱼类等取 1~2 g;谷物及其制品、肉及其制品、牛乳等取 2~5 g;蔬菜及其制品、砂糖、淀粉、蜂蜜、奶油等取 4~10 g;水果及其制品取 20 g;油脂取 20 g。

2. 液样先于水浴蒸干,再进行炭化。

3. 炭化一般在电炉上进行,半盖坩埚盖,对于含糖分、淀粉、蛋白质较高的样品,为防止其发泡溢出,炭化前可加数滴辛醇或植物油。

4. 把坩埚放入或取出高温炉时,在炉口停留片刻,防止因温度剧变使坩埚破裂。

5. 在移入干燥器前,最好将坩埚冷却至 200 ℃ 以下。从干燥器中取出冷却的坩埚时,因内部成真空,开盖恢复常压时应让空气缓缓进入,以防残灰飞散。

6. 灼烧温度不能超过 600 ℃,否则会造成钾、钠、氯等易挥发成分的损失。

7. 含磷量较高的豆类及其制品、肉禽及其制品、蛋及其制品、水产及其制品、乳及乳制品灰化时需加入乙酸镁。

8. 灰化后的残渣可留作 Ca、P、Fe 等成分的分析。

9. 用过的坩埚,应把残灰及时倒掉,初步洗刷后,用粗 HCl(废)浸泡 9~20 min,再用水冲刷洗净。

10. 测定食糖中总灰分可用电导法,简单、迅速、准确,免去泡沫的麻烦。

八、思考题

1. 测定食品灰分的意义何在?

2. 为什么样品在高温灼烧前要先炭化至无烟?

3. 样品经长时间灼烧后,灰分中仍有炭粒遗留的主要原因是什么? 如何处理? 如何判断样品是否灰化完全?

4. 总灰分的测定原理及操作要点是什么?

5. 如何正确进行灰分测定中的恒重操作?

实验 2－5　食品中总酸度及有效酸度的测定

一、实验目的

1. 学习和了解酸碱滴定法测定总酸及 pH 计测定有效酸度的原理及操作要点。
2. 掌握食品中总酸度及有效酸度的测定方法和操作技能。
3. 学会使用 pH 计,懂得电极的维护和使用方法。

二、实验原理

1. 总酸测定原理

样品中的有机酸,用已知浓度的标准碱溶液滴定时,中和生成盐类。用酚酞作指示剂时,当滴定至终点时(pH=8.2,指示剂显淡红色,0.5 min 不退色为终点),根据标准碱的消耗量,计算出样品的含酸量。所测定的酸,称总酸或可滴定酸度,以该样品所含主要的酸来表示。

2. 有效酸测定原理

利用 pH 计测定食品中的有效酸度(pH),是将复合电极(或者玻璃电极和甘汞电极)插入除 CO_2 的液态食品中,组成一个电化学原电池,其电动势的大小与溶液的 pH 有关。即在 25 ℃时,每相差一个 pH 单位,就产生 59.1 mV 的电极电位,从而可通过对原电池电动势的测量,在 pH 计上直接读出食品的 pH。

$$E＝E^0－0.059pH(25 ℃)$$

三、试剂

1. 酚酞乙醇溶液(1%)。
2. NaOH 标准溶液(0.1 mol/L)。
3. 邻苯二甲酸氢钾。
4. 标准溶液的标定(0.1 mol/L NaOH):将基准邻苯二甲酸氢钾加入干燥的称量瓶内,于 104 ℃～110 ℃烘至恒重,取出,在干燥器中冷却 30 分钟后,准确称取邻苯二甲酸氢钾 0.6000 g,置于 250 mL 锥形瓶中,加 50 mL 无 CO_2 蒸馏水,温热使之溶解,冷却,加酚酞指示剂 2～3 滴,用欲标定的 0.1 mol/L NaOH 溶液滴定,直到溶液呈粉红色,半分钟不褪色。要求做三个平行样品。同时,做空白试验。

NaOH 标准溶液浓度计算如下:

$$M_{NaOH}＝\frac{m}{(V_1－V_2)×204.2} \tag{2－5}$$

式中,M_{NaOH} 为标准氢氧化钠溶液深度,moL/L;m 为邻苯二甲酸氢钾的质量,g;V_1 为氢氧化钠标准滴定溶液用量,mL;V_2 为空白试验中氢氧化钠标准滴定溶液用量,mL;0.2042 为与 1 mmol 氢氧化钠标准滴定溶液相当的基准邻苯二甲酸氢钾的质量,g。

四、仪器

碱式滴定管、锥形瓶、吸量管、分析天平(感量 0.01 g)、pH 计、电极、磁力搅拌器等。

五、操作步骤

1. 总酸度的测定

(1)样品的预处理

① 试样制备

含有二氧化碳的碳酸饮料等样品,取至少 200 g,置于烧杯中,在电炉上边搅拌加热至微沸,保持 2 min(逐出 CO_2),取出自然冷却至室温,称量,并用煮沸过的纯水补充至煮沸前的质量,置于密闭玻璃容器内,待用。

固体样品,称取至少 200 g 均匀样品,置于研钵或组织捣碎机中,加入与样品等质量的煮沸过的水,捣碎混匀后置于密闭玻璃容器内,待用。

固、液体样品,按样品固、液比取至少 200 g 样品,置于研钵或组织捣碎机中,捣碎混匀后置于密闭玻璃容器内,待用。

② 试液制备

总酸含量小于或等于 4 g/kg 的试样,将上述待用试样用快速滤纸过滤,收集滤液用于测定。

总酸含量大于 4 g/kg 的试样,称取 10～50 g(精确至 1 mg)待用试样于小烧杯中,用约 80 ℃煮沸过的蒸馏水将其转入 250 mL 容量瓶中(总体积约 150 mL),放入沸水浴中煮沸 30 min,取出,冷至室温,用新煮沸并冷却的蒸馏水定容,混匀后,用快速滤纸过滤,收集滤液用于测定。

(2)测定

① 指示剂(酚酞)指示终点法

吸取 20 mL 滤液于三角瓶中,加酚酞指示剂 2 滴,用 0.1 mol/L NaOH 标准溶液滴定至微红色,持续 30 s 不褪色为终点,记录 NaOH 溶液消耗量。每个样品重复滴定 3 次,取其平均值。同时用蒸馏水替代样品做空白实验,操作相同。

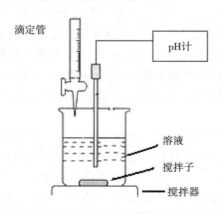

图 2-9 pH 计法测定总酸度示意图

② pH 计指示终点法

首先,校正酸度计。开启酸度计电源,预热 30 min,连接电极,在读数开关放开的情况下调零。测量标准缓冲溶液的温度,调节酸度计温度补偿旋钮。将电极浸入缓冲溶液中,按下读数开关,调节定位旋钮使 pH 指针在缓冲溶液的 pH 上,放开读数开关,指针回零,如此重复操作 2 次。

吸取 50 mL 滤液于 250 mL 烧杯中,然后将烧杯放到磁力搅拌器上,将搅拌子放入烧杯中,开动搅拌器,将校正后 pH 计的电极放入溶液中(与搅拌子保持一定的距离),用 0.1 mol/L NaOH 标准溶液滴定至 pH 为 8.2,记录 NaOH 标准溶液消耗量。每个样品重复滴定 3 次,取其平均值。同时用蒸馏水替代样品做空白实验,操作相同。

2. 食品中有效酸度的测定

(1)样品的预处理

① 果蔬样品:将果蔬样品榨汁后,取其汁液直接进行 pH 测定,对于果蔬干制品,可取适量样品,并加入一定体积的无 CO_2 蒸馏水,于水浴上加热 30 min,捣碎、过滤取滤液测定。

② 肉类制品:称取 10 g 已除去油脂并捣碎的样品于 250 mL 锥形瓶中,加入 100 mL 无 CO_2 蒸馏水,浸泡 15 min 并随时摇动,过滤后取滤液测定。

③ 罐头制品(液固混合样品):先将样品沥汁液,取浆汁液测定。或将液固混合捣碎成浆状后,取浆状物测定。若有油脂,则应先分离出油脂。含 CO_2 的液体样品(如碳酸饮料、啤酒等)排除 CO_2 后再测定。

(2)测试前准备

① 插上电源开关,打开 pH 计开关。

② 预热 30 min。

③ 将电极插入电极插座,调节电极夹到适当位置,拔下电极前端的电极套。

(3)测试过程

① 校正仪器。仪器根据测量精度要求,可选用一点标定法和两点标定法。常规的测量可采用一点标定法,精确测量时采用两点标定法。

一点标定法:将 pH 计上的开关置于 pH 档,用蒸馏水清洗电极,滤纸吸干,然后把电极插入已知 pH 的标准缓冲溶液(pH=4.01 或 pH=9.18),注意玻璃球完全浸入溶液内但不碰杯底,调节温度调节器使所指示的温度与溶液温度相同,并摇动小烧杯使溶液达到平衡,旋转定位调节器使仪器的指示值为该缓冲溶液所在温度相应的 pH。

两点标定法:将斜率调节器顺时针旋到底,旋转温度调节器使所指的温度与溶液温度相同,并摇动烧杯,使溶液均匀,用蒸馏水清洗电极,滤纸吸干,把电极插入已知 pH 为 6.88 的标准缓冲溶液中,旋转定位调节器,使仪器的指示值为缓冲溶液所在温度相应的 pH (6.88)。

用蒸馏水清洗电极,并用滤纸吸干,把电极插入另一只已知 pH 标准缓冲溶液(pH=4.01 或 9.18)并摇动烧杯使溶液均匀,旋转斜率调节器,使仪器的指示值为溶液所在温度相应的 pH(4.01 或 9.18)。反复操作,直到误差不超过±0.1。

② pH 的测量。被测溶液与定位溶液温度相同时测量步骤如下:用蒸馏水冲洗复合电极,滤纸吸干,把电极插入被测溶液中,轻轻摇动烧杯,使溶液均匀,待仪器上显示的数值稳定时,读出溶液的 pH。

被测溶液和定位溶液温度不同时测量温度如下:用蒸馏水清洗电极,滤纸吸干,用温度计测出被测溶液的温度,调节温度调节器,使白线对准被测溶液的温度,把电极插入被测溶液内,轻轻摇动烧杯,使溶液均匀,待仪器上显示的数值稳定时,即为待测溶液的 pH。取出电极,用蒸馏水冲洗,滤纸吸干,插入电极插口。

（3）实验数据记录见表 2-6 所列。

表 2-6　数据记录表

NaOH 标准溶液（mol/L）	NaOH 标准溶液的用量（mL）					pH		
	1	2	3	空白值	平均值	1	2	平均值

六、结果计算

$$X = \frac{c \times V \times K \times F}{m} \times 1000 \qquad (2-6)$$

式中,X 为样品中总酸的含量,g/kg,计算结果精确到小数点后两位;c 为 NaOH 标准溶液的浓度,mol/L;V 为 NaOH 标准溶液的用量,mL;K 为换算成为各种有机酸的系数（苹果酸 0.067,柠檬酸 0.064,酒石酸 0.075,醋酸 0.060,乳酸 0.090）;F 为试液的稀释倍数;m 为试样的质量数值,单位为 g。

七、注意事项

1. 食品中的酸是多种有机弱酸的混合物,用强碱进行滴定时,滴定突跃不够明显。特别是某些食品本身具有较深的颜色,使终点颜色变化不明显,影响滴定终点的判断。此时可通过加水稀释,用微孔过滤器过滤（或活性炭脱色等处理）,或用原试样溶液对照进行终点判断,以减少干扰,最好采用电位滴定法进行测定。

2. 总酸度的结果用样品中的代表性酸来计。一般情况下,水果多以柠檬酸（橘子、柠檬、柚子等）、酒石酸（葡萄）、苹果酸（苹果、桃、李等）计;蔬菜以苹果酸计;肉类、家禽类酸度以乳酸计;饮料以柠檬酸计。

3. 样品浸渍、稀释用蒸馏水中不能含有 CO_2。

4. 含 CO_2 的饮料、酒类等样品先置于 40 ℃水浴上加热 30 min,除去 CO_2,冷却后再取样。不含 CO_2 的样品直接取样。

5. 久置的复合电极初次使用时,一定要先在饱和 KCl 中浸泡 24 h 以上。

6. 在每次标定、测量后进行下一次操作前,应该用蒸馏水或去离子水清洗电极,再用被测液清洗一次电极。

7. 取下电极护套时,应避免电极的敏感玻璃泡与硬物接触,因为任何破损或擦毛都使电极失效。

8. 测量结束,及时将电极保护套套上,电极套内应放少量饱和 KCl 液,以保持电极球泡的湿润,切忌浸泡在蒸馏水中。

9. 复合电极的外参比补充液为 3 mol/L 氯化钾溶液,补充液可以从电极上端小孔加入,复合电极不使用时,盖上橡皮塞,防止补充液干涸。

10. 电极应避免长期浸在蒸馏水、蛋白质溶液和酸性氟化物溶液中。

11. 电极避免与有机硅油接触。

12. 电极经长期使用后,如发现斜率略有降低,则可把电极下端浸泡在 4% 氢氟酸中 2~5 s,用蒸馏水洗净。然后在 0.1 mol/L 盐酸溶液中浸泡,使之复新,最好更换电极。

八、思考题

1. 滴定法测定食品中总酸度,为什么要用酚酞作为指示剂?在测定过程中应注意哪些问题?

2. 对于颜色比较深的样品,测定总酸度时,滴定终点不易观察,该如何处理?

3. 食品总酸度的测定有什么意义?

4. 有一食醋样品,测定其总酸度,因颜色过深,用指示剂指示终点滴定法难以判断,拟用电位滴定法,如何进行测定?写出具体的测定方案。

实验 2-6　食品中挥发酸的测定

一、实验目的

1. 了解挥发酸测定的意义。
2. 掌握挥发酸测定的原理和方法。

二、实验原理

挥发酸可用水蒸气蒸馏使之分离,加入磷酸使结合态的挥发酸解离。挥发酸经冷凝收集后,用标准碱液滴定。根据消耗标准碱液的浓度和体积计算挥发酸的含量。

三、试剂

1. NaOH 标准溶液(0.01 mol/L)。
2. 酚酞乙醇溶液(1%)。
3. 磷酸溶液(10%):称取 10.0 g 磷酸,用无二氧化碳的蒸馏水溶解并稀释至 100 mL。

四、仪器

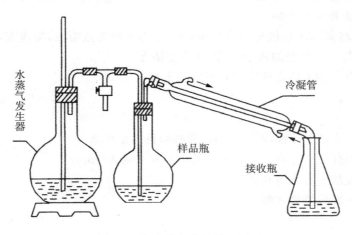

图 2-10　水蒸气蒸馏装置图

五、操作步骤

1. 准确称取均匀样品 2.00～3.00 g(根据挥发酸含量的多少而增减),用 50 mL 煮沸过的蒸馏水洗入 250 mL 烧瓶中。加入 10%磷酸 1 mL。连接水蒸气蒸馏装置,加热蒸馏至馏液达 300 mL。在相同条件下做一空白试验。(蒸汽发生瓶内的水必须预先煮沸 10 min,以除去二氧化碳)。

2. 将馏液加热至 60 ℃～65 ℃,加入酚酞指示剂 2～4 滴,用 0.1 mol/L 氢氧化钠标准溶液滴定至微红色,并于 30 s 不褪色为终点。

六、结果计算

$$X(\%) = \frac{C \times (V_1 - V_2)}{m} \times 0.06 \times 100\% \qquad (2-7)$$

式中，X 为挥发酸含量，%，以醋酸计；C 为氢氧化钠标准溶液的浓度，mol/L；V_1 为样液滴定时氢氧化钠标准溶液用量，mL；V_2 为空白滴定时氢氧化钠标准溶液用量，mL；m 为样品质量，g；0.06 为 1 mmol 醋酸质量，g/mmol。

七、注意事项

1. 样品中挥发酸如采用直接蒸馏法比较困难，因挥发酸与水构成有一定百分比的混溶体，并有固定的沸点。在一定沸点下，蒸汽中的酸与溶液中的酸之间有一个平衡关系（即蒸发系数 x），在整个平衡时间内 x 不变，故一般不采用直接蒸馏法。而水蒸气蒸馏中，挥发酸和水蒸气分压成比例地自溶液中一起蒸馏出来，加速挥发酸的蒸馏速度。

2. 在蒸馏前应先将水蒸气发生器中的水煮沸 10 min，或在其中加入 2 滴酚酞指示剂并加 NaOH 至呈浅红色，以排除其中的 CO_2，并用蒸汽冲洗整个装置。

3. 溶液中总挥发酸包括游离态与结合态两种。而结合态挥发酸又不容易挥发出来，所以要加少许磷酸，使结合态挥发酸挥发出来。

4. 在整个蒸馏装置中，蒸馏瓶内液面要保持恒定，不然会影响测定结果，另外，整个装置连接要好，防止挥发酸泄漏。

5. 滴定前，将蒸馏液加热至 60 ℃～65 ℃，是为了使终点明显，加速滴定反应，缩短滴定时间，减少溶液与空气接触的机会，以提高测定精度。

6. 若样品中含 SO_2 还要排除它对测定的干扰。

八、思考题

1. 样品进行水蒸气蒸馏前加入 10% 磷酸的目的是什么？

2. 蒸馏前为什么要先将水蒸气发生器中的水煮沸 10 min？

3. 测定挥发酸的方法有几种？

4. 挥发酸主要包括哪些酸？

实验 2-7　食品中有机酸的测定(液相色谱法)

一、实验目的

1. 了解食品中有机酸的测定原理。
2. 掌握高效液相色谱仪的操作技能。

二、实验原理

　　试样直接用水稀释或用水提取后,经强阴离子交换固相萃取柱净化,经反相色谱柱分离,以保留时间定性,外标法定量。

　　本方法参照食品安全国家标准——食品中有机酸的测定(GB 5009.157—2016),适用于果汁及果汁饮料、碳酸饮料、固体饮料、胶基糖果、饼干、糕点、果冻、水果罐头、生湿面制品和烘焙食品馅料中酒石酸、乳酸、苹果酸、柠檬酸、丁二酸、富马酸和己二酸 7 种有机酸的测定。

三、试剂和材料

　　1. 甲醇(色谱纯)、无水乙醇(色谱纯)、磷酸、乳酸标准品(纯度≥99%)、酒石酸标准品(纯度≥99%)、苹果酸标准品(纯度≥99%)、柠檬酸标准品(纯度≥98%)、丁二酸标准品(纯度≥99%)、富马酸标准品(纯度≥99%)、己二酸标准品(纯度≥99%)。

　　2. 磷酸溶液(0.1%):量取磷酸 0.1 mL,加水至 100 mL,混匀。

　　3. 磷酸甲醇溶液(2%):量取磷酸 2 mL,加甲醇至 100 mL,混匀。

　　4. 酒石酸、苹果酸、乳酸、柠檬酸、丁二酸和富马酸混合标准储备溶液:分别称取酒石酸 1.25 g、苹果酸 2.5 g、乳酸 2.5 g、柠檬酸 2.5 g、丁二酸 6.25 g(精确至 0.01 g)和富马酸 2.5 mg(精确至 0.01 mg)于 50 mL 小烧杯中,加水溶解,用水转移到 50 mL 容量瓶中,定容,混匀,于 4 ℃保存,其中酒石酸质量浓度为 2500 μg/mL、苹果酸 5000 μg/mL、乳酸 5000 μg/mL、柠檬酸 5000 μg/mL、丁二酸 12500 μg/mL 和富马酸 12.5 μg/mL。

　　5. 酒石酸、苹果酸、乳酸、柠檬酸、丁二酸、富马酸混合标准曲线工作液:分别吸取混合标准储备溶液 0.50 mL、1.00 mL、2.00 mL、5.00 mL 及 10.00 mL 于 25 mL 容量瓶中,用磷酸溶液定容至刻度,混匀,于 4 ℃保存。

　　6. 己二酸标准储备溶液(500 μg/mL):准确称取按其纯度折算为 1000/质量的己二酸 12.5 mg,置于 25 mL 容量瓶中,加水到刻度,混匀,于 4 ℃保存。

　　7. 己二酸标准曲线工作液:分别吸取标准储备溶液 0.50 mL、1.00 mL、2.00 mL、5.00 mL 及 10.00 mL 于 25 mL 容量瓶中,用磷酸溶液定容至刻度,混匀,于 4 ℃保存。

　　8. 强阴离子固相萃取柱(SAX):1000 mg,6 mL。使用前依次用 5 mL 甲醇,5 mL 水活化。

　　除非另有说明,本方法所用试剂均为分析纯,水为 GB/T 6682 规定的一级水。

四、仪器

高效液相色谱仪（带二极管阵列检测器或紫外检测器）、天平（感量为 0.01 mg 和 0.01 g）、高速均质器、高速粉碎机、固相萃取装置、水相型微孔滤膜（孔径 0.45 μm）等。

五、操作步骤

1. 试样制备及保存

（1）液体样品：将果汁及果汁饮料、果味碳酸饮料等样品摇匀分装，密闭常温或冷藏保存。

（2）半固态样品：对果冻、水果罐头等样品取可食部分匀浆后，搅拌均匀，分装，密闭冷藏或冷冻保存。

（3）固体样品：饼干、糕点和生湿面制品等低含水量样品，经高速粉碎机粉碎、分装，于室温下避光密闭保存；对于固体饮料等呈均匀状的粉状样品，可直接分装，于室温下避光密闭保存。

（3）特殊样品：对于胶基糖果类黏度较大的特殊样品，先将样品用剪刀绞成约 2 mm× 2 mm 大小的碎块放入陶瓷研钵中，再缓慢倒入液氮，样品迅速冷冻后采用研磨的方式获取均匀的样品，分装后密闭冷冻保存。

2. 试样处理

（1）果汁饮料及果汁、果味饮料：称取 5 g（精确至 0.01 g）均匀试样（若试样中含二氧化碳应先加热除去），放入 25 mL 容量瓶中，加水至刻度，经 0.45 μm 水相滤膜过滤，注入高效液相色谱仪分析。

（2）果冻、水果罐头：称取 10 g（精确至 0.01 g）均匀试样，放入 50 mL 塑料离心管中，向其中加入 20 mL 水后在 15000 r/min 的转速下均质提取 2 min，4000 r/min 离心 5 min，取上层提取液至 50 mL 容量瓶中，残留物再用 20 mL 水重复提取一次，合并提取液于同一容量瓶中，并用水定容至刻度，经 0.45 μm 水相滤膜过滤，注入高效液相色谱仪分析。

（3）胶基糖果：称取 1 g（精确至 0.01 g）均匀试样，放入 50 mL 具塞塑料离心管中，加入 20 mL 水后在旋混仪上振荡提取 5 min，在 4000 r/min 下离心 3 min 后，将上清液转移至 100 mL 容量瓶中，向残渣加入 20 mL 水重复提取 1 次，合并提取液于同一容量瓶中，用无水乙醇定容，摇匀。

准确移取上清液 10 mL 于 100 mL 鸡心瓶中，向鸡心瓶中加入 10 mL 无水乙醇，在 80 ℃±2 ℃下旋转浓缩至近干时，再加入 5 mL 无水乙醇继续浓缩至彻底干燥后，用 1 mL× 1 mL 水洗涤鸡心瓶 2 次。将待净化液全部转移至经过预活化的 SAX 固相萃取柱中，控制流速在 1～2 mL/min，弃去流出液。用 5 mL 水淋洗净化柱，再用 5 mL 磷酸-甲醇溶液洗脱，控制流速在 1～2 mL/min，收集洗脱液于 50 mL 鸡心瓶中，洗脱液在 45 ℃下旋转蒸发近干后，再加入 5 mL 无水乙醇继续浓缩至彻底干燥后，用 1.0 mL 磷酸溶液振荡溶解残渣后过 0.45 μm 滤膜后，注入高效液相色谱仪分析。

（4）固体饮料：称取 5 g（精确至 0.01 g）均匀试样，放入 50 mL 烧杯中，加入 40 mL 水溶解并转移至 100 mL 容量瓶中，用无水乙醇定容至刻度，摇匀，静置 10 min。

准确移取上清液 20 mL 于 100 mL 鸡心瓶中，向鸡心瓶中加入 10 mL 无水乙醇，在

80 ℃±2 ℃下旋转浓缩至近干时,再加入 5 mL 无水乙醇继续浓缩至彻底干燥后,用 1 mL×1 mL 水洗涤鸡心瓶 2 次。将待净化液全部转移至经过预活化的 SAX 固相萃取柱中,控制流速在 1~2 mL/min,弃去流出液。用 5 mL 水淋洗净化柱,再用 5 mL 磷酸甲醇溶液洗脱,控制流速在 1~2 mL/min,收集洗脱液于 50 mL 鸡心瓶中,洗脱液在 45 ℃下旋转蒸发近干后,再加入 5 mL 无水乙醇继续浓缩至彻底干燥后,用 1.0 mL 磷酸溶液振荡溶解残渣后过 0.45 μm 滤膜后,注入高效液相色谱仪分析。

(5)面包、饼干、糕点、烘焙食品馅料和生湿面制品:称取 5 g(精确至 0.01 g)均匀试样,放入 50 mL 塑料离心管中,向其中加入 20 mL 在 15000 r/min 均质提取 2 min,在 4000 r/min 下离心 3 min 后,将上清液转移至 100 mL 容量瓶中,向残渣加入 20 mL 水重复提取 1 次,合并提取液于同一容量瓶中,用无水乙醇定容,摇匀。

准确移取上清液 10 mL 于 100 mL 鸡心瓶中,向鸡心瓶中加入 10 mL 无水乙醇,在 80 ℃±2 ℃下旋转浓缩至近干时,再加入 5 mL 无水乙醇继续浓缩至彻底干燥后,用 1 mL×1 mL 洗涤鸡心瓶 2 次。将待净化液全部转移至经过预活化的 SAX 固相萃取柱中,控制流速在 1~2 mL/min,弃去流出液。用 5 mL 水淋洗净化柱,再用 5 mL 磷酸甲醇溶液洗脱,控制流速在 1~2 mL/min,收集洗脱液于 50 mL 鸡心瓶中,洗脱液在 45 ℃下旋转蒸发近干后,用 5.0 mL 磷酸溶液振荡溶解残渣后过 0.45 μm 滤膜后,注入高效液相色谱仪分析。

3. 仪器参考条件

(1)酒石酸、苹果酸、乳酸、柠檬酸、丁二酸和富马酸的测定

色谱柱:CAPECELL PAK MG S5 C$_{18}$柱,4.6 mm×250 mm,5 μm,或同等性能的色谱柱;流动相:用 0.1% 磷酸溶液-甲醇=97.5+2.5(体积比)比例的流动相等度洗脱 10 min,然后用较短的时间梯度让甲醇相达到 100% 并平衡 5 min,再将流动相调整为 0.1% 磷酸溶液-甲醇=97.5+2.5(体积比)的比例,平衡 5 min;柱温:40 ℃;进样量:20 μL;检测波长:210 nm。

(2)己二酸的测定

色谱柱:CAPECELL PAK MG S5 C$_{18}$柱,4.6 mm×250 mm,5 μm,或同等性能的色谱柱;流动相:0.1% 磷酸溶液甲醇=75+25(体积比)等度洗脱 10 min;柱温:40 ℃;进样量:20 μL;检测波长:210 nm。

4. 标准曲线的制作

将标准系列工作液分别注入高效液相色谱仪中,测定相应的峰高或峰面积。以标准曲线工作液的浓度为横坐标,以色谱峰高或峰面积为纵坐标,绘制标准曲线。

5. 试样溶液的测定

将试样溶液注入高效液相色谱仪中,得到峰高或峰面积,根据标准曲线得到待测液中有机酸的浓度。

六、结果计算

$$X = \frac{C \times V}{m \times 1000} \qquad (2-8)$$

式中,X 为试样中有机酸的含量,g/kg;C 为由标准曲线求得试样溶液中某有机酸的浓度,

μg/mL;V 为样品溶液定容体积,mL;m 为最终样液代表的试样质量,g;1000 为换算系数。

七、注意事项

1. 实验人员在使用液氮时,应佩戴手套等防护工具,防止意外洒溅,造成冻伤。

2. 计算结果以重复性条件下获得的两次独立测定结果的算术平均值表示,结果保留两位有效数字。

3. 在重复性条件下获得的两次独立测定结果的绝对差值不得超过算术平均值的 10%。

八、思考题

简述测定食品中有机酸时,样品为什么需要采用强阴离子交换固相萃取柱净化?

实验 2-8　食品中粗脂肪的测定（索氏抽提法）

一、实验目的

1. 掌握索氏抽提法测定脂肪的适用范围及原理。
2. 学习索氏抽提法测定脂肪的方法,熟练掌握索氏提取器的基本操作要点。

二、实验原理

根据脂肪能溶于乙醚等有机溶剂的特性,将样品置于索氏提取器中,用无水乙醚或者石油醚反复萃取,提取样品中的脂肪后,回收溶剂所得的残留物,即为脂肪或粗脂肪。因为提取物中除脂肪外,还含有色素、蜡、树脂、游离脂肪酸等物质。

三、试剂和材料

无水乙醚或石油醚(沸程 30 ℃～60 ℃);海砂(粒度 0.64～0.85 mm,二氧化硅的质量分数不低于 99%);滤纸或者滤纸筒;面粉、谷物、豆类及芝麻等食品原料。

四、仪器

索氏抽提器、电热鼓风干燥箱、恒温水浴锅、分析天平(感量 0.0001 g)、干燥器等。

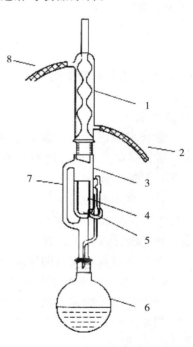

图 2-11　索氏提取装置
1—回流冷凝管;2—冷凝水进口;
3—提取管;4—滤纸筒;
5—虹吸管;6—提脂瓶;
7—通蒸汽管;8—冷凝水出口

五、操作步骤

1. 滤纸筒的制备

将滤纸剪成长方形 8 cm×15 cm,卷成圆筒,直径稍小于索氏提取器的提取筒的内径,将圆筒底部封好,放一层脱脂棉,避免粉末状样品向外漏样。

2. 索式抽提器的准备

索氏抽提器由三部分即回流冷凝管、提取筒、提脂瓶组成。提脂瓶在使用前需烘干并称至恒重,其他部分要干燥。

3. 精确称取烘干磨细的样品 2.00～5.00 g,放入已称重的滤纸筒(半固体或液体样品取 5.00～10.00 g 于蒸发皿中,加 20 g 海砂,在水浴上蒸干,再于 100 ℃～105 ℃烘干,研细,全部移入滤纸筒内,蒸发皿及附有样品的玻璃棒用蘸有乙醚的棉花擦净,棉花也放入滤纸筒内),封好上口,包好的滤纸筒高度不超过提取筒回流弯管的高度。将滤纸筒于电热干燥箱中,在 103 ℃±2 ℃温度下烘干 2 h,西式糕点在 90 ℃±2 ℃烘干 2 h。

4. 抽提

将装好样的滤纸筒放入抽提筒,连接已恒重的提脂瓶,从提取器冷凝管上端加入无水乙醚,加入的量为提取瓶体积的 2/3。接上冷凝装置,在恒温水浴中抽提,水浴温度大约为55 ℃,一般样品抽提 8~12 h,坚果样品提取约 16 h。提取结束时可用滤纸检验,接取 1 滴抽提液,无油斑即表明提取完毕。

5. 回收乙醚

取下脂肪瓶,回收乙醚。待烧瓶内乙醚剩下 1~2 mL 时,在水浴上蒸干,再于 101 ℃~105 ℃烘箱烘至恒重,记录重量。

6. 实验数据记录见表 2-7 所列。

表 2-7　数据记录表

样品质量 (m) (g)	脂肪接收瓶质量 (m_0) (g)	脂肪及脂肪接收瓶质量 (m_1)			
		第一次	第二次	第三次	恒重值
	m_0				

六、结果计算

$$X = \frac{m_1 - m_0}{m} \times 100\% \qquad (2-9)$$

式中,m_1 为提脂瓶和脂肪的质量,g;m_0 为提脂瓶的质量,g;m 为样品的质量,g。

七、注意事项

1. 索氏提取法适用于脂类含量较高,结合态的脂类含量较少,能烘干磨细,不宜吸湿结块的样品的测定。此法只能测定游离态脂肪,结合态脂肪需在一定条件下水解转变成游离态的脂肪方能测出。

2. 样品含水分会影响溶剂提取效果,而且溶剂会吸收样品中的水分造成非脂成分溶出。装样品的滤纸筒要严密,不能往外漏样品,也不要包得太紧影响溶剂渗透。放入滤纸筒时高度不要超过回流弯管,否则样品中的脂肪不能提尽,造成误差。

3. 对含多量糖及糊精的样品,要先以冷水使糖及糊精溶解,经过滤除去,将残渣连同滤纸一起烘干,再一起放入提脂管中。

4. 抽提用的乙醚或石油醚要求无水、无醇、无过氧化物,挥发残渣含量低。

5. 提取时水浴温度不可过高,以每分钟从冷凝管滴下 80 滴左右,每小时回流 5~12 次为宜,提取过程应注意防火。

6. 抽提时,冷凝管上端最好连接一个氯化钙干燥管。这样,可防止空气中水分进入,也可避免乙醚挥发在空气中,如无此装置可塞一团干燥的脱脂棉球。

7. 提取是否完全,可凭经验,也可用滤纸或毛玻璃检查,由抽提管下口滴下的乙醚滴在滤纸或毛玻璃上,挥发后不留下油迹表明已抽提完全,若留下油迹说明抽提不完全。

8. 在挥发乙醚或石油醚时,切忌用火直接加热,应该用电热套、电水浴等。烘前应驱除全部残余的乙醚,因乙醚稍有残留,放入烘箱时,有发生爆炸的危险。

9. 反复加热会因脂类氧化而增重。重量增加时,以增重前的重量作为恒重。

10. 索氏提取法对大多数样品结果比较可靠,但测定的周期长、溶剂量大。

八、思考题

1. 潮湿的样品能否用乙醚直接提取?

2. 使用乙醚作为脂肪提取溶剂时,应注意的事项有哪些?

3. 索氏提取法测定食品中粗脂肪含量的原理及适用范围是什么?

4. 索氏提取法测定脂肪含量有哪些注意事项?

实验 2 – 9　牛乳脂肪含量的测定(碱性乙醚提取法)

一、实验目的

1. 了解碱性乙醚提取法测定脂肪的原理。
2. 掌握碱性乙醚提取法测定脂肪的方法。

二、实验原理

利用氨水破坏覆盖在脂肪球上的蛋白外膜,使脂肪游离出来,再用乙醚-石油醚抽提样品的碱水解液,通过蒸馏或蒸发去除溶剂,测定溶于溶剂中的抽提物的质量。

本方法参照国标——婴幼儿食品和乳品中脂肪的测定(碱性乙醚提取法,GB 5413.3—2010),适用于巴氏杀菌乳、灭菌乳、生乳、发酵乳、调制乳、乳粉、炼乳、奶油、稀奶油、干酪和婴幼儿配方食品中脂肪的测定。

三、试剂

1. 氨水:质量分数约 25%。注:可使用比此浓度更高的氨水。
2. 无水乙醚:不含过氧化物,不含抗氧化剂,并满足试验的要求。
3. 乙醇:体积分数至少为 95%。
4. 石油醚:沸程 30 ℃~60 ℃。
5. 混合溶剂:等体积混合乙醚和石油醚,使用前制备。
6. 刚果红溶液:将 1 g 刚果红溶于水中,稀释至 100 mL。注:可选择性地使用。刚果红溶液可使溶剂和水相界面清晰,也可使用其他能使水相染色而不影响测定结果的溶液。

除另有规定,本实验所用试剂均为分析纯,所用水均为三级水。

四、仪器

1. 具塞刻度量筒(100 mL)。
2. 分析天平:感量为 0.1 mg。
3. 抽脂瓶:抽脂瓶应带有软木塞或其他不影响溶剂使用的瓶塞(如硅胶或聚四氟乙烯)。软木塞应先浸于乙醚中,后放入≥60 ℃的水中保持至少 15 min,冷却后使用。不用时需浸泡在水中,浸泡用水每天更换一次。
4. 离心机:可用于放置抽脂瓶或管,转速为 500~600 r/min,可在抽脂瓶外端产生 80~90 g 的重力场。

五、操作步骤

1. 用于脂肪收集的容器(脂肪收集瓶)的准备:于干燥的脂肪收集瓶中加入几粒沸石,放入烘箱中干燥 1 h。使脂肪收集瓶冷却至室温,称量,精确至 0.1 mg。
2. 空白试验:空白试验与样品检验同时进行,使用相同步骤和相同试剂,但用 10 mL 水代替试样。

3. 测定：①称取充分混匀试样 10 g(精确至 0.0001 g)或移取 10.00 mL 于抽脂瓶中。加入 2.0 mL 氨水，充分混合后立即将抽脂瓶放入 65 ℃±5 ℃的水浴中，加热 15～20 min，不时取出振荡。取出后，冷却至室温，静止 30 s。②加入 10 mL 乙醇，缓和但彻底地进行混合，避免液体太接近瓶颈。如果需要，可加入两滴刚果红溶液。③加入 25 mL 乙醚，塞上瓶塞，将抽脂瓶保持在水平位置，小球的延伸部分朝上夹到摇混器上，按约 100 次/min 振荡 1 min，也可采用手动振摇方式。注意避免形成持久乳化液。④抽脂瓶冷却后小心地打开塞子，用少量的混合溶剂冲洗塞子和瓶颈，使冲洗液流入抽脂瓶。⑤加入 25 mL 石油醚，塞上重新润湿的塞子，重复③操作，轻轻振荡 30 s。⑥将加塞的抽脂瓶放入离心机中，在 500～600 r/min 下离心 5 min。否则将抽脂瓶静止至少 30 min，直到上层液澄清，并明显与水相分离。小心地打开瓶塞，用少量的混合溶剂冲洗塞子和瓶颈内壁，使冲洗液流入抽脂瓶。如果两相界面低于小球与瓶身相接处，则沿瓶壁边缘慢慢地加入水，使液面高于小球和瓶身相接处(图 2-12)，以便于倾倒。将上层液尽可能地倒入已准备好的加入沸石的脂肪收集瓶中，避免倒出水层(图 2-13)。用少量混合溶剂冲洗瓶颈外部，冲洗液收集在脂肪收集瓶中。要防止溶剂溅到抽脂瓶的外面。⑦向抽脂瓶中加入 5 mL 乙醇，用乙醇冲洗瓶颈内壁，按②所述进行混合。重复③～⑥操作，再进行第二次抽提，但只用 15 mL 乙醚和 15 mL 石油醚。再用 15 mL 乙醚和 15 mL 石油醚重复进行第三次抽提。⑧合并所有提取液，既可采用蒸馏的方法除去脂肪收集瓶中的溶剂，也可于沸水浴上蒸发至干来除掉溶剂。蒸馏前用少量混合溶剂冲洗瓶颈内部。⑨将脂肪收集瓶放入 102 ℃±2 ℃的烘箱中加热 1 h，取出脂肪收集瓶，冷却至室温，称量，精确至 0.1 mg。重复干燥、冷却、称量至恒量(连续称量差值不超过 0.5 mg)。⑩为验证抽提物是否全部溶解，向脂肪收集瓶中加入 25 mL 石油醚，微热，振摇，直到脂肪全部溶解。如果抽提物全部溶于石油醚中，则含抽提物的脂肪收集瓶的最终质量和最初质量之差，即为脂肪含量。若抽提物未全部溶于石油醚中，或怀疑抽提物是否全部为脂肪，则用热的石油醚洗提。小心地倒出石油醚，不要倒出任何不溶物，重复此操作 3 次以上，再用石油醚冲洗脂肪收集瓶口的内部。最后，用混合溶剂冲洗脂肪收集瓶口的外部，避免溶液溅到瓶的外壁。将脂肪收集瓶放入 102 ℃±2 ℃的烘箱中，加热 1 h，按⑨所述操作。取⑨中测得的质量和⑩测得的质量之差作为脂肪的质量。

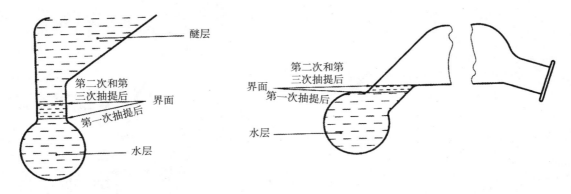

图 2-12　倾倒醚层前　　　　　　　　　　图 2-13　倾倒醚层后

六、结果计算

样品中脂肪的含量按下式计算:

$$X = \frac{(m_1 - m_2) - (m_3 - m_4)}{m} \times 100 \qquad (2-10)$$

式中,X 为样品中脂肪含量,g/100 g(或 g/100 mL);m 为样品的质量,g(或 mL);m_1 为⑨中测得脂肪收集瓶和脂肪抽提物的质量,g;m_2 为脂肪收集瓶的质量,或在有不溶物的存在下,⑩中测得脂肪收集瓶和不溶物的质量,g;m_3 为空白试验中,⑨中测得脂肪收集瓶和脂肪抽提物的质量,g;m_4 为空白试验中,脂肪收集瓶的质量,或在有不溶物的存在下,⑩中测得脂肪收集瓶和不溶物的质量,g。

以重复性条件下获得的两次独立测定结果的算术平均值表示,计算结果保留三位有效数字。

七、注意事项

1. 脂肪收集瓶可根据实际需要自行选择。

2. 加氨水后,要充分混匀,否则会影响下一步醚对脂肪的提取。

3. 操作时加入乙醇的作用是沉淀蛋白质以防止乳化,并溶解醇溶性物质,使其留在水中,避免进入醚层,影响结果。

4. 加入石油醚的作用是降低乙醚极性,使乙醚与水不混溶,只抽提出脂肪,并可使分层清晰。

5. 如果产品中脂肪的质量分数低于 5%,可只进行两次抽提。

八、思考题

碱性乙醚提取法测定牛乳中脂肪含量,为什么要使用氨水?

实验 2-10　食品中还原糖含量的测定(直接滴定法)

一、实验目的

1. 掌握费林试剂热滴定测定还原糖的原理及操作要点。
2. 掌握直接滴定法测定食品中还原糖含量的方法。
3. 学会控制反应条件,掌握提高还原糖测定精密度的方法。

二、实验原理

费林试剂是氧化剂,由甲、乙两种溶液组成。甲液含硫酸铜和亚甲基蓝(氧化还原指示剂);乙液含氢氧化钠、酒石酸钾钠和亚铁氰化钾。将一定量的甲液和乙液等体积混合,生成可溶性的络合物酒石酸钾钠铜;在加热条件下,用样液滴定,样液中的还原糖与酒石酸钾钠铜反应,生成红色的氧化亚铜沉淀,氧化亚铜沉淀再与试剂中的亚铁氰化钾反应生成可溶性无色化合物,便于观察滴定终点。滴定时以亚甲基蓝为氧化-还原指示剂。亚甲基蓝氧化能力比二价铜弱,待二价铜离子全部被还原后,稍过量的还原糖可使蓝色的氧化型亚甲基蓝还原为无色的还原型亚甲基蓝,即达滴定终点。根据消耗样液量可计算出还原糖含量。

1. $2NaOH + CuSO_4 = Cu(OH)_2\downarrow + Na_2SO_4$

2.
$$Cu(OH)_2 + \begin{array}{c} COOK \\ | \\ H-C-OH \\ | \\ H-C-OH \\ | \\ COONa \end{array} = \begin{array}{c} COOK \\ | \\ H-C-OH \\ | \\ H-C-OH \\ | \\ COONa \end{array}\Bigg\} Cu + 2H_2O$$

3.
$$6\begin{array}{c} COOK \\ | \\ H-C-OH \\ | \\ H-C-OH \\ | \\ COONa \end{array}\Bigg\} Cu + \begin{array}{c} CHO \\ | \\ (CHOH)_4 \\ | \\ CH_2OH \end{array} + 6H_2O = 6\begin{array}{c} COOK \\ | \\ H-C-OH \\ | \\ H-C-OH \\ | \\ COONa \end{array} + \begin{array}{c} CHO \\ | \\ (CHOH)_3 \\ | \\ CH_2OH \end{array} + Cu_2O\downarrow + H_2CO_3$$

（蓝色氧化态）
亚甲基蓝（氧化态）　　　　　　　　　（无色还原态）
亚甲基蓝（还原态）

三、试剂和材料

1. 碱性酒石酸铜甲液：称取 15 g 硫酸铜（$CuSO_4 \cdot 5H_2O$）及 0.05 g 亚甲基蓝，溶于水中并稀释到 1000 mL。

2. 碱性酒石酸铜乙液：称取 50 g 酒石酸钾钠及 75 g 氢氧化钠，溶于水中，再加入 4 g 亚铁氰化钾，完全溶解后，用水稀释至 1000 mL，贮存于橡皮塞玻璃瓶中。

3. 乙酸锌溶液：称取 21.9 g 乙酸锌，加 3 mL 冰醋酸，加水溶解并稀释到 100 mL。

4. 亚铁氰化钾溶液（10.6%）：称取 0.6 g 亚铁氰化钾溶于水并稀释至 100 mL。

5. 葡萄糖标准溶液：准确称取 1.0000 g 经过 97 ℃～100 ℃，干燥至恒重的无水葡萄糖，加水溶解后加入 5 mL 盐酸（防止微生物生长），移入 1000 mL 容量瓶中，用水稀释到 1000 mL。

6. NaOH 标准溶液（1 mol/L）。

7. Na_2CO_3 溶液（15%）：称取 15 g 碳酸钠溶于水并稀释至 100 mL。

8. $Pb(Ac)_2$ 溶液（10%）：称取 10 g 醋酸铅溶于水并稀释至 100 mL。

9. Na_2SO_4 溶液（10%）：称取 10 g 硫酸钠溶于水并稀释至 100 mL。

四、仪器

分析天平、酸式滴定管、可调式电炉（带石棉板）、三角瓶、玻璃珠、洗耳球、烧杯、移液管等。

五、操作步骤

1. 样品处理

(1) 含淀粉的食品：称取粉碎或混匀后的试样 10～20 g（精确至 0.001 g），置 250 mL 容量瓶中，加水 200 mL，在 45 ℃ 水浴中加热 1 h，并时时振摇，冷却后加水至刻度，混匀，静置，沉淀。吸取 200 mL 上清液置于另一 250 mL 容量瓶中，缓慢加入乙酸锌溶液 5 mL 和亚铁氰化钾溶液 5 mL，加水至刻度，混匀，静置 30 min，用干燥滤纸过滤，弃去初滤液，取后续滤液备用。

(2) 碳酸饮料：称取混匀后试样 100 g（精确至 0.01 g）于蒸发皿，在水浴上除去 CO_2 后，移入 250 mL 容量瓶中，用水洗蒸发皿，洗液并入容量瓶，定容、摇匀后备用。

(3) 酒精性饮料：称取混匀后试样 100 g（精确至 0.01 g）于蒸发皿，用 1 mol/L NaOH 中和至中性，在水浴上蒸至原体积的 1/4 后，移入 250 mL 容量瓶中，加 50 mL 水，混匀。慢慢加入 5 mL 乙酸锌溶液和 5 mL 亚铁氰化钾溶液，加水至刻度，摇匀后静置 30 min。用干燥滤纸过滤，弃去初滤液，收集滤液备用。

(4) 其他食品：准确称取 2.5～5 g 固体样品（精确至 0.001 g）或准确称取 5～25 g 液体样品（精确至 0.001 g），用 50 mL 水分数次将样品溶解并移入 250 mL 容量瓶中。摇匀后慢慢加入 5 mL 乙酸锌溶液和 5 mL 亚铁氰化钾溶液，加水至刻度，摇匀后静置 30 min。用干燥滤纸过滤，弃去初滤液，收集滤液备用。

2. 碱性酒石酸铜溶液的标定

准确吸取碱性酒石酸铜甲液和乙液各 5 mL，置于 150 mL 锥形瓶中，加水 10 mL，加玻璃珠 3 粒。从滴定管滴加约 9 mL 葡萄糖标准溶液,加热使其在 2 min 内沸腾,准确沸腾 30 s,趁热以每 2 s 1 滴的速度继续滴加葡萄糖标准溶液,直至溶液蓝色刚好褪去为终点,记录消耗葡萄糖标准溶液的总体积。平行操作 3 次,取其平均值,按下式计算。

$$m_1 = c \times V \tag{2-11}$$

式中,m_1 为 10 mL 碱性酒石酸铜溶液相当于葡萄糖的质量,mg;c 为葡萄糖标准溶液的浓度,mg/mL;V 为标定时消耗葡萄糖标准溶液的总体积,mL。

3. 样品溶液预测

准确吸取碱性酒石酸铜甲液及乙液各 5 mL,置于 150 mL 锥形瓶中,加水 10 mL,加玻璃珠 3 粒,加热使其在 2 min 内至沸,准确沸腾 30 s,趁热以先快后慢的速度从滴定管中滴加样品溶液,滴定时要始终保持溶液呈沸腾状态。待溶液蓝色变浅时,以每 2 s 1 滴的速度滴定,直至溶液蓝色刚好褪去为终点。记录样品溶液消耗的体积。

注:当样液中还原糖浓度过高时,应适当稀释后再进行正式测定,使每次滴定消耗样液的体积控制在与标定碱性酒石酸铜溶液时所消耗的还原糖标准溶液的体积相近,约 10 mL 左右,结果按式(2-12)计算;当浓度过低时则采取在锥形瓶中直接加入 10 mL 样品液,免去加水 10 mL,再用还原糖标准溶液滴定至终点,记录消耗的体积与标定时消耗的还原糖标准溶液体积之差相当于 10 mL 样液中所含还原糖的量,结果按式(2-13)计算。

4. 样品溶液测定

准确吸取碱性酒石酸铜甲液及乙液各 5 mL,置于 150 mL 锥形瓶中,加水 10 mL,加玻璃珠 3 粒,从滴定管中加入比预测时样品溶液消耗总体积少 1 mL 的样品溶液,加热使其在 2 min 内沸腾,准确沸腾 30 s,趁热以每 2 s 1 滴的速度继续滴加样液,直至蓝色刚好褪去为终点。记录消耗样品溶液的总体积。同法平行操作 3 份,取平均值。

5. 记录实验数据

实验数据记录见表 2-8 所列。

表 2-8 数据记录表

标定 10 mL 酒石酸铜液葡萄糖液用量(mL)			10 mL 酒石酸铜相当于葡萄糖的量(mg)	测定时消耗样品溶液的量(mL)			
				1	2	3	平均值

六、结果计算

$$还原糖(以葡萄糖计\%) = \frac{m_1}{m \times F \times \dfrac{V}{250} \times 1000} \times 100\% \tag{2-12}$$

$$还原糖(以葡萄糖计\%) = \frac{m_2}{m \times F \times \dfrac{10}{250} \times 1000} \times 100\% \tag{2-13}$$

式中,m 为样品质量,g;m_1 为 10 mL 碱性酒石酸铜溶液相当于葡萄糖的质量,mg;m_2 标定时体积与加入样品后消耗的还原糖标准溶液的体积之差相当于葡萄糖的质量,mg;F 为系数,酒精性饮料为 1.5,其他均为 1;V 为测定时平均消耗样品溶液的体积,mL;250 为样品溶液的总体积,mL;10 为样液体积,mL。

七、注意事项

1. 费林试剂甲液和乙液应分别贮存,用时才混合,否则酒石酸钾钠铜络合物长期在碱性条件下会慢慢分解析出氧化亚铜沉淀,使试剂有效浓度降低。

2. 滴定必须是在沸腾条件下进行,保持反应液沸腾可防止空气进入,也可加快还原糖与 Cu^{2+} 的反应速度,避免氧化亚铜和还原型的亚甲基蓝被空气氧化从而使得耗糖量增加。

3. 滴定时不能随意摇动锥形瓶,更不能把锥形瓶从热源上取下来滴定,以防止空气进入反应溶液中。

4. 本方法对糖进行定量的基础是碱性酒石酸铜溶液中 Cu^{2+} 的量,所以,样品处理时不能采用硫酸铜-氢氧化钠作为澄清剂,以免样液中误入 Cu^{2+} 得出错误的结果。

5. 在碱性酒石酸铜乙液中加入亚铁氰化钾,是为了使所生成的 Cu_2O 红色沉淀与之形成可溶性的无色络合物,使终点便于观察。

6. 亚甲基蓝也是一种氧化剂,但在测定条件下其氧化能力比 Cu^{2+} 弱,故还原糖先与 Cu^{2+} 反应,待 Cu^{2+} 完全反应后,稍过量的还原糖才会与亚甲基蓝发生反应,溶液蓝色消失,指示到达终点。

7. 预测定与正式测定的检测条件应一致。平行实验中消耗样液量应不超过 0.1 mL。

8. 测定中还原糖液浓度、滴定速度、热源强度及煮沸时间等都对测定精密度有很大的影响。还原糖液浓度要求在 0.1% 左右,与标准葡萄糖溶液的浓度相近;继续滴定至终点的体积数应控制在 0.4~1 mL 以内,以保证在 1 min 内完成续滴定的工作;热源一般采用800 W 电炉,热源强度和煮沸时间应严格按照操作中规定的执行,否则,加热至煮沸时间不同,蒸发量不同,反应液的碱度也不同,从而影响反应的速度、反应进行的程度及最终测定的结果。

八、思考题

1. 直接滴定法测定食品中还原糖为什么必须在沸腾的条件下滴定,且不能随意摇动锥形瓶?

2. 直接滴定法的原理是什么? 为什么要进行预滴定?

3. 滴定至终点时,蓝色消失,溶液为淡黄色,放置一段时间为何又变为蓝色?

4. 怎样提高费林试剂容量法(直接滴定法)测定结果的准确度? 注意事项有哪些?

实验 2-11　食品中还原糖含量的测定(高锰酸钾法)

一、实验目的

1. 掌握高锰酸钾法测定还原糖的原理。
2. 掌握高锰酸钾法测定还原糖的方法。

二、实验原理

将一定量的样液与一定量过量的碱性酒石酸铜溶液反应,还原糖将二价铜还原为氧化亚铜,经过滤,得到氧化亚铜沉淀,加入过量的酸性硫酸铁溶液将其氧化溶解,而三价铁盐被定量地还原为亚铁盐,用高锰酸钾标准溶液滴定所生成的亚铁盐,根据高锰酸钾溶液消耗量可计算出氧化亚铜的量,再从检索表中查出与氧化亚铜量相当的还原糖量,即可计算出样品中还原糖含量。

三、试剂

1. 碱性酒石酸铜甲液:称取 34.639 g 硫酸铜($CuSO_4 \cdot 5H_2O$),加适量水溶解,加入 0.5 mL 硫酸,加水稀释至 500 mL,用精制石棉过滤。

2. 碱性酒石酸铜乙液:称取 173 g 酒石酸钾钠和 50 g 氢氧化钠,加适量水溶解并稀释到 500 mL,用精制石棉过滤,贮存于橡皮塞玻璃瓶中。

3. 精制石棉:取石棉先用 3 mol/L 盐酸浸泡 2~3 d,用水洗净,再用 10% 氢氧化钠浸泡 2~3 d。倾去溶液,再用碱性酒石酸铜乙液浸泡数小时,用水洗净。再以 3 mol/L 盐酸浸泡数小时,用水洗至不呈酸性。加水振荡,使之成为微细的浆状软纤维,用水浸泡并贮存于玻璃瓶中,即可用于填充古氏坩埚。

4. 高锰酸钾标准溶液(0.01 mol/L):称取 1.15 g 高锰酸钾溶于 1050 mL 水中,缓缓煮沸 20~30 min,冷却后于暗处密闭保存数日,用垂融漏斗过滤,保存于棕色瓶中。

标定:精确称取 150 ℃~200 ℃干燥 1~1.5 h 的基准草酸钠约 0.2 g,溶于 50 mL 水中;加 80 mL 硫酸,用配制的高锰酸钾溶液滴定,接近终点时加热至 70 ℃,继续滴至溶液呈粉红色 30 s 不褪为止。同时做空白试验。

5. 氢氧化钠溶液(1 mol/L):称取 4 g 氢氧化钠加水溶解并稀释至 100 mL。

6. 硫酸铁溶液:称取 50 g 硫酸铁,加入 200 mL 水溶解后,慢慢加入 100 mL 硫酸,冷却后加水稀释至 1000 mL。

7. 盐酸溶液(3 mol/L):量取 30 mL 浓盐酸,加水稀释至 120 mL。

四、仪器

25 mL 古氏坩埚或 G 4 垂融坩埚、真空泵、滴定管、水浴锅等。

五、操作步骤

1. 样品处理

(1)一般性食品:称取粉碎后的固体试样 2.4~5 g 或混合均匀的液体试样 24~50 g,精确至 0.001 g,置于 250 mL 容量瓶中,加水 50 mL,摇匀后加 10 mL 碱性酒石酸铜甲液及 4 mL 1 mol/L氢氧化钠溶液,加水至刻度,摇匀。静置 30 min,用干燥滤纸过滤,弃去初滤液,取续滤液备用。

(2)酒精性饮料:称取约 100 g 混匀后的试样,精确至 0.01 g,置于蒸发皿中,用 1 mol/L NaOH溶液中和至中性,在水浴上蒸发至原体积 1/4 后(注意保持溶液 pH 为中性),移入 250 mL 容量瓶中。加 50 mL 水,混匀。以下按(1)中从"加入 10 mL 碱性酒石酸铜甲液"起依次操作。

(3)含大量淀粉的食品:称取 9～20 g 粉碎或均匀后的试样,精确至 0.001 g,置于 250 mL 容量瓶中,加 200 mL 水,在 45 ℃水浴中加热 1 h,并时时振摇(此步骤是使还原糖溶于水中,切忌温度过高,因为淀粉在高温条件下会糊化、水解,影响测定结果)。冷却后加水至刻度,混匀,静置。吸取 200 mL 上清液于另一 250 mL 容量瓶中,以下按(1)中从"加入 10 mL碱性酒石酸铜甲液"起依次操作。

(4)碳酸类饮料:称取约 100 g 混匀后的试样,精确至 0.001 g,置于蒸发皿中,在水浴上除去二氧化碳后,移入 250 mL 容量瓶中,并用水洗涤蒸发皿,洗液并入容量瓶中,再加水至刻度,混匀后,备用。

2. 样品测定

吸取 50 mL 处理后的样品溶液于 400 mL 烧杯中,加入 25 mL 碱性酒石酸铜甲液及 25 mL乙液,于烧杯上盖一表面皿,加热,控制在 4 min 内沸腾,再准确煮沸 2 min,趁热用铺好石棉的古氏坩埚或 G4 垂融坩埚抽滤,并用 60 ℃热水洗涤烧杯及沉淀,至洗液不呈碱性为止。将古氏坩埚或垂融 G4 坩埚放回原 400 mL 烧杯中,加 25 mL 硫酸铁溶液及 25 mL水,用玻璃棒搅拌使氧化亚铜完全溶解,以 0.01 mol/L 高锰酸钾标准液滴定至微红色为终点(注意:还原糖与碱性酒石酸铜试剂的反应一定要在沸腾状态下进行,沸腾时间需严格控制。煮沸的溶液应保持蓝色,如果蓝色消失,说明还原糖含量过高,应将样品溶液稀释后重做)。

同时,吸取 50 mL 水,加与测定样品时相同量的碱性酒石酸铜甲、乙液,硫酸铁溶液及水,按同一方法做试剂空白实验。

六、结果计算

$$X = (V - V_0) \times C \times 71.54 \qquad (2-14)$$

$$X = \frac{m_3}{m_4 \times \dfrac{V}{250} \times 1000} \times 100 \qquad (2-15)$$

式中,X 为试样中还原糖含量,g/100 g;m_3 为查表得还原糖质量,mg;m_4 为试样质量或体积,g 或 mL;V 为测定用试样溶液的体积,mL;250 为试样处理后的总体积,mL。

七、注意事项

1. 取样量视样品含糖量而定,取得样品中含糖应在 24～1000 mg,测定用样液含糖浓度应调整到 0.01%～0.45%,浓度过大或过小都会带来误差。通常先进行预试验,确定样液的稀释倍数后再进行正式测定。

2. 测定必须严格按规定的操作条件进行,须控制好热源强度保证在 4 min 内加热至沸,否则误差较大。实验时可先取 50 mL 水,加碱性酒石酸铜甲、乙液各 25 mL,调整热源强度,使其在 4 min 内加热至沸,维持热源强度不变,再正式测定。

3. 此法所用碱性酒石酸铜溶液是过量的,即保证把所有的还原糖全部氧化后,还有过剩的 Cu^{2+} 存在。所以,煮沸后的反应液应呈蓝色(酒石酸钾钠铜配离子)。如不呈蓝色,说明样液含糖浓度过高,应调整样液浓度。

4. 当样品中的还原糖有双糖(如麦芽糖、乳糖)时,由于这些糖的分子中仅有一个还原基,测定结果将偏低。

八、思考题

1. 试样测定时,为什么要用水洗涤处理试样的烧杯及沉淀至不呈碱性?

2. 高锰酸钾法测定还原糖有什么优缺点?

3. 为什么样液检测时要 4 min 内加热至沸腾?

实验 2-12　食品中总糖含量的测定(直接滴定法)

一、实验目的

　　1. 掌握直接滴定法测定总糖的原理和方法。
　　2. 掌握滴定法测定总糖的操作技能。

二、实验原理

　　食品中总糖主要指具有还原性的葡萄糖、果糖、戊糖、乳糖,在测定条件下能水解为还原性单糖的蔗糖(水解后为 1 分子葡萄糖和 1 分子果糖)、麦芽糖(水解后为 2 分子葡萄糖)及可能部分水解的淀粉。样品经处理除去蛋白质等杂质后,加入盐酸,在加热条件下使蔗糖水解为还原性单糖,以直接滴定法测定水解后样品中的还原糖总量。

三、试剂

　　1. 盐酸溶液(6 mol/L):浓盐酸加等体积水稀释。
　　2. 甲基红乙醇溶液(0.1%):称取 0.1 g 甲基红,用 60%乙醇溶解并定容至 100 mL。
　　3. 氢氧化钠溶液(20%):称取 20 g NaOH,溶于水并稀释到 100 mL。
　　4. 转化糖标准溶液(0.1%):称取 105 ℃烘干至恒重的纯蔗糖 1.9000 g,用水溶解并移入 1000 mL 容量瓶中,定容,混匀。取 50 mL 于 100 mL 容量瓶中,加 6 mol/L 盐酸 5 mL,在 67 ℃~70 ℃水浴中加热 15 min,取出于流动水下迅速冷却,加甲基红指示剂 2 滴,用 20% NaOH 溶液中和至中性,加水至刻度,混匀。此溶液每毫升含转化糖 1 mg。
　　5. 费林氏 A 液:称取 15 g($CuSO_4 \cdot 5H_2O$)及 0.05 g 亚甲基蓝,溶于水并稀释到 1 L。
　　6. 费林氏 B 液:称取 50 g 酒石酸钾钠及 75 g 氢氧化钠,溶于水,再加入 4 g 亚铁氰化钾,完全溶解后,用水稀释至 1 L,贮存于橡皮塞玻璃瓶中。
　　7. 乙酸锌溶液:称取 21.9 g 乙酸锌[$Zn(CH_3COO)_2 \cdot 2H_2O$],加 3 mL 冰醋酸,加水溶解并稀释至 100 mL。
　　8. 亚铁氰化钾溶液(10.6%):称取 10.6 g 亚铁氰化钾[$K_4Fe(CN)_6 \cdot 3H_2O$],溶于水,稀释至 100 mL。

四、仪器

　　分析天平、真空泵、滴定管、水浴锅、电炉等。

五、操作步骤

　　1. 样品处理

　　取适量样品,移入 250 mL 容量瓶中,慢慢加入 5 mL 乙酸锌溶液和 5 mL 亚铁氰化钾溶液,加水至刻度,摇匀后静置 30 min,用干燥滤纸过滤,弃去初滤液,收集滤液备用。吸取处理后的样液 50 mL 于 100 mL 容量瓶中,加入 5 mL 6 mol/L 盐酸溶液,置 67 ℃~70 ℃水浴中加热 15 min,取出后迅速冷却,加甲基红指示剂 2 滴,用 20% NaOH 溶液中和至中性,加水至刻度,混匀。

2. 碱性酒石酸铜溶液的标定

准确吸取碱性酒石酸铜甲液和乙液各 5 mL,置于 250 mL 锥形瓶中,加水 10 mL,玻璃珠 3 粒。从滴定管滴加约 9 mL 转化糖标准溶液,加热使其在 2 min 内沸腾,准确沸腾 30 s,趁热以每 2 s 1 滴的速度继续滴加转化糖标准溶液,直至溶液蓝色刚好褪去为终点。记录消耗转化糖标准溶液的总体积。平行操作 3 次,取其平均值,按下式计算。

$$F = C \cdot V \qquad (2-16)$$

式中,F 为 10 mL 碱性酒石酸铜溶液相当于转化糖的质量,mg;C 为转化糖标准溶液的浓度,mg/mL;V 为标定时消耗转化糖标准溶液的总体积,mL。

3. 样品溶液预测

准确吸取碱性酒石酸铜甲液和乙液各 5 mL,置于 250 mL 锥形瓶中,加水 10 mL,玻璃珠 3 粒,加热使其在 2 min 内沸腾,准确沸腾 30 s,趁热以先快后慢的速度从滴定管中滴加样品溶液,滴定时要始终保持溶液呈沸腾状态,待溶液蓝色变浅时,以每 2 s 1 滴的速度滴定,直至溶液蓝色刚好褪去为终点。记录样品溶液消耗的体积。

4. 样品溶液测定

准确吸取碱性酒石酸铜甲液和乙液各 5 mL,置于 250 mL 锥形瓶中,加水 10 mL,加玻璃珠 3 粒,从滴定管滴加入比预测时样品溶液消耗总体积少 1 mL 的样品溶液,加热使其在 2 min 内沸腾,准确沸腾 30 s,趁热以每 2 s 1 滴的速度继续滴加样液,直至蓝色刚好褪去为终点。记录消耗样品溶液的总体积。同法平行操作 3 次,取平均值。

六、结果计算

$$\text{总糖(以转化糖计,\%)} = \frac{F}{m \times \frac{50}{V_1} \times \frac{V_2}{100} \times 1000} \times 100\% \qquad (2-17)$$

式中,F 为 10 mL 碱性酒石酸铜溶液相当于转化糖的质量,mg;V_1 为样品处理液总体积,mL;V_2 为测定时消耗样品水解液体积,mL;m 为样品质量,g。

七、注意事项

总糖测定的结果一般以转化糖计,但也可以葡萄糖计,要根据产品的质量指标要求而定。如用转化糖表示,应该用标准转化糖溶液标定碱性酒石酸铜溶液,如用葡萄糖表示,则应该用标准葡萄糖溶液标定。

八、思考题

简述直接滴定法测定总糖含量的实验原理。

实验 2-13　食品中总糖含量的测定(蒽酮比色法)

一、实验目的

1. 掌握蒽酮比色法测定总糖含量的原理。
2. 掌握蒽酮比色法测定总糖含量的方法。
3. 熟悉分光光度计的使用。

二、实验原理

蒽酮比色法是一个快速而简便的定糖方法。蒽酮可以与游离的己糖或多糖中的己糖基、戊糖基及己糖醛酸起反应,反应后溶液呈蓝绿色,在 620 nm 处有最大吸收。本法多用于测定糖原的含量,也可用于测定葡萄糖的含量。糖遇到浓硫酸时,脱水生成糠醛衍生物,蒽酮可以与糠醛衍生物缩合生成蓝绿色的化合物,在 620 nm 处有最大吸收。在一定糖浓度范围内(200 μg/mL),溶液吸光度值与糖溶液的浓度呈线性关系。用酸将样品中没有还原性的多糖和寡糖彻底水解成具有还原性的单糖,或直接提取样品中的还原糖,即可对植物组织中的总糖和还原糖进行定量测定。

三、试剂

1. 蒽酮试剂:取 2 g 蒽酮溶解到 80% H_2SO_4 中,以 80% H_2SO_4 定容到 1000 mL,当日配制使用。
2. 标准葡萄糖溶液(0.1 mg/mL):称取 100 mg 葡萄糖,溶解于蒸馏水中并定容到 1000 mL 备用。
3. HCl 溶液(6 mol/L):50 mL 盐酸,加水至 100 mL。
4. NaOH 溶液(10%):称取 10 g NaOH 固体,溶于蒸馏水并稀释至 100 mL。

四、仪器

分光光度计、分析天平(0.0001 g)、恒温水浴锅、容量瓶、烧杯、移液管、三角烧瓶、漏斗等。

五、操作步骤

1. 葡萄糖标准曲线的绘制

取干净试管 6 支,按下表进行操作。以吸光度为纵坐标,各标准液浓度(mg/mL)为横坐标作图。

2. 样品中还原糖的提取和测定

称取植物原料干粉 0.1~0.5 g,加水约 3 mL,在研钵中磨成匀浆,转入三角烧瓶中,并用约 30 mL 蒸馏水冲洗研钵 2~3 次,洗出液也转入三角烧瓶中。于 50 ℃ 水浴中保温半小时(使还原糖浸出),取出,冷却后定容至 100 mL。过滤,取 1 mL 滤液进行还原糖的测定:吸取 1 mL 总糖类溶液置试管中,浸于冰浴中冷却,再加入 4 mL 蒽酮试剂,沸水浴中准确加热

10 min,取出用自来水冷却后比色,其他条件与做标准曲线相同,测得的吸光度值由标准曲线查算出样品液的糖含量。(样品液显色后若颜色很深,其吸光度超过标准曲线浓度范围,则应将样品提取液适当稀释后再加蒽酮显色测定)

3. 样品中总糖的提取、水解和测定

称取植物原料干粉 0.1~0.5 g,加水约 3 mL,在研钵中磨成匀浆,转入三角烧瓶中,并用约 12 mL 的蒸馏水冲洗研钵 2~3 次,洗出液也转入三角烧瓶中。再向三角烧瓶中加入 6 mol/L 盐酸 10 mL,搅拌均匀后在沸水浴中水解半小时,冷却后用 10% NaOH 溶液中和 pH 呈中性。然后用蒸馏水定容至 100 mL,过滤,取滤液 10 mL,用蒸馏水定容 100 mL,成稀释 1000 倍的总糖水解液。取 1 mL 总糖水解液,测定其还原糖的含量:吸取 1 mL 总糖类溶液置试管中,浸于冰浴中冷却,再加入 4 mL 蒽酮试剂,沸水浴中准确加热 10 min,取出用自来水冷却后比色,其他条件与做标准曲线相同,测得的吸光度值由标准曲线查算出样品液的糖含量。

表 2 - 9　标准曲线的制作及样品测定加样表

管号	0	1	2	3	4	5	(样品 1)	(样品 2)
标准葡萄糖溶液(mL)	0	0.2	0.4	0.6	0.8	1.0	还原糖	总糖
蒸馏水(mL)	1.0	0.8	0.6	0.4	0.2	0		
样品液(mL)	/	/	/	/	/	/	1.0	1.0
糖溶液浓度(mg/mL)	0	0.02	0.04	0.06	0.08	0.10	待测	待测
置冰水浴中冷却								
蒽酮试剂(mL)	4.0	4.0	4.0	4.0	4.0	4.0	4.0	4.0
沸水浴中准确加热 10 min,取出,用自来水冷却,室温放置 10 min								
A_{620} nm								

六、结果计算

1. 样品中还原糖含量计算

$$X_1 = \frac{C_1 V_1}{m} \times 100\%$$
(2 - 18)

式中,X_1 为还原糖的质量分数,%;C_1 为还原糖的质量浓度,mg/mL;V_1 为样品中还原糖提取液的体积,mL;m 为样品质量,mg。

2. 样品中总糖含量计算

$$X_2 = \frac{C_2 V_2}{m} \times 100\%$$
(2 - 19)

式中,X_2 为还原糖的质量分数,%;C_2 为水解后还原糖的质量浓度,mg/mL;V_2 为样品中总糖提取液的体积,mL;m 为样品质量,mg。

七、注意事项

1. 食品中的总糖通常是指具有还原性的糖(葡萄糖、果糖、乳糖、麦芽糖等)和在测定条件下能水解为还原性单糖的糖的总量。

2. 本法适用于可溶性还原糖测定。测定结果是还原性糖和能水解为还原性糖的总和。

3. 如要求结果中不含淀粉,则样品处理不应用高浓度酸,而应改用80%乙醇。

4. 如提取液中有较多的可溶性蛋白,必须先除去蛋白。

5. 若样液较深,可用一次性微孔过滤器过滤,或者采用活性炭脱色。

八、思考题

1. 蒽酮试剂为什么要现配现用?

2. 影响分析结果的因素有哪些?

实验 2-14 食品中蛋白质含量的测定(凯氏定氮法)

一、实验目的

1. 掌握凯氏定氮法测定蛋白质的原理。
2. 掌握凯氏定氮法的操作技能(包括样品的消化、蒸馏、吸收及滴定)。

二、实验原理

新鲜食品中的含氮化合物大多以蛋白质为主体,所以检验食品中的蛋白质时,往往测定总氮量,然后乘以蛋白质换算系数,即可得到蛋白质含量。凯氏定氮法可用于所有动物性、植物性食品的蛋白质含量测定。因样品中常含有核酸、生物碱、含氮类脂、卟啉以及含氮色素等非蛋白质的含氮化合物,故通常将测定结果称为粗蛋白质。

凯氏定氮法由 Kieldahl 于 1833 年首先提出,经长期改进,迄今已演变成常量法、微量法、改良凯氏定氮法、自动定氮仪法、半微量法等多种方法。将样品与浓硫酸和催化剂一同加热消化,使蛋白质分解,其中碳和氢被氧化为二氧化碳和水逸出,而样品中的有机氮转化为氨,并与硫酸结合成硫酸铵,此过程称为消化。加碱将消化液碱化,使氨游离出来,再通过水蒸气蒸馏,使氨蒸出,用硼酸吸收形成硼酸铵再以标准盐酸或硫酸溶液滴定,根据标准酸消耗量可计算出蛋白质的含量。本方法可应用于各类食品中蛋白质含量的测定。

1. 消化:消化反应方程式如下:

$$2NH_2(CH_2)_2COOH + 3H_2SO_4 \longrightarrow (NH_4)_2SO_4 + 6CO_2 \uparrow + 12SO_2 \uparrow + 16H_2O$$

浓硫酸具有脱水性,使有机物脱水并炭化为碳、氢、氮。浓硫酸又有氧化性,使炭化后的碳氧化为二氧化碳,硫酸则被还原成二氧化硫:

$$2H_2SO_4 + C \xrightarrow{\triangle} 2SO_2 + 2H_2O + CO_2 \uparrow$$

二氧化硫使氮还原为氨,本身则被氧化为三氧化硫,氨随之与硫酸作用生成硫酸铵留在酸性溶液中:

$$H_2SO_4 + 2NH_3 =\!=\!= (NH_4)_2SO_4$$

在消化反应中,为了加速蛋白质的分解,缩短消化时间,常加入下列催化剂。

(1)硫酸钾:加入硫酸钾的目的是为了提高溶液的沸点,加快有机物的分解。硫酸钾与硫酸作用生成硫酸氢钾可提高反应温度,一般纯硫酸的沸点在 340 ℃左右,而添加硫酸钾后,可使温度提高至 400 ℃以上,而且随着消化过程中硫酸不断地被分解,水分不断逸出而使硫酸氢钾的浓度逐渐增大,故沸点不断升高,化学反应式如下:

$$K_2SO_4 + H_2SO_4 =\!=\!= 2KHSO_4$$

$$2KHSO_4 \xrightarrow{\triangle} K_2SO_4 + H_2O \uparrow + SO_3$$

所以硫酸钾的加入量也不能太大,否则消化体系温度过高,又会引起已生成的铵盐发生热分解析出氨而造成损失:

$$(NH_4)_2SO_4 \xrightarrow{\triangle} NH_3 \uparrow + (NH_4)HSO_4$$

$$2(NH_4)HSO_4 \xrightarrow{\triangle} 2NH_3\uparrow + 2SO_3\uparrow + 2H_2O$$

$$2CuSO_4 \xrightarrow{\triangle} Cu_2SO_4 + SO_2\uparrow + O_2\uparrow$$

除硫酸钾外,也可以加入硫酸钠、氯化钾等盐类来提高沸点,但效果不如硫酸钾。

(2)硫酸铜:硫酸铜起催化剂的作用。凯氏定氮法中可用的催化剂种类很多,除硫酸铜外,还有氧化汞、汞、硒粉等,但考虑到效果、价格及环境污染等多种因素,应用最广泛的是硫酸铜。使用时常加入少量过氧化氢、次氯酸钾等作为氧化剂以加速有机物的氧化分解,硫酸铜的作用机理如下所示:

$$Cu_2SO_4 + 2H_2SO_4 \longrightarrow 2CuSO_4 + 2H_2O + SO_2\uparrow$$

$$C + 2CuSO_4 \xrightarrow{\triangle} Cu_2SO_4 + SO_2\uparrow + CO_2\uparrow$$

此反应不断进行,待有机物全部被消化完后,不再有硫酸亚铜(Cu_2SO_4褐色)生成,溶液呈现清澈的二价铜的蓝绿色。故硫酸铜除起催化剂的作用外,还可指示终点的到达,以及下一步蒸馏时作为碱性反应的指示剂。

2.蒸馏:在消化完全的样品消化液中加入浓氢氧化钠使呈碱性,此时氨游离出来,加热蒸馏即可释放出氨气,反应方程式如下:

$$2NaOH + (NH_4)_2SO_4 \xrightarrow{\triangle} NH_3\uparrow + Na_2SO_4 + 2H_2O$$

3.吸收与滴定:蒸馏所释放出来的氨,用硼酸溶液进行吸收,硼酸呈微弱酸性($K_{a1}=5.8\times9^{-10}$),与氨形成强碱弱酸盐,待吸收完全后,再用盐酸标准溶液滴定,吸收及滴定反应方程式如下。

$$2NH_3 + 4H_3BO_3 = (NH_4)_2B_4O_7 + 5H_2O$$

蒸馏释放出来的氨,也可以采用硫酸或盐酸标准溶液吸收,然后再用氢氧化钠标准溶液反滴定吸收液中过剩的硫酸或盐酸,从而计算出总氮量。

$$(NH_3)_2B_4O_7 + 5H_2O + 2HCl = 2NH_4Cl + 4H_3BO_3$$

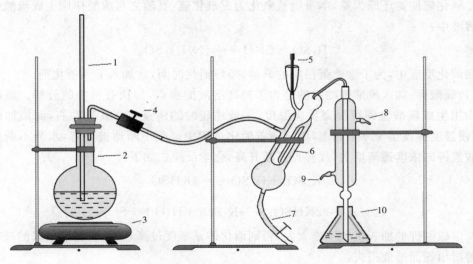

图 2-14　凯氏定氮消化、蒸馏装置

1—安全管;2—烧瓶;3—电炉;4—制阀;5—磨口塞;6—反应釜;7—废液排出口;8—冷却水出口;9—冷却水进口;10—接收瓶

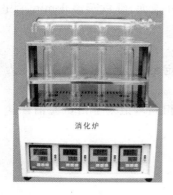

图 2-15　凯氏消化仪　　　　图 2-16　凯氏蒸馏仪　　　　图 2-17　凯氏消化管

三、试剂

1. 浓硫酸、硫酸钾、硫酸铜。

2. 硼酸吸收液(20 g/L):20 g 硼酸溶解于 1000 mL 热水中,摇匀备用。

3. 甲基红-溴甲酚绿混合指示剂:5 份 0.2% 溴甲酚绿 95% 乙醇溶液与 1 份 0.2% 甲基红乙醇溶液混合。

4. 氢氧化钠溶液(400 g/L)。

5. 盐酸标准溶液(0.0500 mol/L)。

四、仪器

凯氏瓶、凯氏定氮蒸馏装置、电炉、自动消解仪、铁架台、玻璃器皿等。

五、操作步骤

1. 样品消化

准确称取固体样品 0.2~2 g(半固体样品 2~5 g,液体样品 9~20 mL),精确至 0.001 g,小心移入干燥洁净的 500 mL 凯氏烧瓶中,加入研细的硫酸铜 0.2 g、硫酸钾 6 g 和浓硫酸 20 mL,轻摇后于瓶口放一小漏斗。并将其以 45°斜支于有小孔的石棉网上。用电炉以小火加热,待内容物全部炭化,泡沫停止产生后,加大火力,保持瓶内液体微沸,至液体变蓝绿色透明后,再继续加热微沸 30 min。冷却小心加入 20 mL 纯水,放冷后转移至 100 mL 容量瓶中,少量纯水洗涤凯氏烧瓶 3 次,洗液并入容量瓶,纯水定容。同时做试剂空白试验。

2. 蒸馏及吸收

按图 2-14 安装好定氮蒸馏装置,在水蒸气发生器内装入蒸馏水至 2/3 体积处,加入玻璃珠数粒,硫酸 1 mL,甲基红乙醇溶液 2~3 滴,保持水呈酸性。加热煮沸水蒸气发生器内的水并保持沸腾。向接收瓶内加入 50.0 mL 20 g/L 硼酸溶液和 1~2 滴混合指示剂。将接收瓶置于蒸馏装置的冷凝管下口,使下口浸入液面以下。准确移取 10.0 mL 稀释定容后的试样消化液沿小玻璃杯移入反应室,并用 10 mL 水冲洗小玻璃杯,一并移入反应室。塞紧棒状玻璃塞,向小玻璃杯内加入约 10.0 mL 400 g/L 氢氧化钠溶液。提起玻璃塞,使氢氧化钠溶液缓慢流入反应室,立即塞紧玻璃塞,并在小玻璃杯中加水使之密封。夹紧螺旋夹,开始蒸馏。蒸馏 10 min 后,降低接收瓶的位置,使冷凝管管口离开液面,继续蒸馏 1 min。用少量蒸馏水冲洗冷凝管管口,洗液并入接收瓶内。取下接收瓶。

3. 滴定

将上述吸收液用 0.0500 mol/L 盐酸标准滴定溶液直接滴定至由蓝色变为微红色即为终点,记录盐酸溶液用量。

同时,做一试剂空白(除不加样品外,从消化开始操作完全相同),记录空白试验消耗盐酸标准溶液的体积。

4. 记录数据

数据记录见表 2-10 所列。

表 2-10　数据记录表

项目	第一次	第二次	第三次
样品消化液(mL)			
滴定消耗盐酸标准溶液(mL)			
消耗盐酸标准溶液平均值(mL)			

六、结果计算

$$X=\frac{C\times(V_1-V_2)\times M}{m\times 1000}\times F\times 100\%$$ (2-20)

式中,X 为样品中蛋白质的含量,g/100 g(或 g/100 mL);V_1 为试样消耗盐酸标准滴定液的体积,mL;V_2 为试剂空白消耗盐酸标准滴定液的体积,mL;M 为 N 的摩尔质量,14.018/mol;c 为盐酸标准滴定液的浓度,mol/L;m 为样品的质量(或体积),g(或 mL);F 为氮换算为蛋白质的系数,一般食物为 6.25;纯乳与纯乳制品为 6.38;面粉为 5.70;玉米、高粱为 6.24;花生为 5.46;大米为 5.95;大豆及其粗加工制品为 5.71;大豆蛋白制品为 6.25;肉与肉制品为 6.25;大麦、小米、燕麦、裸麦为 5.83;芝麻、向日葵为 5.30;复合配方食品为 6.25。

七、注意事项

1. 消化过程中应不时转动凯氏瓶,以便利用冷凝酸液将附在瓶壁上的固体残渣洗下来并促进消化。

2. 蒸馏前给水蒸气发生器内装水至 2/3 容积处,加数毫升稀硫酸及数滴甲基橙指示剂以使其始终保持酸性,水应呈橙红色,如变黄色时,要补加酸,这样可以避免在碱性时水中的游离氨被蒸出而影响测定结果。

3. 在蒸馏时,蒸汽发生要均匀充足,蒸馏过程中不得停火断汽,否则将发生倒吸。

4. 加碱要足量,操作要迅速;漏斗应采用水封措施,以免氨逸出损失。

八、思考题

1. 滴定终点指示为什么采用甲基红-溴甲酚绿混合指示剂?

2. 用化学反应方程式写出凯氏定氮法测定食品中蛋白质的原理。

3. 为什么知道食品中含氮量就知道粗蛋白的含量？

4. 用凯氏定氮法测得的蛋白质的含量为什么称为粗蛋白的含量？

5. 凯氏定氮法测得的蛋白质含量的原理、操作步骤及注意事项有哪些？

6. 硫酸铜、硫酸钾、氢氧化钠及硼酸在凯氏定氮法测得的蛋白质含量时分别有什么作用？

实验 2 – 15　粗蛋白质含量的测定（杜马斯燃烧法）

一、实验目的

1. 掌握杜马斯燃烧法测定蛋白质的原理。
2. 掌握杜马斯燃烧法的操作技能（包括样品预处理、仪器校准及测定）。

二、实验原理

杜马斯燃烧法的基本原理是样品在 850 ℃～1200 ℃高温下燃烧，采用催化剂和高纯度的氧气对样品进行氧化，让样品转换成相应的元素态物质。燃烧过程中产生混合气体，其中的干扰成分被一系列适当的吸收剂所吸收，混合气体中的氮氧化物被全部还原成分子氮，随后氮的含量被热导检测器检测。整个分析过程仅需要数分钟就能检测出氮含量。

本方法与凯氏定氮法相同，不能区分蛋白氮、非蛋白氮。计算蛋白质含量使用不同的换算系数。本方法参照中华人民共和国食品安全国家标准——食品中蛋白质的测定（GB 5009.5—2010），适用于蛋白质含量在 10 g/100 g 以上的粮食、豆类、奶粉、米粉、蛋白质粉等固体试样的筛选测定。当称样量为 0.1 g 时，总氮含量的检出限为 0.02%。

三、试剂

1. 载气

二氧化碳气体：纯度≥99.99%；氦气：纯度≥99.99%。

2. 燃烧气

氧气：纯度≥99.99%。

3. 氧化剂

根据仪器类型进行选择（氧化铜等）。

4. 还原剂

根据仪器类型进行选择（铜、钨）。

5. 吸附剂

根据仪器类型进行选择（五氧化二磷颗粒、固体高氯酸镁颗粒等）。

6. 氧化铜-铂催化剂（用于填充后氧化管）

根据仪器生产商的建议，铂催化剂（Al_2O_3 中含 5% 的 Pt）和氧化铜按 1∶7 或 1∶8 的比例混合。

7. 标准物质

天门冬氨酸、乙二胺四乙酸、谷氨酸、马尿酸标准物质，或其他含氮标准物质，纯度大于等于 99%。

除非另有规定，仅适用分析纯试剂。不同分析仪器所用载气和试剂（氧化剂、还原剂、吸附剂）有所不同。除了标准品外，所有试剂均应无氮。

四、仪器

分析天平（感量为 0.1 mg）、样品粉碎机、样本筛（孔径 0.7～1.0 mm）、坩埚或锡纸（坩埚应采用不锈钢、石英、陶瓷或白金材料制成)、杜马斯定氮仪(配有热导检测器)等。

五、操作步骤

1. 样品的选取制备

(1)取样:取样应有代表性,取样量应不少于 20 g,带壳种子需挑拣干净脱壳。

(2)样品的制备:粉状样品可以直接测定,其他样品用粉碎机粉碎后过样品筛,装入密闭容器中,标明标记,避光保存,备用。如果样品水分高于 17% 时,应先将样品放于 60 ℃～65 ℃干燥箱中干燥 8 h 以上,再用粉碎机粉碎。

2. 仪器校准

开机,根据仪器性能和样品特点设置适当的条件。待仪器稳定后,用标准物质做四次重复测定得到日校正因子。用所得到的日校正因子对所测得的数据进行校正。

杜马斯仪均带有氮的积分面积绝对氮含量校准曲线。但是,如果日校正因子的偏差大于 10%,或者仪器的主要部件对曲线有直接影响(如更换热导检测器),应重新绘制校准曲线。

3. 试样

准确称取试样 0.1000～0.3000 g,于仪器配备的坩埚或包于锡纸中,待测。对于氮含量低的样品,适当加大样品的称样量。

4. 测定

在测定条件下,放入待测物质进行测定,根据仪器及所选用的氧化剂、还原剂、吸附剂的不同,待测样品中的氮在 850 ℃～1200 ℃的标准化条件下进行燃烧。仪器自动将检测信号放大和转换后,将数据传输到外接的微处理器进行处理并获得数据。

六、结果计算

$$X = C \times F \tag{2-21}$$

式中,X 为试样中蛋白质的含量,单位为克每百克(g/100 g);C 为试样中氮的含量,单位为克每百克(g/100 g);F 为氮换算为蛋白质的系数。一般食物为 6.25;纯乳与纯乳制品为 6.38;面粉为 5.70;玉米、高粱为 6.24;花生为 5.46;大米为 5.95;大豆及其粗加工制品为 5.71;大豆蛋白制品为 6.25;肉与肉制品为 6.25;大麦、小米、燕麦、裸麦为 5.83;芝麻、向日葵为 5.30;复合配方食品为 6.25。

七、注意事项

1. 在重复性条件下获得的两次独立测定结果的绝对差值不得超过算术平均值的 10%。

2. 以重复性条件下获得的两次独立测定结果的算术平均值表示,结果保留三位有效数字。

八、思考题

比较杜马斯燃烧法及凯氏定氮法测定食品中粗蛋白含量的优缺点。

实验 2-16　氨基态氮的测定(甲醛滴定法)

一、实验目的

1. 掌握电位滴定法测定氨基态氮的原理。
2. 熟练使用酸度计。

二、实验原理

氨基酸含有酸性的—COOH,也含有碱性的—NH_2。它们互相作用使氨基酸成为中性的内盐。加入甲醛溶液时,—NH_2 与甲醛结合,其碱性消失。这样就可以用碱来滴定—COOH,并间接测定氨基酸的含量。用碱完全中和—COOH 时的 pH 值为 8.4~9.5,可以利用双指示剂法或者酸度计来指示终点。

$$
\begin{array}{ccc}
NH_2 & & NH_2 \\
| & & | \\
R\!-\!CH\!-\!COOH & \rightleftharpoons & R\!-\!CH\!-\!COO^-\!+H^-
\end{array}
$$

$$
\begin{array}{ccc}
NH_2 & & NHCH_2OH \\
| & & | \\
R\!-\!CH\!-\!COO^-\!+HCHO & \rightleftharpoons & R\!-\!CH\!-\!COO
\end{array}
$$

$$
\begin{array}{ccc}
NHCH_2OH & & HOH_2CNCH_2OH \\
| & & | \\
R\!-\!CH\!-\!COO\!+HCHO & \rightleftharpoons & R\!-\!CH\!-\!COO
\end{array}
$$

三、试剂

1. 中性甲醛溶液(40%):以百里酚酞作指示剂,用氢氧化钠将 40% 甲醛中和至淡蓝色。
2. 百里酚酞乙醇溶液(1 g/L)。
3. 中性红 50% 乙醇溶液(1 g/L)。
4. 氢氧化钠标准溶液(0.1 mol/L)。

四、仪器

酸度计、pH 复合玻璃电极、磁力搅拌器、碱式滴定管及玻璃器皿等。

五、操作步骤

1. 双指示剂法

(1)移取含氨基酸 20~30 mg 样品溶液 2 份,分别置于 250 mL 锥形瓶中,各加 50 mL 蒸馏水,其中 1 份加入 3 滴中性红指示剂,用 0.1 mol/L NaOH 标准溶液滴定至由红色变为琥珀色为终点(pH=8.2)。

(2)另 1 份加入 3 滴百里酚酞指示剂及中性甲醛 20 mL,摇匀,静置 1 min,用 0.1 mol/L NaOH 标准溶液滴定至淡蓝色为终点(pH=9.2)。分别记录 2 次所消耗的碱液毫升数。

(3)实验数据记录见表 2-11 所列。

表 2-11　数据记录表

项目	第一次	第二次	第三次	平均值
滴定至 pH=8.2 消耗 NaOH(mL)				
滴定至 pH=9.2 消耗 NaOH(mL)				

(4)结果计算

$$W = \frac{(V_2 - V_1) \times c \times 0.014}{m} \times 100\% \qquad (2-22)$$

式中,W 为氨基酸态氮的质量分数,%;c 为氢氧化钠标准溶液的浓度,mol/L;V_1 为用中性红作指示剂滴定时消耗氢氧化钠标准溶液体积,mL;V_2 为用百里酚酞作指示剂滴定时消耗氢氧化钠标准溶液体积,mL;m 为测定用样品溶液相当于样品的质量,g;0.014 为氮的毫摩尔质量,g/mmoL。

2. 电位滴定法(参见 GB/T 12143—2008 饮料通用分析方法)

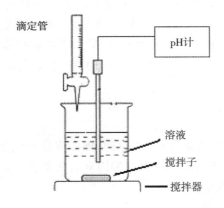

图 2-18　电位滴定法测定氨基态氮示意图

(1)将酸度计接通电源,预热 30 min 后,用 pH=6.8 的缓冲溶液校正酸度计。

(2)吸取适量试样液(氨基态氮的含量为 1~5 mg)于烧杯中,加 5 滴 30% 过氧化氢。将烧杯置于电磁搅拌器上,电极插入烧杯内试样中适当位置。如需要加适量蒸馏水,开动磁力搅拌器,用 0.05 mol/L 氢氧化钠标准溶液滴定至酸度计指示 pH=8.1(记下消耗 0.05 mol/L氢氧化钠标准溶液的毫升数,可计算总酸含量)。

(3)加入 10.0 mL 甲醛溶液,混匀。1 min 后再用 0.05 mol/L 氢氧化钠标准的溶液继续滴定至 pH=8.1,记下消耗 0.05 mol/L 氢氧化钠标准溶液的毫升数。

(4)同时,取 80 mL 水,先用 0.05 mol/L 氢氧化钠溶液调节至 pH 为 8.1,再加入 10.0 mL甲醛溶液,用 0.05 mol/L 氢氧化钠标准溶液滴定至 pH=8.1,做试剂空白试验。

(5)实验数据记录见表 2-12 所列。

表 2 - 12　数据记录表

项目	第一次	第二次	第三次	平均值
第一次滴定至 pH＝8.1 消耗 NaOH(mL)				
第二次滴定至 pH＝8.1 消耗 NaOH(mL)				

六、结果计算

$$W = \frac{c \times (V_1 - V_2) \times 0.014}{m} \qquad (2-23)$$

式中,W 为每 100 g 或 100 mL 试样中氨基酸态氮的毫克数,mg/100 g 或 mg/100 mL;c 为氢氧化钠标准溶液浓度,mol/L;V_1 为加入甲醛后消耗 NaOH 的量,mL;V_2 为空白试验加甲醛后消耗 NaOH 的量,mL;0.014 为氮的毫摩尔质量,g/mmoL;m 为测定用样品溶液相当于样品的质量或体积,g 或 mL。

七、注意事项

1. 本方法准确、快速,能对各类食品游离氨基酸进行含量测定。

2. 固体样品应先进行粉碎,准确称样后用水萃取,然后测定萃取液,液体试样如酱油、饮料等可直接吸取试样进行测定。萃取可在 50 ℃水浴中进行 0.5 h 即可。

3. 若样品颜色较深,可采用一次性过滤器过滤脱色或者加适量活性炭脱色后再测定,也可以用电位滴定法进行测定。

八、思考题

1. 氨基酸态氮的测定(甲醛滴定法)的原理,操作步骤及注意事项有哪些?

2. 根据实验结果,分析本实验产生误差的因素有哪些?

3. 检测时为什么要加入甲醛?

实验 2-17　食品中总维生素 C 含量的测定
（2,4-二硝基苯肼比色法）

一、实验目的

　　1. 理解 2,4-二硝基苯肼比色法测定抗坏血酸总量的基本原理。

　　2. 学习其操作方法和了解影响测定准确性的因素。

二、实验原理

　　总抗坏血酸包括还原型、脱氢型和二酮古乐糖酸,样品中还原型抗坏血酸经活性炭氧化为脱氢抗坏血酸,再与 2,4-二硝基苯肼作用生成红色脎,其呈色强度与总抗坏血酸含量呈正比,可进行比色定量。本实验适用于水果、蔬菜及其制品中总抗坏血酸含量的测定。

三、试剂

　　1. 硫酸(4.5 mol/L):量取 250 mL 浓硫酸小心加入 700 mL 水中,冷却后用水稀释至 1000 mL。

　　2. 硫酸(85%):小心加 900 mL 浓硫酸于 100 mL 水中,混匀。

　　3. 2,4-二硝基苯肼(2%):溶解 2,4-二硝基苯肼 2 g 于 100 mL 4.5 mol/L 硫酸中,过滤。不用时存于冰箱内,每次使用前必须过滤。

　　4. 草酸溶液(2%)。

　　5. 草酸溶液(1%)。

　　6. 硫脲溶液(1%):溶解 1 g 硫脲于 100 mL 1%草酸溶液中。

　　7. 硫脲溶液(2%):溶解 2 g 硫脲于 100 mL 1%草酸溶液中。

　　8. 盐酸(1 mol/L):取 100 mL 浓盐酸(质量分数 37%),加入水中,并稀释至 1200 mL。

　　9. 抗坏血酸标准溶液:称取 100 mg 纯抗坏血酸溶解于 100 mL 2%草酸溶液中,此溶液每毫升相当于 1 mg 抗坏血酸。

　　10. 活性炭:将 100 g 活性炭加到 750 mL 1 mol/L 盐酸中,回流 1~2 h,过滤,用水洗数次,至滤液中无铁离子(Fe^{3+})为止,然后置于 110 ℃烘箱中烘干。

四、仪器

　　恒温箱或电热恒温水浴锅、分光光度计、捣碎机等。

五、操作步骤

　　1. 样品处理(全部实验过程应避光)

　　(1)鲜样的制备:称取 100 g 鲜样立即加入 100 mL 2%草酸溶液,倒入捣碎机中打成匀浆,称取 10.0~40.0 g 匀浆(含 1~2 mg 抗坏血酸)倒入 100 mL 容量瓶,用 1%草酸溶液稀释至刻度,混匀。过滤,滤液备用。

　　(2)干样制备:称取 1~4 g 干样(含 1~2 mg 抗坏血酸)放入研钵中,加入等量的 1%草酸溶液磨成匀浆,连固形物一起倒入 100 mL 容量瓶中,用 1% 草酸溶液稀释至刻度,混匀。过滤备用。

2. 样品中还原型抗坏血酸的氧化处理

量取 25.0 mL 上述样品溶液,加入 2 g 活性炭,振摇 1 min,过滤,弃去最初数毫升滤液。吸取 10.0 mL 此氧化提取液,加入 10.0 mL 2% 硫脲溶液,混匀,此样液为样品稀释液。

3. 呈色反应

(1)取 3 支试管,各加入 4 mL 经氧化处理的样品稀释液。其中一支试管作为空白,向其余两支试管中加入 1.0 mL 2% 2,4-二硝基苯肼溶液,将所有试管放入 37 ℃±0.5 ℃ 恒温箱或恒温水浴锅中,保温 3 h。

(2)3 h 后取出,除空白管外,将所有试管放入冰水中。空白管取出后使其冷却到室温,然后加入 2% 2,4-二硝基苯肼溶液 1.0 mL,在室温中放置 9~15 min,后放入冰水中。其余步骤同试样。

4. 85% 硫酸处理

当试管放入冰水冷却后,向每一试管(连同空白管)中加入 85% 硫酸 5 mL,滴加时间至少需要 1 min,边加边摇动试管。将试管自冰水中取出,在室温放置 30 min 后比色。

5. 样品比色测定

用 1 cm 比色皿,以空白液调零,于 500 nm 波长处测定吸光值。

6. 标准曲线绘制

(1)加 2 g 活性炭于 50 mL 标准溶液中,震动 1 min 后过滤。吸取 10.00 mL 滤液放入 500 mL 容量瓶中,加 5.0 g 硫脲,用 1% 草酸溶液稀释至刻度。抗坏血酸浓度为 20 μg/mL。

吸取 5 mL、10 mL、20 mL、25 mL、40 mL、50 mL 及 60 mL 稀释液,分别放入 7 个 100 mL 容量瓶中,用 1% 硫脲溶液稀释至刻度,使最后稀释液中抗坏血酸的浓度分别为 1 μg/mL、2 μg/mL、4 μg/mL、5 μg/mL、10 μg/mL 及 12 μg/mL,为抗坏血酸标准使用液。

(2)分别吸取 4 mL 各不同浓度的抗坏血酸标准使用液于 7 支试管中,吸取 4 mL 水于空白试管中,各加入 1.0 mL 2% 2,4-二硝基苯肼溶液,混匀,将所有试管放入 37 ℃ 恒温箱或恒温水浴锅中,保温 3 h。之后,将 8 个试管取出,全部放入冰水冷却后,向每一支试管中加入 5 mL 85% 硫酸,滴加时间至少需要 1 min,边加边摇动试管。将试管自冰水中取出,在室温放置 30 min 后,以空白管调零,于 500 nm 波长处测定吸光值。以吸光值为纵坐标,抗坏血酸含量(mg)为横坐标(或反之),绘制标准曲线或计算回归方程。

六、结果计算

$$X = \frac{c}{m} \times 100 \qquad (2-24)$$

式中,X 为样品中总抗坏血酸含量,mg/100 g;c 为由回归方程计算的样品溶液中总抗坏血酸含量,mg;m 为测定时所取滤液相当于样品的质量,g。计算结果精确到小数点后两位。

七、注意事项

1. 利用普鲁士蓝反应可对铁离子存在与否进行检验:将 2% 亚铁氰化钾与 1% 盐酸等

量混合,将需检测的样品溶液滴入,如有铁离子则产生蓝色沉淀。

2. 硫脲的作用在于防止抗坏血酸的继续被氧化和有助于脎的形成。

3. 加硫酸显色后,溶液颜色可随时间的延长而加深,因此,在加入硫酸溶液 30 min 后,应立即比色测定。

4. 检测过程中,测定样品的吸光值不落在标准曲线上,可重新调整测定样品的量或标准曲线的浓度范围。

5. 本方法在 1～12 μg/mL 抗坏血酸范围内呈良好的线性关系,最低检测限为0.1 μg/mL。

6. 食品分析中的总抗坏血酸是指抗坏血酸和脱氢抗坏血酸二者的总量,若食品中本身含有二酮古乐糖酸抗坏血酸的氧化产物,则导致检测总抗坏血酸含量偏高。

八、思考题

1. 试样制备过程为何要避光处理?

2. 为何加入 85% 硫酸溶液时,速度要慢而且需要在冰水浴条件下完成? 解释若加酸速度过快使样品管中溶液变黑的原因。

3. 样品比色测定时,用样品空白管调零的目的何在?

实验 2-18　食品中还原型抗坏血酸含量的测定
(2,6-二氯靛酚滴定法)

一、实验目的

1. 掌握滴定法测定还原型抗坏血酸的操作技能及注意事项。
2. 掌握 2,6-二氯靛酚滴定法测定还原型抗坏血酸的实验原理。

二、实验原理

还原型抗坏血酸能定量地还原染料 2,6-二氯靛酚。该染料在中性或碱性溶液中呈蓝色,酸性溶液中呈粉红色,滴定时还原型抗坏血酸将染料还原为无色,本身被氧化为脱氢抗坏血酸,终点时过量的染料在溶液中呈粉红色,在没有杂质干扰时,样品提取液所还原的标准染料量与样品中的还原型抗坏血酸量成正比。

三、试剂和材料

1. 草酸溶液(2%):溶解 20 g 草酸结晶于 700 mL 水中,然后稀释至 1000 mL。
2. 草酸溶液(1%):取上述 2% 草酸溶液 500 mL,用水稀释至 1000 mL。

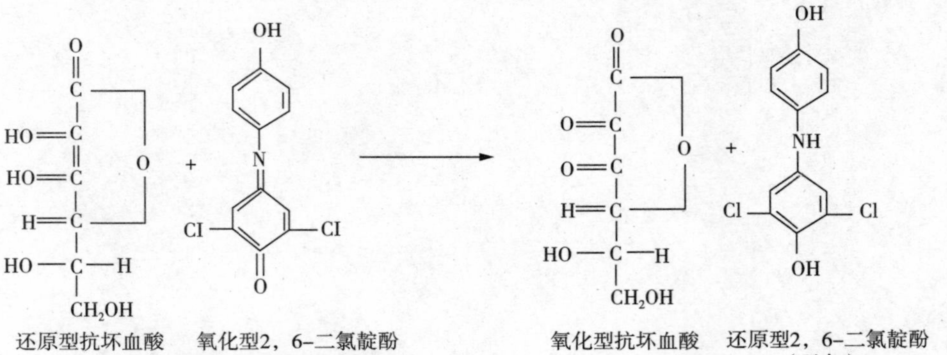

图 2-19　抗坏血酸与 2,6-二氯靛酚反应式

3. 抗坏血酸标准溶液:准确称取 20 mg 分析纯抗坏血酸溶于 1% 草酸溶液中,移入 100 mL 容量瓶,用 1% 草酸溶液定容至刻度,摇匀,于冰箱中保存。使用时用 1% 草酸溶液稀释 10 倍。此标准使用液相当于 0.02 mg/mL 维生素 C。也可用下法标定:吸取维生素 C 使用液 20.00 mL 于锥形瓶中,加入 6% 碘化钾溶液 0.5 mL、1% 淀粉溶液 3 滴,使用微量滴定管,用 0.001 mol/L 的碘酸钾标准溶液滴定,终点为淡蓝色,计算公式如下:

$$抗坏血酸(mg/mL) = \frac{V_1 \times 0.088}{V_2} \qquad (2-25)$$

式中,V_1 为消耗 0.001 mol/L 碘酸钾标准溶液的量,mL;V_2 为吸取抗坏血酸使用液的体积,

mL;0.088 为 1 mL0.001 mol/L 碘酸钾标准溶液相当于 0.088 g 抗坏血酸。

4.2,6-二氯靛酚溶液:称取碳酸氢钠 52 mg,溶于 200 mL 沸水中,然后称取 2,6-二氯靛酚 50 mg 溶解在上述碳酸氢钠的溶液中,待冷,置于冰箱中过夜。次日过滤置于 250 mL 量瓶中,用水稀释至刻度,摇匀。此液应贮于棕色瓶中并冷藏。每星期至少标定 1 次。

标定方法:取 1 mL 已知浓度的抗坏血酸标准溶液,加入偏磷酸或草酸溶液 10 mL,摇匀,用上述配制的染料溶液滴定至溶液呈粉红色于 15 s 不褪色为止。同时做空白试验。计算如下:

$$T = \frac{c \times V}{V_1 - V_2} \qquad (2-26)$$

式中,T 为 2,6-二氯靛酚溶液的滴定度,即每毫升 2,6-二氯靛酚溶液相当于抗坏血酸的毫克数,mg/mL;c 为抗坏血酸浓度,mg/mL;V 为吸取抗坏血酸标准液的体积,mL;V_1 为滴定抗坏血酸标准液消耗染料溶液的体积,mL;V_2 为滴定空白液消耗染料溶液的体积,mL。

5. 碘酸钾溶液(0.100 mol/L):精确称取干燥的碘酸钾 0.3567 g,用水溶解并定容于 100 mL 容量瓶中,混匀。

6. 碘酸钾溶液(0.001 mol/L):吸取 0.100 mol/L 碘酸钾溶液 1.00 mL,用水稀释至 100 mL,此溶液相当于抗坏血酸 0.088 mg/mL。

7. 淀粉溶液(1%)。

8. 碘化钾溶液(6%)。

9. 果汁或水果等。

四、仪器

分析天平、捣碎机、滴定管、电炉、一次性注射器、0.45 μm 一次性微孔过滤器等。

五、操作步骤

1. 称取适量(50.0~100.0 g)样品,加等量的 2% 草酸溶液,倒入组织捣碎机中捣成匀浆。称取 10.00~30.00 g 浆状样品(使其含有抗坏血酸 1~5 mg),于小烧杯中,用 1% 草酸溶液将样品移入 100 mL 容量瓶中,并稀释至刻度,摇匀。

2. 将样液过滤,弃去最初数毫升滤液。若样液具有颜色,用一次性过滤器过滤,或者白陶土(应选择脱色力强但对抗坏血酸无损失的白陶土)去色。然后,迅速吸取 4~10 mL 滤液,置于 50 mL 三角烧瓶中,用标定过的 2,6-二氯靛酚染料溶液滴定,直至溶液是粉红色于 15 s 内不褪色为止。同时做空白试验。

六、结果计算

$$抗坏血酸(mg/100 \text{ g 样品}) = \frac{(V - V_0) \times T}{m} \times 100 \qquad (2-27)$$

式中,V 为滴定试样时消耗染料的体积,mL;V_0 为滴定空白试样时消耗染料的体积,mL;T 为 1 mL 染料溶液相当于抗坏血酸的质量,mg(即滴定度);m 为滴定时所吸取的滤液相当于样品的量,g。结果取三位有效数字,含量低的保留小数点后两位数字。

七、注意事项

1. 所有试剂配制最好用重蒸馏水。

2. 样品处理过程若打碎的浆泡沫过多,在稀释时可加入辛醇数滴,以去掉泡沫。

3. 本法适用于水果、蔬菜及制品中的还原型抗坏血酸的测定。

4. 若样品溶液为无色,可不需要过滤及脱色。否则,吸入一次性注射器中,用一次性微孔过滤器过滤,收集滤液后迅速滴定。或者加白陶土脱色过滤后,样品要迅速滴定,同时要对每批新的白陶土测定回收率。

6. 2,6-二氯靛酚钠溶液可置于冰箱内保存,但需定期标定,以保证溶液的准确性。

7. 滴定开始时,染料要迅速加入,直至红色不立即消失,而后逐滴加入,并不断摇动锥形瓶直至终点,整个滴定过程不宜超过 2 min,防止还原型抗坏血酸被氧化。

8. 样品中可能有其他杂质也能还原染料,但速度较抗坏血酸慢,所以滴定以 15 s 粉红色不退为终点。

9. 整个分析过程应在避光条件下进行。

八、思考题

1. 此法能否用于测定食品中维生素 C 的总量?

2. 抗坏血酸标准溶液使用前为何必须进行标定?

实验 2-19　食品中胡萝卜素含量的测定

一、实验目的

1. 学习从食品中分离、提纯胡萝卜素的方法，了解样品处理过程的一般要求。
2. 掌握纸色谱法分离检测的基本操作要点。

二、实验原理

样品经皂化后，用石油醚提取食品中的胡萝卜素及其他植物色素，以石油醚为展开剂进行纸色谱，胡萝卜素极性最小，移动速度最快，从而与其他色素分离，剪下含胡萝卜素的区带，洗脱后于 450 nm 波长下定量测定。

三、试剂

1. 石油醚（沸程 30 ℃～60 ℃），同时也是展开剂。
2. 氢氧化钾溶液：取 50 g 氢氧化钾溶于 50 mL 水中。
3. 无水乙醇：不得含有醛类物质。
4. β-胡萝卜素标准溶液。

(1)β-胡萝卜素标准贮备液：准确称取 50.00 mg β-胡萝卜素标准品，溶于 100.00 mL 三氯甲烷中，浓度约为 500 μg/mL，准确测定其浓度。标定浓度的方法如下：吸取标准贮备液 10.0 μL，加正己烷 3.00 mL，混匀。用 1 cm 比色皿，以正己烷为空白，在 450 nm 波长处测定其吸光值，平行测定三份取平均值。按下式计算浓度：

$$X=\frac{A\times3.01}{E\times0.01} \tag{2-28}$$

式中，X 为胡萝卜素标准溶液浓度，μg/mL；A 为吸光值；E 为 β-胡萝卜素在正己烷溶液中，检测波长为 450 nm，比色皿厚度为 1 cm，溶液浓度为 1 mg/mL 的吸光系数，0.2638；3.01/0.01 为测定过程中稀释倍数的换算系数。

(2)β-胡萝卜素标准使用液：将已经标定的标准液用石油醚准确稀释 10 倍，使其浓度为 50 μg/mL，避光保存于冰箱中。

四、仪器

旋转蒸发器（配套 150 mL 球形瓶）、恒温水浴锅、分光光度计、皂化回流装置、玻璃层析缸、微量注射器等。

五、操作步骤

1. 样品预处理

(1)皂化：植物样品称取可食部分 1～5 g（含胡萝卜素 20～80 μg）匀浆；粮食样品视其胡萝卜素含量而定，固体样品需粉碎；植物油和高脂肪样品取样量不超过 10 g。置于 100 mL

带塞锥形瓶中,加脱醛乙醇 30 mL,再加 10 mL 氢氧化钾溶液,回流加热 30 min,然后用冰水使之迅速冷却。

(2)提取:取下皂化瓶,将皂化后的样品溶液移入分液漏斗,以少量水洗涤锥形瓶,再用 30 mL 石油醚分两次洗涤锥形瓶,全部洗液合并于分液漏斗中,轻摇分液漏斗 1～2 min,适时开塞排气,静置分层,将水相放入第二个分液漏斗中。向第二个分液漏斗中加入 25 mL 石油醚,振摇,静置分层,将水相放入原锥形瓶中,醚层并入第一个分液漏斗中。再加入 25 mL 石油醚,重复提取水相,直至醚层中不显黄色为止。

(3)洗涤:合并石油醚提取液于分液漏斗中,用水洗涤至中性,将石油醚提取液通过盛有 10 g 无水硫酸钠的漏斗,漏入球形瓶,用少量石油醚分数次冲洗分液漏斗和无水硫酸钠层内的色素,洗涤液并入球形瓶中。

(4)浓缩与定容:将上述球形瓶中的石油醚提取液于旋转蒸发器上减压蒸发,水浴温度为 60 ℃,蒸发剩至 1 mL 时,取下球形瓶,用氮气吹干,立即用 2.00 mL 石油醚定容。以备色谱分离用。

2. 样品纸色谱

(1)点样:在 18 cm×30 cm 滤纸下端距底边 4 cm 处做一基线,在基线上取 A、B、C、D 四点(图 2 - 20),用微量注射器吸取 0.100～0.400 mL 浓缩样品液在 AB 和 CD 间迅速点样。

(2)展开:待纸上所点样液自然挥发干后,将滤纸卷成圆筒状,置于预先用石油醚饱和的层析缸中,进行上行展开。

(3)洗脱:待胡萝卜素与其他色素完全分开后,取出滤纸,自然挥发干石油醚,将位于展开剂前沿的胡萝卜素色谱带剪下,立即放入盛有 5 mL 石油醚的具塞试管中,用力振摇,使胡萝卜素完全溶于试剂中。

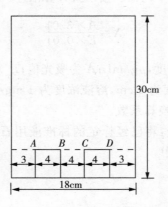

图 2 - 20　色谱点样示意图

3. 比色测定

(1)样品测定:用 1 cm 比色皿,以石油醚调零点,于 450 nm 波长处,测定洗脱液的吸光值,以其吸光值从标准曲线或回归方程计算其 β-胡萝卜素的含量。

(2)标准曲线绘制:吸取 β-胡萝卜素标准使用液 1.00 mL、2.00 mL、3.00 mL、4.00 mL、6.00 mL 及 8.00 mL,分别置于 100 mL 具塞锥形瓶中,按试样分析步骤进行预处理和纸色谱,点样体积为 0.100 mL,标准曲线各点含量依次为 2.5 μg、5.0 μg、7.5 μg、10.0 μg、15.0 μg 及 20.0 μg。为测定低含量试样,可在 0～2.5 间加做几点,以 β-胡萝卜素含量为横坐标,以吸光值为纵坐标绘制标准曲线,计算回归方程。

六、结果计算

$$X = \frac{c \times V_2}{V_1 \times m} \times 100 \qquad (2-29)$$

式中,X 为样品中胡萝卜素含量(以 β-胡萝卜素计),μg/100 g;c 为根据回归方程计算的胡萝卜素含量,μg;V_1 为点样体积,mL;V_2 为试样提取液浓缩后的定容体积,mL;m 为试样质量,g;计算结果保留三位有效数字。

七、注意事项

1. 操作时需在避光条件下进行。

2. 乙醇中含醛类物质的检验法:①配制银氨溶液:加浓氨水于 5% 硝酸银溶液中,直至氧化银沉淀溶解,加入 2.5 mg/mL 氢氧化钠溶液数滴,如发生沉淀,再加浓氨水溶解之。②银镜反应检测醛类物质:加 2 mL 银氨溶液于试管中,加入几滴乙醇摇匀,加入少量加热,如乙醇中无醛,则没有银沉淀,否则有银镜反应。

3. 乙醇脱醛方法:取 2 g 硝酸银溶于少量水中,取 4 g 氢氧化钠溶于温乙醇中,将两者倒入 1 L 乙醇中,放置暗处两天,不时摇动,促进反应。过滤,滤液倒入蒸馏瓶中蒸馏,弃去初蒸的 50 mL。乙醇中含醛较多时,硝酸银用量适当增加。

4. 通常标准品 β-胡萝卜素不能完全溶解于有机溶剂中,必要时应先将标准品皂化,再用有机溶剂提取,用蒸馏水洗涤至中性后,浓缩定容,再进行标定。由于胡萝卜素很容易分解,所以每次使用前,所用标准品均需标定,在测定样品时需带标准品同步操作。

5. 纸色谱法不能区分 α-胡萝卜素、β-胡萝卜素和 γ-胡萝卜素,虽然标准品采用 β-胡萝卜素,但实际结果为总胡萝卜素。天然食品中大部分为 β-胡萝卜素,故对结果影响不大。

6. 本法胡萝卜素的检出限为 0.11 μg。

八、思考题

1. 参考食品化学等资料,了解胡萝卜素的理化性质及其在食物中的含量。

2. 复习减压蒸馏、萃取与洗涤等单元的实验技术与注意事项。

实验 2 - 20　食品中淀粉含量的测定(酸水解法)

一、实验目的

1. 了解酸水解法测定食品中淀粉含量的基本原理。
2. 掌握酸水解法测定食品中淀粉含量的主要操作技能。

二、实验原理

经预先除去脂肪和可溶性糖的淀粉质样品,用酸水解成葡萄糖,然后用还原糖测定法测定水解液中葡萄糖含量,再折算成淀粉含量。

三、试剂

甲基红乙醇指示剂(0.2%)、乙醇溶液(80%,V/V)、乙醚、盐酸溶液(6 mol/L)、氢氧化钠溶液(40%)、氢氧化钠溶液(10%)。

四、仪器

分析天平、滴定装置、组织捣碎机、玻璃器皿等。

五、操作步骤

1. 样品处理

(1)新鲜的果蔬原料:原料去皮切细,按 1:1 加水用高速组织捣碎机打成匀浆。取一只 250 mL 锥形瓶,称取 4~10 g 匀浆,加 10 mL 乙醚洗涤震荡,用滤纸过滤,除去带有脂肪的乙醚,重复 5 次,然后用 85%乙醇 150 mL 分次洗涤残渣,去除可溶性糖类,用 100 mL 蒸馏水将残渣转移到 250 mL 锥形瓶中。

(2)干燥的淀粉质原料及其制品:称取 2~5 g(精确至 0.001 g)磨细过 40 目筛网的样品,置于铺有滤纸的漏斗中,用 50 mL 乙醚分 5 次洗涤提取样品中的脂肪;再用 85%乙醇 150 mL 分数次洗涤残渣,去除可溶性糖类。用 100 mL 蒸馏水将残渣移入 250 mL 锥形瓶中。

2. 水解

吸取 30 mL 6 mol/L 盐酸溶液于上述 250 mL 锥形瓶中,连接冷凝管置于沸水浴回流水解 2 h,水解完毕,取出锥形瓶用冷水冷却。于样品中加入 2 滴甲基红,先用 40%氢氧化钠溶液调至黄色。再用 6 mol/L 盐酸溶液调到刚好转红,然后用 10%氢氧化钠溶液调至红色刚好褪去,使样品溶液 pH 值达 7 左右。再加入 20 mL 20%乙酸铅,充分摇匀后静置 10 min,使蛋白质、果胶等杂质沉淀。加入 20 mL 10%硫酸钠溶液,去除多余铅。摇匀后,用水移入 50 mL 容量瓶中稀释定容,过滤,收集滤液待用。

另取 100 mL 蒸馏水于另一个 250 mL 锥形瓶中,按(2)方法操作,做空白对照试验。

3. 测定

按还原糖测定法的直接滴定法测定。

六、结果计算

$$X = \frac{(A_1 - A_2) \times 0.9 \times V_0}{m \times V \times 1000} \times 100 \qquad\qquad (2-30)$$

式中，X 为试样中淀粉含量，g/100 g；A_1 为测定用水解液中还原糖质量，mg；A_2 为试剂空白中还原糖质量，mg；V_0 为样品总体积，mL；m 为试样质量，mg；V 为滴定用试样水解液体积，mL；0.9 为还原糖换算为淀粉的系数。

七、注意事项

1. 本法适合于淀粉含量高，半纤维素和多聚戊糖较低的样品中淀粉含量的测定。否则，因酸水解时后两种多糖也会被水解成具有还原性的木糖、阿拉伯糖，使测定结果误差较大。

2. 对于样品中含脂肪较少的，可免去脱脂肪的步骤。

八、思考题

采用酸水解法测定食品中淀粉含量，得到的为还原糖的量，为什么还要乘上 0.9？

实验 2-21　食品中粗纤维的测定

一、实验目的

1. 掌握食品中粗纤维含量测定的原理。
2. 熟练掌握样品酸处理、碱处理及灰化等的操作技能。

二、实验原理

在热硫酸作用下,样品中的糖、淀粉、果胶质和半纤维素等物质经水解除去后,再用碱处理(热氢氧化钾溶液),除去蛋白质和脂肪酸,再用乙醇及乙醚处理除去单宁、色素等,剩余残渣称为粗纤维。如果其中含有不溶于酸碱的杂质,可以灰化后除去。本方法参照国家标准——植物类食品中粗纤维的测定(GB/T 5009.10—2003),适合植物类食品中粗纤维的测定。

三、试剂

1. 硫酸(1.25%)。
2. 氢氧化钾溶液(1.25%)。
3. 石棉:用 5%氢氧化钠溶液浸泡石棉,水浴回流 8 h 以上,再用热水充分洗涤。之后用 20%盐酸在沸水浴上回流 8 h 以上,用热水充分洗涤,干燥。在 600 ℃～700 ℃中灼烧后加水使之成混悬物,贮存于玻塞瓶中。

四、仪器

G2 垂融坩埚或 G2 垂融漏斗。

五、操作步骤

1. 样品前处理

谷物、豆类等干燥样品磨碎后,过筛,混合均匀。果蔬等含水量较高样品先匀浆。

2. 酸处理

称量 20～30 g 匀浆试样(或 5.0 g 干试样),转入 500 mL 锥形瓶中,加 200 mL 煮沸的 1.25%硫酸,加热微沸,保持体积恒定,维持 30 min,隔 5 min 摇动锥形瓶 1 次,充分混合瓶内物质。取下锥形瓶,立即用亚麻布过滤后,沸水洗涤至洗液不呈酸性。

3. 碱溶液处理

用 200 mL 煮沸的 1.25%氢氧化钾溶液将亚麻布上存留物洗进原锥形瓶中加热微沸 30 min,取下锥形瓶,立即用亚麻布过滤,沸水洗涤 2～3 次至洗液不呈碱性。

4. 洗涤干燥

将亚麻布上残留物转入已干燥称量的 G2 垂融坩埚或同型号垂融漏斗中,抽滤,热水充分洗涤后,抽干。依次用乙醇和乙醚洗涤一次。将坩埚及内容物在 105 ℃烘箱中烘干后称量,重复操作直至恒重。

5. 灰化

若样品中含较多不溶性杂质,可将试样转入石棉坩埚,烘干称量后,再转入 550 ℃高温炉中灰化,使含碳物质全部灰化,置于干燥器中,冷却到室温称量,所损失的质量即为粗纤维质量。

六、结果计算

$$X = \frac{m_1}{m_2} \times 100\% \qquad\qquad (2-31)$$

式中,X 为试样中粗纤维含量,%;m_1 为残余物质量(或经高温炉损失质量),g;m_2 为试样质量,g。

七、注意事项

1. 样品粒度要合适,过大或过小都可能影响消化及降解,沸腾不能太剧烈,防止液体黏壁,影响消化。

2. 酸碱消化时,若产生大量泡沫,可加合适的消泡剂。

3. 结果计算表示到小数点后一位。

4. 精密度要求在重复性条件下获得的两次独立测定结果绝对差值不能超过算术平均值的 10%。

实验 2-22　氯化钠测定(硝酸银滴定法)

一、实验目的

1. 了解 Cl^- 或 $NaCl$ 含量测定的原理。
2. 掌握 $NaCl$ 含量测定的方法。

二、实验原理

在中性溶液中,用硝酸银标准溶液滴定样品中的 Cl^-,生成难溶于水的氯化银沉淀。当溶液中的 Cl^- 完全作用后,稍过量的硝酸银即与铬酸钾指示剂反应,生成橘红色的铬酸银沉淀,由硝酸银标准溶液的消耗量计算出 Cl^- 的含量。

本方法参照国家标准——食品中氯化物的测定(GB 5009.44—2016 第三法银量法),适用于所有食品(深颜色食品除外)中氯化钠的测定。

三、试剂

1. 氢氧化钠溶液(0.1%)。
2. 沉淀剂 I:称取 106 g 亚铁氰化钾,加水溶解并定容到 1 L,混匀。
3. 沉淀剂 II:称取 220 g 乙酸锌,溶于少量水中,加入 30 mL 冰乙酸,加水定容到 1 L,混匀。
4. 酚酞乙醇溶液(1%)。
5. 铬酸钾指示剂(5%)。
6. 铬酸钾指示剂(10%)。
7. 硝酸溶液(1+3)。
8. 乙醇溶液(80%)。
9. 硝酸银标准溶液(0.1 mol/L):称取 17.5 g 硝酸银,加入适量硝酸溶液使之溶解,并稀释至 1000 mL,混匀,避光保存。

标定:精密称取约 0.1 g 在 270 ℃ 干燥至恒量的基准氯化钠,加入 50 mL 水使之溶解。加入 1 mL 5%铬酸钾指示剂,边摇动边用硝酸银标准溶液滴定,颜色由黄色变为橙黄色(保持 1 min 不褪色),记录消耗硝酸银标准滴定溶液的体积。计算:

$$c(AgNO_3) = \frac{m}{V \times 0.0585} \tag{2-32}$$

式中,c 为硝酸银标准溶液的实际浓度,mol/L;m 为基准氯化钠的质量,g;V 为硝酸银溶液的用量,mL;0.05845 为与 1.00 mL 硝酸银标准溶液相当的氯化钠的质量,g。

四、仪器

铂坩埚、微量滴定管、坩埚钳、凯氏烧瓶、电炉等。

五、操作步骤

1. 试样溶液制备

(1)婴幼儿食品、乳品:称取混合均匀的试样 10 g(精确至 1 mg)于 100 mL 具塞比色管中,加入 50 mL 约 70 ℃热水,振荡分散样品,沸水浴中加热 15 min,并不时摇动,取出用超声处理 20 min,冷却至室温,依次加入 2 mL 沉淀剂Ⅰ和 2 mL 沉淀剂Ⅱ,每次加后摇匀。用水稀释至刻度,摇匀后室温静置 30 min。用滤纸过滤,弃去最初滤液,取部分滤液测定。必要时也可用离心机于 5000 r/min 离心 10 min,取部分上清液测定。

(2)蛋白质、淀粉含量较高的蔬菜制品、淀粉制品:称取约 5 g 试样(精确至 1 mg)于 100 mL 具塞比色管中,加适量 80%乙醇溶液分散,振摇 5 min(或用涡旋振荡器振荡 5 min),超声处理 20 min,依次加入 2 mL 沉淀剂Ⅰ和 2 mL 沉淀剂Ⅱ,每次加后摇匀。用 80%乙醇溶液稀释至刻度,摇匀后室温静置 30 min。用滤纸过滤,弃去最初滤液,取部分滤液测定。

(3)一般蔬菜制品、腌制品:称取约 10 g 试样(精确至 1 mg)于 100 mL 具塞比色管中,加入 50 mL 70 ℃热水,振摇 5 min(或用涡旋振荡器振荡 5 min),超声处理 20 min,冷却至室温,用水稀释至刻度,摇匀,用滤纸过滤,弃去最初滤液,取部分滤液测定。

(4)调味品:称取约 5 g 试样(精确至 1 mg)于 100 mL 具塞比色管中,加入 50 mL 水,必要时,70 ℃热水浴中加热溶解 10 min,振摇分散,超声处理 20 min,冷却至室温,用水稀释至刻度,摇匀,用滤纸过滤,弃去最初滤液,取部分滤液测定。

(5)肉禽及水产制品:称取约 10 g 试样(精确至 1 mg)于 100 mL 具塞比色管中,加入 50 mL 70 ℃热水,振荡分散样品,沸水浴中加热 15 min,并不断摇动,取出生超声处理 20 min,冷却至室温,依次加入 2 mL 沉淀剂Ⅰ和 2 mL 沉淀剂Ⅱ。每次加入沉淀剂充分摇匀,用水稀释至刻度,摇匀后室温静置 30 min。用滤纸过滤,弃去最初滤液,取部分滤液测定。

(6)鲜(冻)肉类、灌肠类、酱卤肉类、肴肉类、烧烤肉和火腿类:①炭化浸出法:称取 5 g 试样(精确至 1 mg)于瓷坩埚中,小火炭化完全,炭化成分用玻璃棒轻轻研碎,然后加 25～30 mL水,小火煮沸,冷却,过滤于 100 mL 容量瓶中,并用热水少量多次洗涤残渣及滤器,洗液并入容量瓶中,冷至室温,加水至刻度,取部分滤液测定。②灰化浸出法:称取 5 g 试样(精确至 1 mg)于瓷坩埚中,先小火炭化,再移入高温炉中,于 500 ℃～550 ℃灰化,冷却,取出,残渣用 50 mL 热水分数次浸渍溶解,每次浸渍后过滤于 100 mL 容量瓶中,冷至室温,加水至刻度,取部分滤液测定。

2. 样品测定

(1)pH 介于 6.5～10.5 的试液:移取 50.00 mL 待测滤液于 250 mL 锥形瓶中,加入 50 mL水和 1 mL 铬酸钾溶液(5%)。滴加 1～2 滴硝酸银标准滴定溶液,此时,溶液变为棕红色,如不出现棕红色,补加 1 mL 铬酸钾溶液(10%),再边摇动边滴加硝酸银标准滴定溶液,颜色由黄色变为橙黄色(保持 1 min 不褪色)。记录消耗硝酸银标准滴定溶液的体积。同时做空白试验。

(2)pH 小于 6.5 的试液:移取 50.00 mL 待测滤液于 250 mL 锥形瓶中,加 50 mL 水和 0.2 mL 酚酞乙醇溶液,用氢氧化钠溶液滴定至微红色,加 1 mL 铬酸钾溶液(10%),再边摇动边滴加硝酸银标准滴定溶液,颜色由黄色变为橙黄色(保持 1 min 不褪色),记录消耗硝酸银标准滴定溶液的体积。同时做空白试验。

六、结果计算

$$X = \frac{(V_2 - V_0)c \times V \times 0.0355}{m \times V_1} \times 100\%$$ (2-33)

式中，X 为样品中氯化物的含量（以氯计），%；V_2 为滴定消耗硝酸银标准溶液的体积，mL；V_0 为空白消耗硝酸银标准溶液的体积，mL；c 为硝酸银标准溶液的浓度，mol/L；m 为样品质量（或体积），g（或 mL）；V_1 为用于滴定的试样的体积，mL；V 为样品定容体积，mL；0.0355 为与 1.00 mL 硝酸银标准溶液相当的氯的质量，g。

七、注意事项

1. 由于滴定时生成的氯化银沉淀容易吸附溶液中的氯离子，使溶液中的氯离子浓度降低，终点提前到达，故滴定时必须剧烈摇动，使被吸附的氯离子释放出来以减少误差。

2. 不能在含有氨或其他能与银离子生成配合物的物质存在下进行滴定，以免 AgCl 和 Ag_2CrO_4 的溶解度增大而影响测定结果。

实验 2-23 食品中维生素 A 和维生素 E 的测定(高效液相色谱法)

一、实验目的

1. 学习高效液相色谱法测定维生素 A 及维生素 E 的原理。
2. 掌握高效液相色谱仪的操作技能。

二、实验原理

试样中的维生素 A 及维生素 E 经皂化提取处理后,将其从不可皂化部分提取至有机溶剂中。用高效液相色谱 C_{18} 反相柱将维生素 A 和维生素 E 分离,经紫外检测器检测,并用内标法定量测定。

本方法参照国家标准——参照食品中维生素 A 和维生素 E 的测定(GB/T 5009.82—2003),适用于食品中维生素 A 和维生素 E 的测定,检出限分别为 V_A:0.8 ng;α-E:91.8 ng;γ-E:36.6 ng;δ-E:20.6 ng。

三、试剂和材料

1. 无水乙醚:不含有过氧化物。

(1)过氧化物检查方法:用 5 mL 乙醚加 1 mL 10%碘化钾溶液,振摇 1 min,如有过氧化物则放出游离碘,水层呈黄色或加 4 滴 0.5%淀粉溶液,水层呈蓝色。该乙醚需处理后使用。

(2)去除过氧化物的方法:重蒸乙醚时,瓶中放入纯铁丝或铁末少许。弃去 10%初馏液和 10%残馏液。

2. 无水乙醇:不得含有醛类物质。

(1)检查方法:取 2 mL 银氨溶液于试管中,加入少量乙醇,摇匀,再加入氢氧化钠溶液,加热,放置冷却后,若有银镜反应则表示乙醇中有醛。

(2)脱醛方法:取 2 g 硝酸银溶于少量水中。取 4 g 氢氧化钠溶于温乙醇中。将两者倾入 1 L 乙醇中,振摇后,放置暗处两天(不时摇动,促进反应),经过滤,置蒸馏瓶中蒸馏,弃去初蒸出的 50 mL。当乙醇中含醛较多时,硝酸银用量适当增加。

3. 无水硫酸钠。

4. 甲醇:重蒸后使用。

5. 重蒸水:水中加少量高锰酸钾,临用前蒸馏。

6. 抗坏血酸溶液(100 g/L):临用前配制。

7. 氢氧化钾溶液(1+1):氢氧化钾溶液,用 50 g 氢氧化钾加 50 毫升水配成,放凉后装入塑料瓶内存放。

8. 氢氧化钠溶液(100 g/L)。

9. 硝酸银溶液(50 g/L)。

10. 银氨溶液:加氨水至硝酸银溶液中,直至生成的沉淀重新溶解为止,再加氢氧化钠溶液数滴,如发生沉淀,再加氨水直至溶解。

11. 维生素 A 标准液:视黄醇(纯度 85%)或视黄醇乙酸酯(纯度 90%)经皂化处理后使用。用脱醛乙醇溶解维生素 A 标准品,使其浓度大约为 1 mL 相当于 1 mg 视黄醇。临用前用紫外分光光度法标定其准确浓度。

12. 维生素 E 标准液:α-生育酚(纯度 95%),γ-生育酚(95%),δ-生育酚(纯度 95%),用脱醛乙醇分别溶解以上三种维生素 E 标准品,使其浓度大约为 1 mL 相当于 1 mg。临用前用紫外分光光度计分别标定此三种维生素 E 溶液的准确浓度。

13. 内标溶液:称取苯并(α)芘(纯度 98%),用脱醛乙醇配制成每 1 mL 相当 10 μg 苯并(α)芘的内标溶液。

14. pH1~14 试纸。

四、仪器

高效液相色谱仪(带紫外分光检测器)、旋转蒸发器、高速离心机、小离心管(具塑料盖 1.5~3.0 mL 塑料离心管,与高速离心机配套)、高纯氮气、恒温水浴锅、紫外分光光度计、实验室常用仪器等。

五、操作步骤

1. 试样处理

(1)皂化:准确称取 1~10 g 试样(含维生素 A 约 3 μg,维生素 E 各异构体约为 40 μg)于皂化瓶中,加 30 mL 无水乙醇,进行搅拌,直到颗粒物分散均匀为止。加 5 mL 10% 抗坏血酸,苯并(α)芘标准液 2.00 mL,混匀。10 mL 氢氧化钾(1+1),混匀。于沸水沿回流 30 min 使皂化完全。皂化后立即放入冰水中冷却。

(2)提取:将皂化后的试样移入分液漏斗中,用 50 mL 水分 2~3 次洗皂化瓶,洗液并入分液漏斗中。用约 100 mL 乙醚分两次洗皂化瓶及其残渣,乙醚液并入分液漏斗中。如有残渣,可将此液通过有少许脱脂棉的漏斗滤入分液漏斗。轻轻振摇分液漏斗 2 min,静置分层,弃去水层。

(3)洗涤:用约 50 mL 水洗分液漏斗中的乙醚层,用 pH 试纸检验直至水层不显碱性(最初水洗轻摇,逐次振摇强度可增加)。

(4)浓缩:将乙醚提取液经过无水硫酸钠(约 5 g)滤入与旋转蒸发器配套的 250~300 mL 球形蒸发瓶内,用约 100 mL 乙醚冲洗分液漏斗及无水硫酸钠 3 次,并入蒸发瓶内,并将其接至旋转蒸发器上,于 55 ℃ 水浴中减压蒸馏并回收乙醚,待瓶中剩下约 2 mL 乙醚时,取下蒸发瓶,立即用氮气吹掉乙醚。立即加入 2.00 mL 乙醇,充分混合,溶解提取物。

(5)将乙醇液移入一小塑料离心管中离心 5 min(5000 r/min)。上清液供色谱分析。如果试样中维生素含量过少,可用氮气将乙醇液吹干后,再用乙醇重新定容。并记下体积比。

2. 标准曲线的制备

(1)维生素 A 和维生素 E 标准浓度的标定

取维生素 A 和维生素 E 标准液若干微升,分别稀释至 3.00 mL 乙醇中,并分别按给定波长测定各维生素的吸光值。用比吸光系数计算出该维生素的浓度。测定条件见表 2-13 所列。浓度计算按式(2-34)。

表 2 - 13　维生素测定条件

标准	加入标准液的量 $V/\mu L$	比吸光系数 $E_{cm}^{1\%}$	波长 λ/nm
视黄醇	10.00	1.835	325
α-生育酚	100.00	71	294
γ-生育酚	100.0	92.8	298
δ-生育酚	100.0	91.2	298

$$c_1 = \frac{A}{E} \times \frac{1}{100} \times \frac{3.00}{V \times 10^{-3}} \tag{2-34}$$

式中，c_1 为维生素浓度，单位为克每毫升，g/mL；A 为维生素的平均紫外吸光值；V 为加入标准液的量，单位为微升，μL；E 为某种维生素 1% 比吸光系数；$\frac{3.00}{V \times 10^{-3}}$ 为标准液稀释倍数。

（2）标准曲线的制备

采用内标法定量。把一定量的维生素 A、α-生育酚、β-生育酚、δ-生育酚及内标苯并(α) 芘液混合均匀。选择合适灵敏度，使上述物质的各峰高约为满量程 70%，为高浓度点。高浓度的 1/2 为低浓度点(其内标苯并(α)芘的浓度值不变)，用此种浓度的混合标准进行色谱分析，结果如色谱图(图 2-21)所示。维生素标准曲线绘制是以维生素峰面积与内标物峰面积之比为纵坐标，维生素浓度为横坐标绘制，或计算直线回归方程。如有微处理机装置，则按仪器说明用两点内标法进行定量。本方法不能将 β-E 和 γ-E 分开，故 γ-E 峰中包含有 β-E 峰。

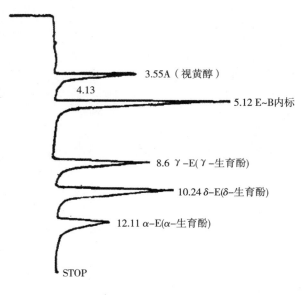

图 2-21　维生素 A 和维生素 E 色谱图

3. 高效液相色谱条件(参考条件)

预柱:ultrasphere ODS 10 μm,4 mm×4.5 cm;分析柱:ultrasphere ODS 5 μm,4.6 mm ×25 cm;流动相:甲醇+水=98+2,混匀,临用前脱气;紫外检测器波长:300 nm;进样量: 20 μL;流速:1.7 mL/min。

4. 试样分析

取试样浓缩液 20 μL,待绘制出色谱图及色谱参数后,再进行定性和定量。

(1)定性:用标准物色谱峰的保留时间定性。

(2)定量:根据色谱图求出某种维生素峰面积与内标物峰面积的比值,以此值在标准曲线上查到其含量。或用回归方程求出其含量。

六、结果计算

$$X = \frac{c}{m} \times V \times \frac{100}{1000} \tag{2-35}$$

式中,X 为维生素的含量,单位为毫克每百克,mg/100 g;c 为由标准曲线上查到某种维生素含量,单位为微克每毫升,μg/mL;V 为试样浓缩定容体积,单位为毫升,mL;m 为试样质量,单位为克,g。计算结果表示到三位有效数字。

七、注意事项

精密度:在重复性条件下获得的两次独立测定结果的绝对差值不得超过算术平均值的 10%。

(张 众 闵运江 张 莉 李雪玲 何胜华 陈志宏)

第3章 食品添加剂的检测

实验3-1 苯甲酸、山梨酸含量的测定(气相色谱法)

一、实验目的
1. 了解气相色谱仪的基本组成及分析过程。
2. 掌握气相色谱分析法原理及操作技术。
3. 掌握定量分析中的外标法。

二、实验原理
样品经酸化后,用乙醚提取苯甲酸、山梨酸,经浓缩后,用附氢火焰离子化检测器的气相色谱仪进行分离测定,用外标法与标准系列比较定量。本方法参照国家标准——食品中山梨酸、苯甲酸的测定(气相色谱法,GB/T 5009.29—2003),适用于酱油、果汁、果酱等样品中山梨酸、苯甲酸的测定。

三、试剂
1. 无水硫酸钠、乙醚(不含过氧化物)、盐酸、石油醚(沸程为 30 ℃~60 ℃)、石油醚-乙醚混合液(3+1)。除非另有规定,本方法中所用试剂均为分析纯。
2. 盐酸溶液(1+1):取 100 mL 盐酸,加水稀释至 200 mL。
3. 氯化钠酸性溶液(40 g/L):于氯化钠溶液(40 g/L)中加入少量盐酸(1+1)酸化。
4. 苯甲酸、山梨酸标准贮备液精密称取苯甲酸、山梨酸各 0.2000 g,置于 100 mL 容量瓶中,用石油醚-乙醚(3+1)混合溶剂溶解并稀释至刻度,此溶液每毫升相当于 2.0 mg 苯甲酸或山梨酸。

四、仪器
气相色谱仪(带有氢火焰离子化检测器)、10 mL 及 25 mL 具塞量筒、150 mL 的分液漏斗、10 mL 和 25 mL 容量瓶等。

五、操作步骤
1. 样品的提取

称取 2.50 g 事先混合均匀的试样(如样品中含有二氧化碳,先加热除去),置于 25 mL 具塞量筒中,加 0.5 mL 盐酸(1+1)酸化,依次用 15 mL 和 10 mL 乙醚提取两次,每次振摇 1 min 后,将上层乙醚提取液吸入另一个 25 mL 具塞量筒中,合并乙醚提取液。用 3 mL 氯化钠酸性溶液(40 g/L)洗涤两次,静置 15 min,用滴管将乙醚层通过无水硫酸钠滤入 25 mL 容量瓶中,加乙醚至刻度,混匀。准确吸取 5.0 mL 乙醚提取液于 10 mL 具塞量筒中,置于

40 ℃的水浴上蒸干,加入 2 mL 石油醚-乙醚(3+1)混合溶剂溶解残渣,并用石油醚-乙醚定容至刻度,密塞保存备用。

2. 色谱条件

色谱柱:玻璃柱,内径 3 mm,长 2 m,内装涂以 5%(质量分数)DEGS+1%(质量分数)H_3PO_4固定液的 180~250 μm(60~80 目)Chromosorb WAW;气体流速:载气为氮气,气流速度为 50 mL/min(氮气、空气及氢气按各仪器型号不同,选择各自的最佳比例条件);温度:进样口(汽化温度)230 ℃;柱温 170 ℃;检测器温度:FID,230 ℃。

3. 测定

(1)取 6 个 10 mL 容量瓶,编号按照下表 3-1 操作记录。

表 3-1　试剂配加记录

试剂	编号					
	1	2	3	4	5	6
苯甲酸或山梨酸标准溶液的体积/mL	0.25	0.5	0.75	1.00	1.25	0
相当于苯甲酸或山梨酸的质量/μg	50	100	150	200	250	—
取样品乙醚提取液的体积/mL	—	—	—	—	—	2
用石油醚定容的体积/mL	10	10	10	10	10	10
进样体积/μL	2	2	2	2	2	2
测定峰高值/mV						

(2)以苯甲酸或山梨酸的质量(μg)为横坐标,与其对应的峰高值为纵坐标,绘制标准曲线。

(3)用样品测得的峰高值与标准曲线比较定量。

六、结果计算

$$X = \frac{m_1 \times 1000}{m \times \frac{5}{25} \times \frac{V_2}{V_1} \times 1000} \tag{3-1}$$

式中,X 为样品中苯甲酸或山梨酸的质量分数,g/kg;m_1 为测定用样品液中苯甲酸或山梨酸的质量,μg;V_1 为样品提取液残留物定容的体积,mL;V_2 为测定时进样体积,μL;m 为试样质量(或体积),g(或 mL);5 为测定时吸取乙醚提取液的体积,mL;25 为乙醚提取液总体积,mL。

七、注意事项

1. 乙醚提取液应用无水硫酸钠充分脱水,挥发干乙醚后仍残留水分,必须将水分挥发干,进样溶液中含水会影响测定结果。

2. 样品处理时酸化可使山梨酸钾、苯甲酸钠转化为山梨酸、苯甲酸。

3. 由测得的苯甲酸的量乘以 1.18,即为样品中苯甲酸钠的含量。

　　4. 气相色谱仪的操作按仪器操作说明进行。

　　5. 注意点火前严禁打开氢气调节阀,以免氢气逸出引起爆炸;点火后,不允许再转动放大调零旋钮。

　　6. 因石油醚及乙醚等是挥发性试剂,操作过程应在通风橱内进行。

　　7. 在相同条件下,两次测定结果之差的绝对值≤其算术平均值的 10%,否则应该调整实验条件进行重做。

八、思考题

　　1. 样品处理时,酸化的目的是什么?

　　2. 气相色谱法定性的依据是什么?用已知物对照法定性时应注意什么?

　　3. 气相色谱法测定中用外标法定量有何优缺点?

　　4. 简述氢火焰离子化检测器的优缺点。

实验 3-2　食品中苯甲酸、山梨酸、糖精钠测定（高效液相色谱法）

一、实验目的

1. 学习高效液相色谱法测定苯甲酸、山梨酸、糖精钠的实验原理和方法。
2. 掌握高效液相色谱仪的操作使用技能。

二、实验原理

不同样品经提取后，将提取液过滤，经反相高效液相色谱分离测定，根据保留时间定性，外标峰面积定量。

本方法参照国家标准——食品中苯甲酸、山梨酸和糖精钠含量的测定（GB/T 23495—2009），适用于食品中苯甲酸、山梨酸和糖精钠含量的测定，检出限：对于固态食品，苯甲酸、山梨酸、糖精钠的检出限分别为 1.8 mg/kg、1.2 mg/kg 及 3.0 mg/kg。

三、试剂和材料

1. 甲醇：色谱纯。
2. 乙酸铵溶液：称取 1.54 g 乙酸铵，加水溶解并稀释至 1000 mL，经微孔滤膜进滤。
3. 亚铁氰化钾溶液：称取 106 g 亚铁氰化钾加水至 1000 mL。
4. 乙酸锌溶液：称取 220 g 乙酸锌溶于少量水中，加入 30 mL 冰乙酸，加水稀释至 1000 mL。
5. 氨水（1+1）：氨水与水等体积混合。
6. 正己烷。
7. pH=4.4 乙酸盐缓冲溶液
（1）乙酸钠溶液：称取 6.80 g 乙酸钠，用水溶解后定容至 1000 mL。
（2）乙酸溶液：取 4.3 mL 冰乙酸，用水稀释至 1000 mL。将上述两种溶液按体积比 37∶63 混合，即得 pH=4.4 乙酸盐缓冲溶液。
8. pH=7.2 磷酸盐缓冲溶液：称取 23.88 g 磷酸氢二钠，用水溶解后定容至 1000 mL。称取 9.07 g 磷酸二氢钾，用水溶解后定容至 1000 mL。将上述两种磷酸盐溶液按体积比 7∶3 混合，即得 pH=7.2 磷酸盐缓冲溶液。
9. 标准溶液的配制
（1）苯甲酸标准储备液：准确称取 0.2360 g 苯甲酸钠，加水溶解并定容至 200 mL。此溶液每毫升相当于含苯甲酸 1.00 mg。
（2）山梨酸标准储备液：准确称取 0.2680 g 山梨酸钾，加水溶解并定容至 200 mL。此溶液每毫升相当于含山梨酸 1.00 mg。
（3）糖精钠标准储备液：准确称取 0.1702 g 糖精钠（120 ℃烘干 4 h），加水溶解并定容至 200 mL。此溶液中糖精钠的含量为 1.00 mg/mL。
（4）混合标准使用液：分别准确吸取不同体积苯甲酸、山梨酸和糖精钠标准储备溶液，将其稀释成苯甲酸、山梨酸和糖精钠含量分别为 0.000 mg/mL、0.020 mg/mL、

0.040 mg/mL、0.080 mg/mL、0.160 mg/mL 及 0.320 mg/mL 的混合标准使用液。

　　10. 微孔滤膜:0.45 μm,水相。

　　除另有说明外,所用试剂均为分析纯,实验用水符合 GB/T 6682—2008 要求。

四、仪器

　　高效液相色谱仪(配有紫外检测器)、离心机(转速不低于 4000 r/min)、超声波水浴振荡器、食品粉碎机、旋涡混合器、pH 计、天平(感量为 0.01 mg 和 0.1 mg)等。

五、操作步骤

　　1. 样品处理

　　(1)液体样品

　　碳酸饮料、果酒、葡萄酒等液体样品:称取 10 g 样品(精确至 0.001 g)(如含有乙醇需水浴加热除去乙醇后荐用水定容至原体积)于 25 mL 容量瓶中,用氨水(1+1)调节 pH 至近中性,用水定容至刻度,混匀,经微孔滤膜过滤,滤液待上机分析。

　　乳饮料、植物蛋白饮料等含蛋白质较多的样品:称取 10 g 样品(精确至 0.001 g)于 25 mL容量瓶中,加入 2 mL 亚铁氰化钾溶液,摇匀,再加入 2 mL 乙酸锌溶液摇匀,以沉淀蛋白质,加水定容至刻度,4000 r/min 离心 10 min,取上清液,经微孔滤膜过滤,滤液待上机分析。

　　(2)半固体样品

　　含有胶基的果冻样品:称取 0.5～1 g 样品(精确至 0.001 g),加水适量,转移至 25 mL容量瓶中,再加水至约 20 mL,置 60 ℃～70 ℃水浴中加热片刻,加塞,剧烈振摇使其分散均匀后,加氨水(1+1)调节 pH 至近中性,加塞,剧烈振摇,使样品在水中分散均匀,置 60 ℃～70 ℃水浴锅中加热 30 min,取出后趁热超声 5 min,冷却后用水定容至刻度,用微孔滤膜过滤,滤液待上机分析。

　　油脂、奶油类样品:称取 2～3 g 样品(精确至 0.001 g)于 50 mL 具塞离心管中,加入 10 mL正己烷用旋涡混合器使其充分溶解,4000 r/min 离心 3 min,吸出正己烷提取液转移至 250 mL 分液漏斗中,再向 50 mL 具塞离心管中加入 10 mL 正己烷重复上述步骤,合并正己烷提取液于 250 mL 分液漏斗中。于分液漏斗中加入 20 mL pH=4.4 乙酸盐缓冲溶液加塞后剧烈振摇分液漏斗约 30 s,静置分层后,将水层转移至 50 mL 容量瓶中,再加入 20 mL pH=4.4 乙酸盐缓冲溶液,重复上述步骤,合并水层并用乙酸盐缓冲溶液定容至刻度,经微孔滤膜过滤,滤液待上机分析。

　　(3)固体样品

　　肉制品、饼干、糕点:称取粉碎均匀样品 2～3 g(精确至 0.001 g)于小烧杯中,用 20 mL水分数次清洗小烧杯将样品移入 25 mL 容量瓶中,超声振荡提取 5 min,取出后加 2 mL 亚铁氰化钾溶液,摇匀,再加入 2 mL 乙酸锌溶液,摇匀,用水定容至刻度。移入离心管中,4000 r/min 离心 5 min,吸出上清液,用微孔滤膜过滤,滤液待上机分析。

　　(4)油脂含量高的火锅底料、调料等样品:称取样品 2～3 g(精确至 0.001 g)于 50 mL 具塞离心管中,加入 10 mL 磷酸盐缓冲液,用旋涡混合器充分混合,然后于 4000 r/min 离心 5 min,小心吸出水层转移到 25 mL 容量瓶中,再加入 10 mL 磷酸盐缓冲液于具塞离心管中,重复上述步骤,合并两次水层液,用磷酸盐缓冲液定容至刻度,混匀,用微孔滤膜过滤,滤液待上机分析。

(5)凝胶糖果、胶基糖果:按半固体样品含有胶基的果冻样品处理。

2. 色谱条件

色谱柱:C_{18}柱,250 mm×4.6 mm,5 μm,或性能相当者;流动相:甲醇＋乙酸铵溶液(5＋95);流速:1 mL/min;检测波长:230 nm;进样量:10 μL。

3. 测定

取处理液和混合标准使用液各 10 μL 注入高效液相色谱仪进行分离,以其标准溶液峰的保留时间为依据定性,以其峰面积求出样液中被测物质含量,供计算。苯甲酸、山梨酸和糖精钠同时测定的谱图如图 3-1 所示。

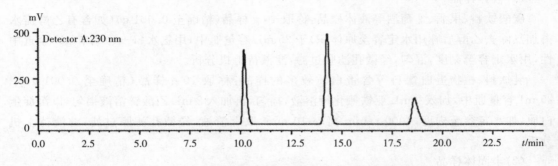

图 3-1　苯甲酸、山梨酸和糖精钠的高效液相色谱图

六、结果计算

样品中苯甲酸、山梨酸和糖精钠的含量按式(3-2)计算:

$$X = \frac{c \times V \times 1000}{m \times 1000} \qquad (3-2)$$

式中,X 为样品中待测组分含量,g/kg;c 为由标准曲线得出的样液中待测物的浓度,mg/mL;V 为样品定容体积,mL;m 为样品质量,g。计算结果保留两位有效数字。

七、注意事项

精密度:在重复性条件下获得的两次独立测定结果的绝对差值不得超过算术平均值的 10%。

实验 3－3　食品中亚硝酸盐与硝酸盐的测定(离子色谱法)

一、实验目的

1. 掌握离子色谱法测定食品中亚硝酸盐与硝酸盐的原理。
2. 掌握离子色谱仪的操作技能。

二、实验原理

试样经沉淀蛋白质、除去脂肪后,采用相应的方法提取和净化,以氢氧化钾溶液为淋洗液,阴离子交换柱分离,电导检测器检测。以保留时间定性,外标法定量。本方法参照食品安全国家标准——食品中亚硝酸盐与硝酸盐的测定(离子色谱法 GB 5009.33—2010),适用于食品中亚硝酸盐和硝酸盐的测定。

三、试剂和材料

1. 超纯水(电阻率＞18.2MΩ·cm)、乙酸(分析纯)、氢氧化钾(分析纯)。
2. 乙酸溶液(3%):量取乙酸 3 mL 于 100 mL 容量瓶中,以水稀释至刻度,混匀。
3. 亚硝酸根离子标准溶液(100 mg/L,水基体)。
4. 硝酸根离子标准溶液(1000 mg/L,水基体)。
5. 亚硝酸盐(以 NO_2^- 计,下同)和硝酸盐(以 NO_3^- 计,下同)混合标准使用液:准确移取亚硝酸根离子(NO_2^-)和硝酸根离子(NO_3^-)的标准溶液各 1.0 mL 于 100 mL 容量瓶中,用水稀释至刻度,此溶液每 1 L 含亚硝酸根离子 1.0 mg 和硝酸根离子 10.0 mg。

四、仪器

离子色谱仪(包括电导检测器,配有抑制器,高容量阴离子交换柱,50 μL 定量环);粉碎机、超声波清洗器、天平(感量为 0.1 和 1 mg)、离心机(转速≥10000 r/min,配 5 mL 或 10 mL 离心管)、0.22 μm 水性滤膜针头滤器、净化柱(包括 C_{18} 柱、Ag 柱和 Na 柱或等效柱)、注射器(1.0 和 2.5 mL)。

注:所有玻璃器皿使用前均需依次用 2 mol/L 氢氧化钾和水分别浸泡 4 h,然后用水冲洗 2～5 次,晾干备用。

五、操作步骤

1. 试样预处理

(1)新鲜蔬菜、水果:将试样用去离子水洗净,晾干后,取可食部切碎混匀。将切碎的样品用四分法取适量,用食物粉碎机制成匀浆备用。如需加水应记录加水量。

(2)肉类、蛋、水产及其制品:用四分法取适量或取全部,用粉碎机制成匀浆备用。

(3)乳粉、豆奶粉、婴儿配方粉等固态乳制品(不包括干酪):将试样装入能够容纳 2 倍试样体积的带盖容器中,通过反复摇晃和颠倒容器使样品充分混匀直到使试样均一化。

(4)发酵乳、乳、炼乳及其他液体乳制品:通过搅拌或反复摇晃和颠倒容器使试样充分混匀。

(5)干酪:取适量的样品研磨成均匀的泥浆状。为避免水分损失,研磨过程中应避免产生过多的热量。

2. 提取

(1)水果、蔬菜、鱼类、肉类、蛋类及其制品等:称取试样匀浆 5 g(精确至 0.01 g,可适当调整试样的取样量,以下相同),以 80 mL 水洗入 100 mL 容量瓶中,超声提取 30 min,每隔 5 min 振摇一次,保持固相完全分散。于 75 ℃水浴中放置 5 min,取出放置至室温,加水稀释至刻度。溶液经滤纸过滤后,取部分溶液于 10000 r/min 离心 15 min,上清液备用。

(2)腌鱼类、腌肉类及其他腌制品:称取试样匀浆 2 g(精确至 0.01 g),以 80 mL 水洗入 100 mL 容量瓶中,超声提取 30 min,每 5 min 振摇一次,保持固相完全分散。于 75 ℃水浴中放置 5 min,取出放置至室温,加水稀释至刻度。溶液经滤纸过滤后,取部分溶液于 10000 r/min 离心 15 min,上清液备用。

(3)乳:称取试样 10 g(精确至 0.01 g),置于 100 mL 容量瓶中,加水 80 mL,摇匀,超声 30 min,加入 3%乙酸溶液 2 mL,于 4 ℃放置 20 min,取出放置至室温,加水稀释至刻度。溶液经滤纸过滤,取上清液备用。

(4)乳粉:称取试样 2.5 g(精确至 0.01 g),置于 100 mL 容量瓶中,加水 80 mL,摇匀,超声 30 min,加入 3%乙酸溶液 2 mL,于 4 ℃放置 20 min,取出放置至室温,加水稀释至刻度。溶液经滤纸过滤,取上清液备用。

(5)取上述备用的上清液约 15 mL,通过 0.22 μm 水性滤膜针头滤器、C$_{18}$柱,弃去前面 3 mL(如果氯离子浓度大于 100 mg/L,则需要依次通过针头滤器、C$_{18}$柱、Ag 柱和 Na 柱,弃去前面 7 mL),收集后面洗脱液待测。

固相萃取柱使用前需进行活化,如使用 OnGuard Ⅱ RP 柱(1.0 mL)、OnGuard Ⅱ Ag 柱 (1.0 mL)和 OnGuard Ⅱ Na 柱(1.0 mL)1,其活化过程为:OnGuard Ⅱ RP 柱(1.0 mL)使用前依次用 10 mL 甲醇、15 mL 水通过,静置活化 30 min。OnGuard Ⅱ Ag 柱(1.0 mL)和 OnGuard Ⅱ Na 柱(1.0 mL)用 10 mL 水通过,静置活化 30 min。

3. 参考色谱条件

(1)色谱柱:氢氧化物选择性,可兼容梯度洗脱的高容量阴离子交换柱,如 Dionex IonPac AS10 - HC 4 mm×250 mm(带 IonPac AG10 - HC 型保护柱 4 mm×50 mm),或性能相当的离子色谱柱。

(2)淋洗液:一般试样:氢氧化钾溶液,浓度为 5 ～ 70 mmol/L;洗脱梯度为 6 mmol/L 30 min,70 mmol/L 5 min,6 mmol/L 5 min;流速 1.0 mL/min。粉状婴幼儿配方食品:氢氧化钾溶液,浓度为 4～50 mmol/L;洗脱梯度为 5 mmol/L 33 min,50 mmol/L 5 min,5 mmol/L 5 min;流速 1.3 mL/min。

(3)抑制器:连续自动再生膜阴离子抑制器或等效抑制装置。

(4)检测器:电导检测器,检测池温度为 35 ℃。

(5)进样体积:50 μL(可根据试样中被测离子含量进行调整)。

4. 测定

(1)标准曲线:移取亚硝酸盐和硝酸盐混合标准使用液,加水稀释,制成系列标准溶液,含亚硝酸根离子浓度为 0.00 mg/L、0.02 mg/L、0.04 mg/L、0.06 mg/L、0.08 mg/L、0.10 mg/L、0.15 mg/L 及 0.20 mg/L;硝酸根离子浓度为 0.0 mg/L、0.2 mg/L、0.4 mg/L、0.6 mg/L、0.8 mg/L、1.0 mg/L、1.5 mg/L 及 2.0 mg/L 的混合标准溶液,从低到高浓度依

次进样。得到上述各浓度标准溶液的色谱图(图 3-2)。以亚硝酸根离子或硝酸根离子的浓度(mg/L)为横坐标,以峰高(μS)或峰面积为纵坐标,绘制标准曲线或计算线性回归方程。

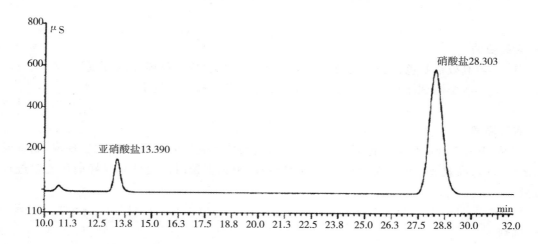

图 3-2 亚硝酸盐和硝酸盐混合标准溶液的色谱图

(2)样品测定:分别吸取空白和试样溶液 50 μL,在相同工作条件下,依次注入离子色谱仪中,记录色谱图。根据保留时间定性,分别测量空白和样品的峰高(μS)或峰面积。

六、结果计算

$$X = \frac{(c - c_0) \times V \times f}{m} \qquad (3-3)$$

式中,X 为试样中亚硝酸根离子或硝酸根离子的含量,mg/kg;c 为测定用试样溶液中的亚硝酸根离子或硝酸根离子浓度,mg/L;c_0 为试剂空白液中亚硝酸根离子或硝酸根离子的浓度,mg/L;V 为试样溶液体积,mL;f 为试样溶液稀释倍数;m 为试样取样量,g。

七、注意事项

1. 试样中测得的亚硝酸根离子含量乘以换算系数 1.5,即得亚硝酸盐(按亚硝酸钠计)含量。

2. 试样中测得的硝酸根离子含量乘以换算系数 1.37,即得硝酸盐(按硝酸钠计)含量。

3. 以重复性条件下获得的两次独立测定结果的算术平均值表示,结果保留两位有效数字。

4. 精密度:在重复性条件下获得的两次独立测定结果的绝对值差不得超过算术平均值的 10%。

5. 亚硝酸盐和硝酸盐检出限分别为 0.2 mg/kg 和 0.4 mg/kg。

八、思考题

1. 离子色谱法测定食品中亚酸盐与硝酸盐的原理是什么?

2. 离子色谱法的工作原理是什么?

实验 3-4　食品中合成色素的测定（高效液相色谱法）

一、实验目的

1. 学习高效液相色谱法分离测定食品中合成色素（合成着色剂）的实验原理。
2. 熟悉各类测试样品的提取方法以及高效液相色谱柱分离技术。

二、实验原理

食品中人工合成色素着色剂（合成着色剂）用聚酰胺吸附法或液-液分配法提取，制备成水溶液，注入高效液相色谱仪，经反相色谱柱分离，根据保留时间定性和与峰面积比较进行定量。

三、试剂

1. 氨水-乙酸铵溶液（0.02 mol/L）：量取氨水 0.5 mL，加乙酸铵溶液（0.02 mol/L）至 1000 mL，混匀。
2. pH＝6 的水：水加柠檬酸溶液调 pH 到 6。
3. 合成色素（着色剂）标准溶液（1.00 mg/mL）：准确称取按其纯度折算为 100% 质量的柠檬黄、日落黄、苋菜红、胭脂红、新红、赤藓红、靛蓝、亮蓝各 0.100 g，置 100 mL 容量瓶中，加 pH 为 6 的水至刻度。合成色素（着色剂）标准使用液（50 μg/mL）临时将上述溶液（1.00 mg/mL）加水稀释 20 倍，经滤膜（0.45 μm）过滤。

四、仪器

高效液相色谱仪（带紫外检测器等）。

五、操作步骤

1. 样品处理

(1) 橘子汁、果味水、果露汽水等：取 20.0～40.0 mL，放入 100 mL 烧杯中。含二氧化碳样品加热驱除二氧化碳。

(2) 配制酒类：取 20.0～40.0 mL，放入 100 mL 烧杯中，加小碎瓷片数片，加热驱除乙醇。

(3) 硬糖、蜜饯类、淀粉软糖等：称取粉碎样品 5.00～10.00 g 放入 100 mL 小烧杯中，加水 30 mL，湿热溶解，若样品溶液 pH 较高，用柠檬酸溶液调 pH 至 6 左右。

(4) 巧克力豆及着色糖衣制品：称取 5.00～10.00 g，放入 100 mL 小烧杯中，用水反复洗涤色素，到巧克力豆无色素为止，合并色素漂洗液为样品溶液。

2. 色素的提取

(1) 聚酰胺吸附法：样品溶液加柠檬酸溶液调 pH 至 6，加热至 60 ℃，将聚酰胺粉 1 g 加入少许水调成粥状，倒入样品溶液中，搅拌片刻，以 G3 垂融漏斗抽滤。用 60 ℃ pH＝4 的水洗涤 2～5 次，然后用甲醇-甲酸混合液洗涤 2～5 次，再用水洗至中性，用无水乙醇-氨水-水

(7 : 2 : 1)混合溶液解吸 2～5 次,每次 5 mL 收集解吸液,加乙醇中和,蒸发至近干,加水溶解,定容至 5 mL,经滤膜(0.45 μm)过滤,取 10 μL 进高效液相色谱仪。

(2)液-液分配法(适用于含赤藓红的样品):将制备好的样品溶液放入分液漏斗中,加盐酸 2 mL、5%三正辛胺正丁醇溶液 9～20 mL,振摇提取,分取有机相,重新提取,至有机相无色;合并有机相,用饱和硫酸钠溶液洗 2 次,每次 10 mL,分取有机相,放蒸发皿中,水浴加热浓缩至 10 mL,转移至分液漏斗中;加正己烷 60 mL,混匀,加氨水提取 2～3 次,每次 5 mL 合并氨水溶液层(含水溶性酸性色素),用正己烷洗 2 次,氨水层加乙酸调至中性,水浴加热蒸发至近干,加水定容至 5 mL,经滤膜(0.45 μm)过滤,取 10 μL 进高效液相色谱仪。

3. 高效液相色谱参考条件

色谱柱:YWG－C_{18}10 μm 不锈钢柱,4.6 mm(内径)×250 mm;流动相:甲醇-0.02 mol/L乙酸铵溶液(pH＝4);梯度洗脱:甲醇:20%～35%,3%/min;34%～98%,9%/min;98%继续 6 min;流速:1 mL/min;紫外检测器:254 nm。

4. 测定

取相同体积样液和合成色素(着色剂)标准使用液分别注入高效液相色谱仪,根据保留时间定性,外标峰面积法定量。

六、结果计算

$$X = \frac{m_1}{m \times \dfrac{V_2}{V_1} \times 1000} \tag{3-4}$$

式中,X 为样品中合成色素(着色剂)的含量,g/kg;m_1 为样液中合成色素(着色剂)的质量,μg;V_2 为进样体积,mL;V_1 为样品稀释总体积,mL;m 为样品质量,g。

七、注意事项

1. 本法的检出限为:新红 5 ng、柠檬黄 4 ng、苋菜红 6 ng、胭脂红 8 ng、日落黄 7 ng、赤藓红 18 ng、亮蓝 26 ng,当样量相当于 0.025 g 时最低检出浓度分别为 0.2 mg/kg、0.16 mg/kg、0.24 mg/kg、0.32 mg/kg、0.28 mg/kg、0.72 mg/kg 及 1.04 mg/kg。

2. 测定一个样品后,将流动相中甲醇浓度恢复至 20%,系统平衡 20 min 后,再开始测定第二个样品。

3. 在重复条件下获得的两次独立测定结果的绝对差值不得超过算术平均值的 10%。

八、思考题

1. 如何解吸被聚酰胺粉吸附的着色剂?

2. 液相色谱法测定过程中如何保证实验结果的准确性?

实验 3-5　食品中二氧化硫及亚硫酸盐含量测定(滴定法)

一、实验目的

1. 掌握滴定法测定食品中的二氧化硫及亚硫酸盐的实验原理。
2. 熟悉滴定法测定食品中的二氧化硫及亚硫酸盐的操作要点及测定方法。

二、实验原理

在密闭容器中对样品进行酸化、蒸馏,蒸馏物用乙酸铅溶液吸收。吸收后的溶液用盐酸酸化,碘标准溶液滴定,根据所消耗的碘标准溶液量计算出样品中的二氧化硫含量。

本方法参照食品安全国家标准——食品中二氧化硫的测定(GB 5009.34—2016),适用于果脯、干菜、米粉类、粉条、砂糖、食用菌和葡萄酒等食品中总二氧化硫的测定。

三、试剂

1. 盐酸、硫酸、可溶性淀粉、氢氧化钠、碳酸钠、乙酸铅、硫代硫酸钠或无水硫代硫酸钠、碘、碘化钾。

2. 盐酸溶液(1+1):量取 50 mL 浓盐酸,缓缓倾入 50 mL 水中,边加边搅拌。

3. 硫酸溶液(1+9):量取 10 mL 浓硫酸,缓缓倾入 90 mL 水中,边加边搅拌。

4. 淀粉指示液(10 g/L):称取 1 g 可溶性淀粉,用少许水调成糊状,缓缓倾入 100 mL 沸水中,边加边搅拌,煮沸 2 min,放冷备用,临用现配。

5. 乙酸铅溶液(20 g/L):称取 2 g 乙酸铅,溶于少量水中并稀释至 100 mL。

6. 重铬酸钾,优级纯,纯度≥99%。

7. 硫代硫酸钠标准溶液(0.1 mol/L):称取 25 g 含结晶水的硫代硫酸钠或 16 g 无水硫代硫酸钠溶于 1000 mL 新煮沸放冷的水中,加入 0.4 g 氢氧化钠或 0.2 g 碳酸钠,摇匀,贮存于棕色瓶内,放置两周后过滤,用重铬酸钾标准溶液标定其准确浓度。或购买有证书的硫代硫酸钠标准溶液。

8. 碘标准溶液[$c(1/2I_2)$=0.10 mol/L]:称取 13 g 碘和 35 g 碘化钾,加水约 100 mL,溶解后加入 3 滴盐酸,用水稀释至 1000 mL,过滤后转入棕色瓶。使用前用硫代硫酸钠标准溶液标定。

9. 重铬酸钾标准溶液[$c(1/6K_2Cr_2O_7)$=0.1000 mol/L]:准确称取 4.9031 g 已于 120 ℃±2 ℃电烘箱中干燥至恒重的重铬酸钾,溶于水并转移至 1000 mL 量瓶中,定容至刻度。或购买有证书的重铬酸钾标准溶液。

10. 碘标准溶液[$c(1/2I_2)$=0.01000 mol/L]:将 0.1000 mol/L 碘标准溶液用水稀释 10 倍。

除非另有说明,本方法所用试剂均为分析纯,水为 GB/T 6682—2008 规定的三级水。

四、仪器

全玻璃蒸馏器(500 mL,或等效的蒸馏设备)、酸式滴定管(25 mL 或 50 mL)、剪切式粉碎机、碘量瓶(500 mL)等。

五、操作步骤

1. 样品制备

果脯、干菜、米粉类、粉条和食用菌适当剪成小块,再用剪切式粉碎机剪碎,搅均匀,备用。

2. 样品蒸馏

称取 5 g 均匀样品(精确至 0.001 g,取样量可视含量高低而定),液体样品可直接吸取 5.00~10.00 mL 样品,置于蒸馏烧瓶中。加入 250 mL 水,装上冷凝装置,冷凝管下端插入预先备有 25 mL 乙酸铅吸收液的碘量瓶的液面下,然后在蒸馏瓶中加入 10 mL 盐酸溶液,立即盖塞,加热蒸馏。当蒸馏液约 200 mL 时,使冷凝管下端离开液面,再蒸馏 1 min。用少量蒸馏水冲洗插入乙酸铅溶液的装置部分。同时做空白试验。

3. 滴定

向取下的碘量瓶中依次加入 10 mL 盐酸、1 mL 淀粉指示液,摇匀之后用碘标准溶液滴定至溶液颜色变蓝且 30 s 内不褪色为止,记录消耗的碘标准滴定溶液体积。

六、结果计算

$$X = \frac{(V - V_0) \times 0.032 \times c \times 1000}{m} \qquad (3-5)$$

式中,X 为试样中的二氧化硫总含量(以 SO_2 计),g/kg 或 g/L;V 为滴定样品所用的碘标准溶液体积,mL;V_0 为空白试验所用的碘标准溶液体积,mL;0.032 为 1 mL 碘标准溶液 $[c(1/2I_2) = 1.0 \text{ mol/L}]$ 相当于二氧化硫的质量,g;c 为碘标准溶液浓度,mol/L;m 为试样质量或体积,g 或 mL。

计算结果以重复性条件下获得的两次独立测定结果的算术平均值表示,当二氧化硫含量≥1 g/kg(L)时,结果保留三位有效数字;当二氧化硫含量<1 g/kg(L)时,结果保留两位有效数字。

七、注意事项

1. 精密度:在重复性条件下获得的两次独立测试结果的绝对差值不得超过算术平均值的 10%。

2. 当取 5 g 固体样品时,方法的检出限(LOD)为 3.0 mg/kg,定量限为 10.0 mg/kg;当取 10 mL 液体样品时,方法的检出限(LOD)为 1.5 mg/L,定量限为 5.0 mg/L。

实验 3-6　食品中 BHA 和 BHT 含量的测定(气相色谱法)

一、实验目的

1. 学习气相色谱分析法测定 BHA 与 BHT 的实验原理和方法。
2. 掌握气相色谱分析法检测技术。

二、实验原理

样品中的叔丁基羟基茴香醚(BHA)和 2,5-二叔丁基对甲酚(BHT)用石油醚提取,通过层析柱使抗氧化剂 BHA 与 BHT 净化,浓缩后,经气相色谱分离后用氢火焰离子化检测器检测,根据样品峰高与标准峰高比较定量。

三、试剂

1. 石油醚(沸程 30 ℃～60 ℃)、二氯甲烷、二硫化碳、无水硫酸钠、硅胶 G(60～80 目于 120 ℃活化 4 h 放干燥器备用)、弗罗里硅土(60～80 目,于 120 ℃活化 4 h 放干燥器中备用)。

2. BHA、BHT 混合标准储备液:准确称取 BHA、BHT(纯度为 99.0%)各 0.1000 g,混合后用二硫化碳溶解,定容至 100 mL 容量瓶中,此溶液分别为每毫升含 1.0 mg BHA、BHT,置冰箱中保存。

3. BHA、BHT 混合标准使用液:吸取上述标准储备液 4.0 mL 于 100 mL 容量瓶中,用二硫化碳定容,此溶液分别为每毫升含 0.040 mg BHA、BHT,置冰箱中保存。

四、仪器

1. 气相色谱仪(附 FID 检测器)、旋转蒸发器(容积 200 mL)、振荡器、层析柱(1 cm×30 cm 玻璃柱,带活塞)。

2. 气相色谱柱:长 1.5 m,内径 3 mm 的玻璃柱内装涂质量分数为 10% 的 QF-lgas Chrom Q(80～100 目)。

五、操作步骤

1. 样品的制备

(1)称取 500 g 含油脂较多的试样(固体)(若含油脂少则取 1000 g),在玻璃研钵中研碎,混合均匀后放置广口瓶内保存于冰箱中。

(2)脂肪的提取

①含油脂高的试样(如桃酥等):称取 50 g,混合均匀,置于 250 mL 具塞锥形瓶中,加入 50 mL 石油醚(沸程为 30 ℃～60 ℃),放置过夜,用快速滤纸过滤后,减压回收溶剂,残留脂肪备用。

②含油脂中等的试样(如蛋糕、江米条等):称取约 100 g,混合均匀,置于 500 mL 具塞锥形瓶中,加入 100～200 mL 石油醚(沸程为 30 ℃～60 ℃),放置过夜,用快速滤纸过滤后,

减压回收溶剂,残留脂肪备用。

③含油脂少的试样(如面包、饼干等):称取 250～300 g,混合均匀后,置于 500 mL 具塞锥形瓶中,加适量石油醚(沸程为 30 ℃～60 ℃)浸泡,放置过夜,用快速滤纸过滤后,减压回收溶剂,残留脂肪备用。

(3)净化处理

①层析柱的制备:于层析柱的底部加少量玻璃棉,少量无水硫酸钠,将硅胶-弗罗里硅土(6+4)共 10 g,用石油醚浸泡试样,湿法混合装柱,柱顶部再加入少量无水硫酸钠。

②脂肪提取物净化处理:称取经上述方法提取的脂肪 1.50～2.00 g,用 50 mL 烧杯中,加 30 mL 石油醚溶解,转移到层析柱上,再用 10 mL 石油醚分数次洗涤烧杯,并转入层析柱。用 100 mL 三氯甲烷分五次淋洗,合并淋洗液,减压浓缩近干时,用二硫化碳定容至 2.0 mL,该溶液为待测溶液。

(4)植物油样品的制备

直接称取混合均匀的试样 2.00 g,放入 50 mL 的烧杯中,加入 30 mL 石油醚溶解液,转移到层析柱上,再用 10 mL 石油醚分数次洗涤烧杯,并转入到层析柱上。用 100 mL 三氯甲烷分五次淋洗,合并淋洗液,减压浓缩近干时,用二硫化碳定容至 2.0 mL,该溶液为待测溶液。

2. 测定

(1)气相色谱条件。色谱柱:长 1.5 m,内径 3 mm 的玻璃柱,于 GasChrom Q(80～100目)担体上涂质量分数为 10% 的 QF-1。温度:检测器温度 200 ℃,进口样温度 200 ℃,柱温140 ℃。载气流量:氮气 70 mL/min;氢气 50 mL/min;空气 500 mL/min。

(2)吸取 3 μL BHA、BHT 混合标准使用液注入气相色谱仪,绘制色谱图,分别量取峰高或峰面积。

(3)进 3 μL 试样待测液(应视试样的含量而定),绘制色谱图,分别量取峰高或峰面积,与标准峰高或峰面积比较计算含量。

六、结果计算

1. 待测溶液 BHA(或 BHT)的质量按下式进行计算:

$$m_1 = \frac{h_i}{h_s} \times \frac{V_m}{V_i} \times V_s \times p \qquad (3-6)$$

式中,m_1 为待测溶液 BHA(或 BHT)的质量,mg;h_i 为注入层析柱试样中 BHA(或 BHT)的峰高或峰面积;h_s 为标准使用液中 BHA(或 BHT)的峰高或峰面积;V_i 为注入层析柱试样溶液的体积,mL;V_m 为待测试样定容的体积,mL;V_s 为注入层析柱中标准使用液的体积,mL;p 为标准使用液的浓度,mg/mL。

2. 食品中以脂肪计 BHA(或 BHT)的含量计算:

$$X_1 = \frac{m_1 \times 1000}{m_2 \times 1000} \qquad (3-7)$$

式中,X_1 为食品中以脂肪计 BHA(或 BHT)的含量,g/kg;m_1 为待测溶液中 BHA(或 BHT)的质量,mg;m_2 为油脂(或食品中脂肪)的质量,g。

七、注意事项

1. 抗氧化剂随存放时间延长,其含量逐渐下降,因此采集来的样品应及时检测,不宜久存。

2. 脂肪过柱净化处理时应注意:待湿法装柱后,石油醚自层析柱停止流出时,立即将样品提取液倾入柱内,以防止时间过长柱层断裂,影响净化效果。

3. 抗氧化剂在层析柱中停留时间不宜过长,一般以 72 滴/min 淋洗较好。

八、思考题

1. 简述气相色谱法测定 BHA、BHT 的原理。

2. 分析气相色谱实验操作中常见问题原因及解决方法。

实验 3－7　味精中谷氨酸钠的测定（酸度计法）

一、实验目的

1. 学习酸度计法测定味精中谷氨酸钠的实验原理。
2. 掌握酸度计法的操作技能。

二、实验原理

谷氨酸是一种氨基酸，具有两性作用，加入甲醛以固定氨基的碱性，使羧基显示出酸性，用氢氧化钠标准溶液滴定后定量，以酸度计测定终点。本方法参照食品安全国家标准——味精中麸氨酸钠（谷氨酸钠）的测定方法（酸度计法 GB 5009.43—2016），适用于味精中麸氨酸钠（谷氨酸钠）的测定。

三、试剂和材料

1. 甲醛（36％）、氢氧化钠。
2. 氢氧化钠标准滴定液（0.10 mol/L）：按 GB/T 601 配制与标定。

除非另有说明，本方法所用试剂均分析纯，水为 GB/T 6682 规定的二级水。

四、仪器

酸度计、磁力搅拌器、微量滴定管（25 mL）、分析天平（感量 0.1 mg）等。

五、操作步骤

1. 试样制备

称取 0.40 g 试样（精确至 0.0001 g），置于 200 mL 烧杯中，加 60 mL 水溶解。

2. 试样溶液的测定

开动磁力搅拌器，使氢氧化钠标准溶液滴定至酸度计指示 pH＝8.2，记下消耗氢氧化钠标准滴定溶液的毫升数，可计算总酸含量。

加入 10.0 mL 甲醛溶液，混匀，用氢氧化钠标准溶液滴定至 pH＝9.6，记下消耗氢氧化钠标准溶液的毫升数。

同时取 60 mL 水，先用氢氧化钠标准溶液调节至 pH＝8.2，再加 10.0 mL 甲醛溶液，用氢氧化钠标准溶液滴定至 pH＝9.6，做试剂空白试验。

六、结果计算

$$X=\frac{(V_1-V_2)\times c\times 0.187}{m}\times 100 \tag{3-8}$$

式中，X 为试样中谷氨酸钠的含量（含 1 分子结晶水），g/100 g；V_1 为测定用试样加入甲醛后消耗氢氧化钠标准溶液的体积，mL；V_2 为试剂空白加入甲醛后消耗氢氧化钠标准溶液的体积,mL;c 为氢氧化钠标准滴定溶液的浓度,mol/L;0.187 为与 1.00 mL 氢氧化钠标准滴定溶液(1.000 mol/L)相当的 1 分子结晶水谷氨酸钠的质量,g;m 为试样质量,g;100 为换算系数。

七、注意事项

1. 以重复性条件下获得的两次独立测定结果的算术平均值表示,结果保留三位有效数字。

2. 在重复性条件下获得两次独立测定结果的绝对差值不得超过 1.0 g/100 g。

八、思考题

1. 酸度计法测定味精中谷氨酸钠为什么要添加甲醛?

2. 分析造成本实验的误差有哪些因素?

实验 3-8　食品中叔丁基对苯二酚的测定（液相色谱法）

一、实验目的

1. 学习高效液相色谱法测定食品中叔丁基对苯二酚的实验原理。
2. 掌握高效液相色谱仪的操作技能。

二、实验原理

用乙腈提取食品中的 TBHQ，用正己烷脱脂。测试液用乙腈和 1.5% 的乙酸作为洗脱液，经反相 C_{18} 色谱柱分离，荧光检测器检测，以外标法定量。

本方法参照国家标准——食品中叔丁基对苯二酚的测定（高效液相色谱法，GB/T 21927—2008），适用于食用油、油炸食品、干鱼制品、饼干、方便面、速煮米、干果罐头、腌制肉制品等食品中 THBQ 的测定，TBHQ 的检出限量为 $0.05\ \mu g/mL$（检样量 $10\ \mu L$）。

三、试剂和材料

1. 叔丁基对苯二酚（THBQ）标准品（纯度≥98%）、L-抗坏血酸棕榈酸酯、正己烷、冰醋酸、乙腈（色谱纯）。

2. 饱和乙腈：将乙腈和正己烷混合，在分液漏斗中充分振摇。静置分层，收集下层溶液，并于每升溶液中溶解 100 mg 的抗坏血酸棕榈酸酯。

3. TBHQ 标准储备液：准确称取 100 mgTBHQ，加饱和乙腈溶解定容至 100 mL。TBHQ 浓度为 1 mg/mL，0 ℃～4 ℃避光保存。

4. TBHQ 标准溶液：准确移取 1 mLTBHQ 的储备液，加饱和乙腈溶解定容至 100 mL，分别移取 1.0 mL、5.0 mL、10.0 mL、20.0 mL 及 50.0 mL 该 TBHQ 溶液，放入 100 mL 容量瓶，加饱和乙腈至刻度，制成 TBHQ 含量分别为 $0.1\ \mu g/mL$、$0.5\ \mu g/mL$、$1\ \mu g/mL$、$2\ \mu g/mL$、$5\ \mu g/mL$、$10\ \mu g/mL$ 的 TBHQ 标准溶液，用于制定标准曲线。

四、仪器

高效液相色谱仪（附荧光检测器）、移液器、振荡器、微孔过滤器（孔径 $0.45\ \mu m$，有机溶剂型滤膜）等。

五、操作步骤

1. 样品处理

（1）食用油脂：称取混合均匀的样品 10 g（精确至 0.001 g），用正己烷溶解并定容至 100 mL，移取 20 mL 该溶液至 150 mL 分液漏斗中，加入 20 mL 饱和乙腈，振摇 1 min。静置分层，收集下层乙腈层后，再加入 20 mL 饱和乙腈，重复萃取一次，合并乙腈层定容至 50 mL。经 $0.45\ \mu m$ 滤膜过滤作为测试液。

（2）油炸食品、干鱼制品、腌制肉制品等：称取混合均匀的样品 2.5 g（精确至 0.001 g），置于 100 mL 具塞锥形瓶中，用 20 mL 饱和乙腈振荡提取 5 min，再加入 20 mL 正己烷继续振荡 5 min，过滤到分液漏斗中，静置分层后，收集下层乙腈层；再向样品残渣中加入 20 mL 正己烷振荡提取 10 min，再过滤到分液漏斗中，加入 20 mL 乙腈，振摇 1 min，静置分层，收集合并乙腈层定容至 50 mL 容量瓶中。经 0.45 μm 滤膜过滤作为测试液。

（3）饼干、方便面、速煮米、干果罐头等：称取混合均匀的样品 2.5 g（精确至 0.001 g），置于 100 mL 具塞锥形瓶中，用 20 mL 饱和乙腈振荡提取 10 min，收集下层乙腈层。在样品残渣中再加入 20 mL 饱和乙腈振荡提取 10 min，合并两次提取的乙腈层，在容量瓶中定容至 50 mL。经 0.45 μm 滤膜过滤作为测试液。

2. 参考色谱条件

色谱柱：ODS－C$_{18}$，4.6 mm×250 mm，5 μm；流动相：参考梯度洗脱程序见表 3－2 所列；流速：1.0 mL/min；激发波长：293 nm；发射波长：332 nm。

表 3－2　梯度洗脱条件

时间（min）	流动相	
	乙腈（%）	1.5 乙酸（%）
0	40	60
10.0	40	60
11.0	100	0
18.0	100	0
19.0	40	60
22.0	40	60

3. 测定

在上述工作条件下，分别取标准使用溶液 10 μL 进行高效液相色谱分析，以峰面积为纵坐标，以标准溶液中 TBHQ 浓度为横坐标，绘制标准曲线。取样品测试液 10 μL 进样，以面积外标法定量。TBHQ 标准样品色谱图如图 3－3 所示。

六、结果计算

食品中 TBHQ 的含量按式（3－9）计算：

$$X = \frac{c \times V_1 \times V_3}{m \times V_2 \times 1000} \tag{3-9}$$

式中，X 为被测食品中 TBHQ 含量，g/kg；c 为样品溶液中 TBHQ 浓度，μg/mL；V_1 为乙腈溶液最终定容的总体积，mL；V_3 为溶解试样的正己烷总体积，mL；m 为称取的样品质量，g；V_2 为从 V_3 分取的正己烷体积，mL。

注：样品若按照 1（2）或 1（3）进行处理，则无 V_2、V_3 项。

七、注意事项

精密度：在重复性条件下获得的两次独立测定结果的绝对差值不得超过算术平均值的 10%。

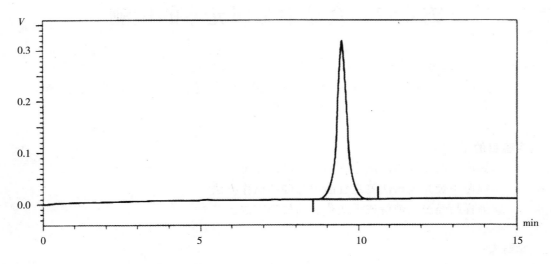

图 3-3　TBHQ 标准样品色谱图(2.0 μg/mL)

（翟科峰　陈文军　宋留丽）

第4章 食品中金属元素的检测

实验 4-1 食品中总砷的测定(氢化物发生原子荧光光谱法)

一、实验目的

1. 掌握原子荧光光谱法测定食品中总砷的原理。
2. 掌握原子荧光光谱法测定食品中总砷的操作方法。
3. 掌握样品经湿法消解或干灰化法的处理方法。

二、实验原理

食品样品经湿法消解或干灰化法处理后,加入硫脲使五价砷预还原为三价砷,再加入硼氢化钠或硼氢化钾还原生成砷化氢,由氩气载入石英原子化器中分解为原子态砷,在高强度砷空心阴极灯的发射光激发下产生荧光,其荧光强度在固定条件下与被测液中的砷浓度成正比,与标准系列比较定量。

本方法参照食品安全国家标准——食品中总砷及无机砷的测定(氢化物发生原子荧光光谱法 GB 5009.11—2014),适用于各类食品中总砷的测定。

三、试剂

1. 氢氧化钠、氢氧化钾、硼氢化钾(分析纯)、硫脲(分析纯)、盐酸、硝酸、硫酸、高氯酸、硝酸镁、氧化镁、抗坏血酸、三氧化二砷(纯度≥99.5%)。除非另有说明,本方法所用试剂均为优级纯,水为 GB/T6682 规定的一级水。

2. 氢氧化钾溶液(5 g/L):称取 5.0 g 氢氧化钾,溶于水并稀释至 1000 mL。

3. 硼氢化钾溶液(20 g/L):称取 20 g 硼氢化钾,溶于 1000 mL 5 g/L 氢氧化钾溶液中,混匀。

4. 硫脲+抗坏血酸溶液:称取 10.0 g 硫脲,加约 80 mL 水,加热溶解,待冷却后加入 10.0 g 抗坏血酸,稀释至 100 mL。现配现用。

5. 氢氧化钠溶液(100 g/L):称取 10.0 g 氢氧化钠,溶于水并稀释至 100 mL。

6. 硝酸镁溶液(150 g/L):称取 15.0 g 硝酸镁,溶于水并稀释至 100 mL。

7. 盐酸溶液(1+1):量取 100 mL 盐酸,缓缓倒入 100 mL 水中,混匀。

8. 硫酸溶液(1+9):量取 100 mL 硫酸,缓缓倒入 900 mL 水中,混匀。

9. 硝酸溶液(2+98):量取硝酸 20 mL,倒入 980 mL 水中,混匀。

10. 砷标准储备液(100 mg/L,按砷计):准确称取于 100 ℃ 干燥 2 h 的三氧化二砷 0.0132 g,加 100 g/L 氢氧化钠 1 mL 和少量水溶解,转入 100 mL 容量瓶中,加入适量盐酸调整其酸度近中性,加水稀释至刻度。4 ℃ 避光保存,保存期一年。

11. 砷标准使用液(1.00 mg/L,按砷计):准确吸取 1.00 mL 砷标准储备液(100 mg/L)

于 100 mL 容量瓶中,用硝酸溶液(2+98)稀释至刻度。现配现用。

四、仪器

原子荧光光谱仪、分析天平、组织匀浆器、高速粉碎机、控温加热板(50 ℃～200 ℃)、马弗炉等。

五、操作步骤

1. 样品消解

(1)湿法消解:固体样品称取 1.0～2.5 g,液体样品称取 5.0～10.0 g(或 mL)(精确至 0.001 g),置于 50～100 mL 三角瓶中,同时做两份试剂空白。加硝酸 20 mL,高氯酸 4 mL,硫酸 1.25 mL,放置过夜。次日置于电热板上加热消解。若消解液处理至 1 mL 左右时仍有未分解物质或色泽变深,取下放冷,补加硝酸 4～10 mL,再消解至 2 mL 左右,如此反复两三次,注意避免炭化。继续加热至消解完全后,再持续蒸发至高氯酸的白烟散尽,硫酸的白烟开始冒出。冷却,加水 25 mL,再蒸发至冒硫酸白烟。冷却,用水将内容物转入 25 mL 容量瓶或者比色管中,加入硫脲+抗坏血酸溶液 2 mL,补加水至刻度,混匀,放置 30 min,待测。按同一操作方法作空白试验。

(2)干法消解:固体样品称取 1.0～2.5 g,液体样品称取 4.0 g(或 mL)(精确至 0.001 g),置于 50～100 mL 坩埚中,同时做两份试剂空白。加 150 mL 硝酸镁混匀,低热蒸干,将 1 g 氧化镁覆盖在干渣上,于电炉上碳化至无烟,移入 550 ℃马弗炉灰化 4 h。取出放冷,小心加入盐酸(1+1)10 mL。以中和氧化镁,并溶解灰分,移入 25 mL 容量瓶或比色管中加入硫脲+抗坏血酸溶液 2 mL。另用硫酸溶液(1+9)分次洗涤坩埚后合并洗涤液至 25 mL 刻度,混匀,放置 30 min,待测。按同一操作方法作空白试验。

2. 仪器参考条件

负高压:260V;砷空心阴极灯电流:50～80 mA;载气:氩气;载气流速:500 mL/min;屏蔽气流速:800 mL/min;测量方式:荧光强度;读数方式:峰面积。

3. 标准曲线制作

取 25 mL 容量瓶或比色管 6 支,依次准确加入 1.00 $\mu g/mL$ 砷标准使用液 0.00 mL、0.10 mL、0.25 mL、0.50 mL、1.50 mL 及 3.0 mL(分别相当于砷浓度 0.0 ng/mL、4.0 ng/mL、10 ng/mL、20 ng/mL、60 ng/mL 及 120 ng/mL),各加入硫酸溶液(1+9)12.5 mL,硫脲+抗坏血酸溶液 2 mL,补加水至刻度,混匀后放置 30 min 后测定。

4. 样品溶液的测定

相同条件下,将样品溶液分别引入仪器进行测定。根据回归方程计算出样品中砷元素的浓度。

六、结果计算

$$X = \frac{(c - c_0) \times V}{m \times 1000} \tag{4-1}$$

式中,X 为样品中砷的含量,mg/L 或 mg/kg;c 为试样被测液中砷的测定浓度,ng/mL;

c_0 为试样空白消化液中砷的测定浓度,ng/mL;V 为试样消化液总体积,mL;m 为试样质量,g 或者 mL;1000 为换算系数。

七、注意事项

1. 计算结果保留两位有效数字。

2. 在重复性条件下获得的两次独立测定结果的绝对差值不得超过算术平均值的20%。

3. 检样量为 1 g,定容体积为 25 mL 时,方法检出限为 0.010 mg/kg,方法定量限为 0.040 mg/kg。

八、思考题

氢化物发生原子荧光光谱法测定食品中总砷的实验原理是什么?

实验 4-2　食品中无机砷的测定(液相色谱-原子荧光光谱法)

一、实验目的

1. 掌握原子荧光光谱法测定食品中总砷的原理。
2. 掌握原子荧光光谱法测定食品中总砷的操作方法。
3. 掌握样品经湿法消解或干灰化法的处理方法。

二、实验原理

食品中无机砷经硝酸提取后,以液相色谱进行分离,分离后的目标化合物在酸性环境下与 KBH_4 反应生成气态砷化合物,用原子荧光光谱仪进行测定,采用保留时间定性,外标法定量。本方法参照食品安全国家标准——食品中总砷及无机砷的测定(液相色谱-原子荧光光谱法 GB 5009.11—2014),适用于稻米、水产动物、婴幼儿谷物辅助食品、婴幼儿罐装食品中无机砷(包括砷酸盐及亚砷酸盐)含量的测定。

三、试剂

1. 磷酸二氢铵、硼氢化钾、氢氧化钾、硝酸、盐酸、氨水、正己烷、三氧化二砷标准品(纯度≥99.5%)、砷酸二氢钾标准品(纯度≥99.5%)。

2. 盐酸溶液(20%):量取 200 mL 盐酸,溶于水并稀释至 1000 mL。

3. 硝酸溶液(0.15 mol/L):量取 10 mL 硝酸,溶于水并稀释至 1000 mL。

4. 氢氧化钾溶液(100 g/mL):量取 10 g 氢氧化钾,溶于水并稀释至 100 mL。

5. 氢氧化钾溶液(5 g/L):称取 5 g 氢氧化钾,溶于水并稀释至 1000 mL。

6. 硼氢化钾(30 g/L):称取 30 g 硼氢化钾,用 5 g/mL 氢氧化钾溶液溶解并定容至 1000 mL。现配现用。

7. 磷酸二氢铵(20 mmol/L):称取 2.3 g 磷酸二氢铵,溶于 1000 mL 水中,以氨水调节 pH 至 8.0,经过 0.45 μm 水系滤膜过滤后,于超声水浴中超声脱氢 30 min,备用。

8. 磷酸二氢铵溶液(1 mmol/L):量取 20 mmol/L 磷酸二氢铵 50 mL,水稀释至 1000 mL,以氨水调 pH 至 9.0,经 0.45 μm 水系滤膜过滤后,于超声水浴中超声脱氢 30 min,备用。

9. 磷酸二氢铵溶液(15 mmol/L):称取 1.7 g 磷酸二氢铵,溶于 1000 mL 水中,以氨水调节 pH 至 6.0,经 0.45 μm 水系滤膜过滤后,于超声水浴中超声脱氢 30 min,备用。

10. 亚砷酸盐[AS(Ⅲ)]标准储备液(100 mg/L,按 As 计):准确称取三氧化二砷 0.0132 g,加 100 g/L 氢氧化钾溶液 1 mL 和少量水溶解,转入 100 mL 容量瓶中,加入适量盐酸调整其酸度近中性,加水稀释至刻度。4 ℃保存,保存期一年。

11. 砷酸盐[AS(Ⅴ)]标准储备液(100 mg/L,按 As 计):准确称取砷酸二氢钾 0.0240 g,水溶解,转入 100 mL 容量瓶中,加水稀释至刻度。4 ℃保存,保存期一年。

12. AS(Ⅲ)、AS(Ⅴ)混合标准使用液(1.00 mg/L,按 As 计):分别准确吸取 1.0 mL As(Ⅲ)标准储备液(100 mg/L)、1.0 mL AS(Ⅴ)标准储备液(100 mg/L)于 100 mL 容量瓶中,加水稀释并定容至刻度。现配现用。

四、仪器

液相色谱-原子荧光光谱联用仪［LC－AFS,由液相色谱仪(包括液相色谱泵和手动进样阀)与原子荧光光谱仪组成]、组织匀浆器、高速粉碎机、冷却干燥机、离心机(转速≥8000 r/min)、pH 计、分析天平、电热恒温干燥箱、C_{18} 净化小柱或等效柱。

五、操作步骤

1. 试样预处理

(1)稻米样品:称取约 1.0 g 稻米试样(准确至 0.001 g)于 50 mL 塑料离心管中,加入 20 mL 0.15 mol/L 硝酸溶液,放置过夜。于 90 ℃恒温箱中热浸提 2.5 h,每 0.5 h 振摇 1 min。提取完毕,取出冷却至室温,在 8000 r/min 离心 15 min,取上层清液,经 0.45 μm 有机滤膜过滤后进行测定。按照同一操作方法作空白试验。

(2)水产动物样品:称取约 1.0 g 水产动物湿样(准确至 0.001 g),置于 50 mL 塑料离心管中,加入 20 mL 0.15 mol/L 硝酸溶液,放置过夜。于 90 ℃恒温箱中热浸提 2.5 h,每 0.5 h 振摇 1 min。提取完毕,取出冷却至室温,在 8000 r/min 离心 15 min,取 5 mL 上层清液置于离心管中,加入 5 mL 正己烷,振摇 1 min 后,在 8000 r/min 离心 15 min,弃去上层正己烷。按此过程重复一次。吸取下层清液,经 0.45 μm 有机滤膜过滤及 C_{18} 小柱净化后进样。按照同一操作方法作空白试验。

(3)婴幼儿辅助食品样品:称取婴幼儿辅助食品约 1.0 g(准确至 0.001 g)于 15 mL 塑料离心管中,加入 10 mL 0.15 mol/L 硝酸溶液,放置过夜。于 90 ℃恒温箱中热浸提 2.5 h,每 0.5 h 振摇 1 min。提取完毕,取出冷却至室温,在 8000 r/min 离心 15 min,取 5 mL 上层清液置于离心管中,加入 5 mL 正己烷,振摇 1 min 后,在 8000 r/min 离心 15 min,弃去上层正己烷。按此过程重复一次。吸取下层清液,经 0.45 μm 有机滤膜过滤及 C_{18} 小柱净化后进样。按照同一操作方法作空白试验。

2. 仪器参考条件

(1)液相色谱参考条件

色谱柱:阴离子交换色谱柱(柱长 250 mm,内径 4 mm),或等效柱。阴离子交换色谱保护柱(柱长 10 mm,内径 4 mm),或等效柱;流动相组成:①等度洗脱流动相:15 mmol/L 磷酸二氢铵(pH＝6.0),流动相洗脱方式:等度洗脱。流动相流速:1.0 mL/min;进样体积:100 μL。等度洗脱适用于稻米及稻米加工食品。②梯度洗脱:流动相 A:1 mmol/L 磷酸二氢铵溶液(pH＝9.0);流动相 B:20 mmol/L 磷酸二氢铵溶液(pH＝8.0),梯度洗脱程序见表 4-1 所列。流动相流速:1.0 mL/min;进样体积:100 μL。梯度洗脱适用于水产动物样品、含水产动物组成的样品、含藻类等海产植物的样品等。

表 4-1　流动相梯度洗脱程序

组成	时间/min					
	0	8	10	20	22	32
流动相 A/%	0	100	0	0	100	100
流动相 B/%	100	0	100	100	0	0

(2)原子荧光检测参考条件

负高压:320V;砷灯总电流:90 mA;主电流/辅助电流:55/35;原子化方式:火焰原子化;原子化器温度:中温;载液:20%盐酸溶液,流速 4 mL/min;还原剂:30 g/L 硼氢化钾溶液,流速 4 mL/min;载气流速:400 mL/min;辅助气流速:400 mL/min。

3. 标准曲线制作

取 7 只 10 mL 容量瓶,分别准确加入 1.00 mg/L 混合标准使用液 0.00 mL、0.05 mL、0.10 mL、0.20 mL、0.30 mL、0.50 mL 及 1.00 mL,加水稀释至刻度,此标准系列溶液的浓度分别为 0.0 ng/mL、5.0 ng/mL、10 ng/mL、20 ng/mL、30 ng/mL、50 ng/mL 及 100 ng/mL。

4. 试样溶液的测定

吸取试样溶液 100 μL 注入液相色谱-原子荧光光谱仪连用仪中,得到色谱图,以保留时间定性。根据标准曲线得到试样溶液中 AS(Ⅲ)与 AS(V)含量,AS(Ⅲ)与 AS(V)含量的加和为总无机砷含量,平行测定次数不少于两次。

六、结果计算

$$X = \frac{(C - C_0) \times V}{m \times 1000} \qquad (4-2)$$

式中,X 为样品中无机砷的含量(以 As 计),mg/kg;C_0 为空白溶液中无机砷化合物浓度,ng/mL;C 为测定溶液中无机砷化合物浓度,ng/mL;V 为试样消化液体积,mL;m 为试样质量,g;1000 为换算系数。

七、注意事项

1. 总无机砷含量等于 AS(Ⅲ)含量与 AS(V)含量的加和。

2. 所用玻璃器皿均需以硝酸溶液(1+4)浸泡 24 h,用水反复冲洗,最后用去离子水冲洗干净。

3. 计算结果保留两位有效数字。

4. 精密度:在重复性条件下获得的两次独立测定结果的绝对差值不得超过算术平均值的 20%。

5. 检出限:检样量为 1 g,定容体积为 20 mL 时,方法检出限为:水稻 0.02 mg/kg、水产动物 0.08 mg/kg、婴幼儿食品 0.05 mg/kg。

八、思考题

简述液相色谱-原子荧光光谱联用仪的工作原理是什么?

实验 4-3　食品中铜元素的测定(原子吸收光谱法)

一、实验目的

1. 掌握原子吸收分光光度法测定食品中铜元素的原理。
2. 掌握原子吸收分光光度计的操作方法。

二、实验原理

试样经预处理后,导入原子吸收分光光度计中,经火焰或石墨炉原子化器原子化以后,吸收 324.8 nm 共振线,其吸收值与样品中铜的含量成正比,通过与标准系列比较进行定量。本方法参照国家标准——食品中铜元素的测定(原子吸收光谱法 GB/T 5009.13—2003),适用于食品中铜的测定。

三、试剂

1. 硝酸、石油醚。
2. 硝酸(10%):取 10 mL 硝酸于适量蒸馏水中,稀释至 100 mL。
3. 硝酸(0.5%):取 0.5 mL 硝酸于适量蒸馏水中,稀释至 100 mL。
4. 硝酸(1+4):取 20 mL 硝酸加入 80 mL 蒸馏水中,混匀。
5. 硝酸(4+6):取 40 mL 硝酸加入 60 mL 蒸馏水中,混匀。
6. 铜标准溶液(1.0 mg/mL):准确称取 1.000 g 金属铜(含量 99.99%),分次加少量的硝酸(4+6)溶解,总量不超过 37 mL,转移至 1000 mL 容量瓶中,定容到刻度。
7. 铜标准使用液 I(1.0 μg/mL):取 10.0 mL 铜标准溶液于 100 mL 容量瓶中,用 0.5% 硝酸溶液稀释至刻度,摇匀,多次稀释至溶液中铜浓度为 1.0 μg/mL。
8. 铜标准使用液 II(0.1 μg/mL):按 7 方式,将铜标准溶液稀释至 0.1 μg/mL。

四、仪器

原子吸收分光光度计、马弗炉、捣碎机等。

五、操作步骤

1. 试样预处理

(1)谷类(去壳)、咖啡、茶叶等磨碎,过 20 目筛,混匀。果蔬等试样取可食部分切碎、匀浆。称取 1.00~5.00 g 试样于瓷坩埚中,加 5 mL 硝酸,静置 0.5 h。小火蒸干,继续加热炭化,移入马弗炉中,500 ℃±25 ℃灰化 1 h,冷却,加入 1 mL 硝酸浸湿灰分,小火蒸干。再移入马弗炉中,500 ℃灰化 0.5 h,冷却后取出,以用 1 mL 硝酸(1+4)溶解 4 次,全部移入 10.0 mL 容量瓶中,定容至刻度,备用。取与消化试样相同量的硝酸,按同样方法做试剂空白试验。

(2)水产品类:取可食部分捣成匀浆。称取 1.00~5.00 g,置于瓷坩埚中,之后样品处理方法同(1)。

(3)乳、炼乳、乳粉:称取 2.00 g 混匀试样,置于瓷坩埚中,之后样品处理方法同(1)。

(4)油脂类:称取 2.00 g 混匀试样(固体油脂先加热融化)于 100 mL 分液漏斗中,加 10 mL 石油醚,用 10%硝酸提取 2 次,每次 5 mL,振摇 1 min,合并提取液于 50 mL 容量瓶中,定容至刻度,混匀,备用。同时做试剂空白试验。

(5)饮料、酒、醋、酱油等液体试样,可直接取样测定,固形物较多或仪器灵敏度不足时,可把试样浓缩按(1)中方法进行操作。

2. 火焰法

分别吸取 0.0 mL、1.0 mL、2.0 mL、4.0 mL、6.0 mL、8.0 mL 及 10.0 mL 铜标准使用液 I(1.0 μg/mL),置于 10 mL 容量瓶中,加 0.5%硝酸稀释至刻度,混匀。容量瓶中铜的含量分别为 0.0 μg/mL、0.1 μg/mL、0.2 μg/mL、0.4 μg/mL、0.6 μg/mL、0.8 μg/mL 及 1.00 μg/mL。

将经过预处理后的样液、试剂空白液以及各浓度的铜标准液分别导入已调至最佳状态的火焰原子化器中进行测定。仪器参考条件为波长:324.8 nm;灯电流:2～6 mA;空气流量:9 L/min;乙炔流量:2 L/min;光谱通带:0.5 nm;灯头高度:6 mm,氘灯背景校正。以标准溶液中铜的含量为横坐标,以对应的吸光值为纵坐标,制作标准曲线,通过测定样品溶液的吸光值与系列标准比较定量,计算样品中铜的含量。

3. 石墨炉法

分别吸取 0 mL、1.0 mL、2.0 mL、4.0 mL、6.0 mL、8.0 mL 及 10.0 mL 铜标准使用液 II(0.10 μg/mL)置于 10 mL 容量瓶中,加 0.5%硝酸稀释至刻度,摇匀。各容量瓶中铜的浓度相当于 0 μg/mL、0.01 μg/mL、0.02 μg/mL、0.04 μg/mL、0.06 μg/mL、0.08 μg/mL 及 0.10 μg/mL。将处理后的样液、试剂空白液以及各容量瓶中铜标准液 9～20 μL 分别导入调至最佳条件的石墨炉原子化器中进行测定。

仪器参考条件为波长:324.8 nm;灯电流 2～6 mA,光谱通带 0.5 nm,保护气体 1.5 L/min(原子化阶段停气)。操作参数:干燥 90 ℃,20 s;灰化,20 s;升到 800 ℃,20 s;原子化 2300 ℃,4 s。以铜标准溶液 II 中系列浓度和对应吸光度,绘制标准曲线或计算直线回归方程,通过测定试样吸收值与标准曲线比较或代入直线回归方程得出铜的含量。

如有氯化钠或其他物质干扰时,可在进样前用 1 mg/mL 硝酸铵或磷酸二氢铵稀释,也可以进样后(石墨炉)再加入与试样等量的上述物质作为基体改进剂。

六、结果计算

1. 火焰法

$$X = \frac{(A_1 - A_2) \times V}{m} \qquad (4-3)$$

式中,X 为试样中铜的含量,单位为毫克每升或毫克每千克(mg/L 或 mg/kg);A_1 为测定用试样中铜的含量,单位为微克每毫升(μg/mL);A_2 为试剂空白液中铜的含量,单位为微克每毫升(μg/mL);V 为试样处理后的总体积,单位为毫升(mL);m 为试样体积或质量,单位为毫升或克(mL 或 g)。

2. 石墨炉法

$$X = \frac{(A_1 - A_2) \times V}{m \times \frac{V_1}{V_2}} \qquad (4-4)$$

式中,X 为试样中铜的含量,mg/L 或 mg/kg;A_1 为测定用试样消化液中铜的质量,μg;A_2 为试剂空白液中铜的质量,μg;m 为试样体积(质量),mL 或 g;V_1 为试样消化液的总体积,mL;V_2 为测定用试样消化液体积,mL。

七、注意事项

1. 所用玻璃仪器均用 10％硝酸溶液浸泡 24 h 以上,再用水反复冲洗,最后用去离子水冲洗干净晾干后,备用。

2. 火焰原子化法检出限为 1.0 mg/kg;石墨炉原子化法检出限为 0.1 mg/kg。

3. 所有计算结果保留两位有效数字,试样含量超过 10 mg/kg 时保留三位有效数字。

4. 精密度要求在重复性条件下获得的两次独立测定结果的绝对差值不能超过算术平均值的 10％。

八、思考题

简述原子吸收光谱法测定食品中铜元素的实验原理。

实验 4－4　食品中镉的测定(石墨炉原子吸收光谱法)

一、实验目的

　　1. 掌握石墨炉原子吸收光谱法测定食品中镉的实验原理。

　　2. 掌握原子吸收分光光度计的操作技能。

二、实验原理

　　试样经灰化或酸消解后,注入一定量样品消化液于原子吸收分光光度计石墨炉中,电热原子化后吸收 228.8 nm 共振线,在一定浓度范围内,其吸光度值与镉含量成正比,采用标准曲线法定量。

　　本方法参照中华人民共和国国家标准食品安全国家标准——食品中镉的测定(石墨炉原子吸收光谱法 GB 5009.15—2014),适用于各类食品中镉的测定。

三、试剂

　　1. 硝酸(优级纯)、盐酸(优级纯)、高氯酸(优级纯)、过氧化氢(30%)、磷酸二氢铵、金属镉(Cd)标准品(纯度为 99.99% 或类似标准物质)。

　　2. 硝酸溶液(1%):取 10.0 mL 浓硝酸加入 100 mL 水中,稀释至 1000 mL。

　　3. 盐酸溶液(1+1):取 50 mL 浓盐酸慢慢加入 50 mL 水中。

　　4. 硝酸及高氯酸混合溶液(9+1),取 9 份浓硝酸与 1 份高氯酸混合。

　　5. 磷酸二氢铵溶液(10 g/L):称取 10.0 g 磷酸二氢铵,用 100 mL 硝酸溶液(1%)溶解后定量移入 1000 mL 容量瓶,用硝酸溶液(1%)定容至刻度。

　　6. 镉标准储备液(1000 mg/L):准确称取 1 g 金属镉标准品(精确至 0.0001 g)于小烧杯中,分次加 20 mL 盐酸溶液(1+1)溶解,加 2 滴硝酸,移入 1000 mL 容量瓶中,用水定容至刻度,混匀;或购买经国家认证并授予标准物质证书的标准物质。

　　7. 镉标准使用液(100 ng/mL):吸取镉标准储备液 10.0 mL 于 100 mL 容量瓶中,用硝酸溶液(1%)定容至刻度,如此经多次稀释成每毫升含 100.0 ng 镉的标准使用液。

　　8. 镉标准曲线工作液:准确吸取镉标准使用液 0 mL、0.50 mL、1.0 mL、1.5 mL、2.0 mL 及 3.0 mL 于 100 mL 容量瓶中,用硝酸溶液(1%)定容至刻度,即得到含镉量分别为 0 ng/mL、0.50 ng/mL、1.0 ng/mL、1.5 ng/mL、2.0 ng/mL 及 3.0 ng/mL 的标准系列溶液。

四、仪器

　　原子吸收分光光度计(附石墨炉)、镉空心阴极灯、分析天平(感量为 0.1 和 1 mg)、可调温式电热板或电炉、马弗炉、恒温干燥箱、压力消解器或消解罐、微波消解系统(配聚四氟乙烯或其他合适的压力罐)等。

五、操作步骤

1. 试样制备

(1)干试样:粮食、豆类,去除杂质;坚果类去杂质、去壳;磨碎成均匀的样品,颗粒度不大于 0.425 mm。储于洁净的塑料瓶中,并标明标记,于室温下或按样品保存条件下保存备用。

(2)鲜(湿)试样:蔬菜、水果、肉类、鱼类及蛋类等,用食品加工机打成匀浆或碾磨成匀浆,储于洁净的塑料瓶中,并标明标记,于－18 ℃～－16 ℃冰箱中保存备用。

(3)液态试样:按样品保存条件保存备用。含气样品使用前应除气。

2. 试样消解

可根据实验室条件选用以下任何一种方法消解,称量时应保证样品的均匀性。

(1)压力消解罐消解法:称取干试样 0.2～0.5 g(精确至 0.0001 g)、鲜(湿)试样 1～2 g(精确到 0.001 g)于聚四氟乙烯内罐,加硝酸 5 mL 浸泡过夜。再加过氧化氢溶液(30%)2～3 mL(总量不能超过罐容积的 1/3)。盖好内盖,旋紧不锈钢外套,放入恒温干燥箱,120 ℃～160 ℃保持 3～6 h,在箱内自然冷却至室温,打开后加热赶酸至近干,将消化液洗入10 mL 或 25 mL 容量瓶中,用少量硝酸溶液(1%)洗涤内罐和内盖 3 次,洗液合并于容量瓶中并用硝酸溶液(1%)定容至刻度,混匀备用;同时做试剂空白试验。

(2)微波消解:称取干试样 0.2～0.5 g(精确至 0.0001 g)、鲜(湿)试样 1～2 g(精确到0.001 g)置于微波消解罐中,加 5 mL 硝酸和 2 mL 过氧化氢。微波消化程序可以根据仪器型号调至最佳条件。消解完毕,待消解罐冷却后打开,消化液呈无色或淡黄色,加热赶酸至近干,用少量硝酸溶液(1%)冲洗消解罐 3 次,将溶液转移至 10 或 25 mL 容量瓶中,并用硝酸溶液(1%)定容至刻度,混匀备用;同时做试剂空白试验。

(3)湿式消解法:称取干试样 0.2～0.5 g(精确至 0.0001 g)、鲜(湿)试样 1～2 g(精确到0.001 g)于锥形瓶中,放数粒玻璃珠,加 10 mL 硝酸高氯酸混合溶液(9+1),加盖浸泡过夜,加一小漏斗在电热板上消化,若变棕黑色,再加硝酸,直至冒白烟,消化液呈无色透明或略带微黄色,放冷后将消化液洗入 9～25 mL 容量瓶中,用少量硝酸溶液(1%)洗涤锥形瓶 3 次,洗液合并于容量瓶中并用硝酸溶液(1%)定容至刻度,混匀备用;同时做试剂空白试验。

(4)干法灰化:称取 0.2～0.5 g 干试样(精确至 0.0001 g)、鲜(湿)试样 1～2 g(精确到0.001 g)、液态试样 1～2 g(精确到 0.001 g)于瓷坩埚中,先小火在可调式电炉上炭化至无烟,移入马弗炉 500 ℃灰化 5～8 h,冷却。若个别试样灰化不彻底,加 1 mL 混合酸在可调式电炉上小火加热,将混合酸蒸干后,再转入马弗炉中 500 ℃继续灰化 1～2 h,直至试样消化完全,呈灰白色或浅灰色。放冷,用硝酸溶液(1%)将灰分溶解,将试样消化液移入 10 或25 mL 容量瓶中,用少量硝酸溶液(1%)洗涤瓷坩埚 3 次,洗液合并于容量瓶中并用硝酸溶液(1%)定容至刻度,混匀备用;同时做试剂空白试验。

注:实验要在通风良好的通风橱内进行。对含油脂的样品,尽量避免用湿式消解法消化,最好采用干法消化,如果必须采用湿式消解法消化,样品的取样量最大不能超过 1 g。

3. 仪器参考条件

根据所用仪器型号将仪器调至最佳状态。原子吸收分光光度计(附石墨炉及镉空心阴极灯)测定参考条件如下:(1)波长 228.8 nm,狭缝 0.2～1.0 nm,灯电流 2～10 mA,干燥温度 105 ℃,干燥时间 20 s;(2)灰化温度 400 ℃～700 ℃,灰化时间 20～40 s;(3)原子化温度 1300 ℃～2300 ℃,原子化时间 2～5 s;(4)背景校正为氘灯或塞曼效应。

4. 标准曲线的制作

将标准曲线工作液按浓度由低到高的顺序各取 20 μL 注入石墨炉,测其吸光度值,以标准曲线工作液的浓度为横坐标,相应的吸光度值为纵坐标,绘制标准曲线并求出吸光度值与浓度关系的一元线性回归方程。标准系列溶液应不少于 5 个点的不同浓度的镉标准溶液,相关系数不应小于 0.995。如果有自动进样装置,也可用程序稀释来配制标准系列。

5. 试样溶液的测定

在与测定标准曲线工作液相同的实验条件下,吸取样品消化液 20 μL(可根据使用仪器选择最佳进样量),注入石墨炉,测其吸光度值。代入标准系列的一元线性回归方程中求样品消化液中镉的含量,平行测定次数不少于两次。若测定结果超出标准曲线范围,用硝酸溶液(1%)稀释后再行测定。

6. 基体改进剂的使用

对有干扰的试样,和样品消化液一起注入石墨炉 5 μL 基体改进剂磷酸二氢铵溶液 (10 g/L),绘制标准曲线时也要加入与试样测定时等量的基体改进剂。

六、结果分析

$$X = \frac{(c_1 - c_0) \times V}{m \times 1000} \qquad (4-5)$$

式中,X 为试样中镉含量,mg/kg 或 mg/L;c_1 为试样消化液中镉含量,ng/mL;c_0 为空白液中镉含量,ng/mL;V 为试样消化液定容总体积,mL;m 为试样质量或体积,g 或 mL;1000 为换算系数。

七、注意事项

1. 以重复性条件下获得的两次独立测定结果的算术平均值表示,结果保留两位有效数字。

2. 在重复性条件下获得的两次独立测定结果的绝对差值不得超过算术平均值的 20%。

3. 方法检出限为 0.001 mg/kg,定量限为 0.003 mg/kg。

4. 除非另有说明,本方法所用试剂均为分析纯,水为 GB/T 6682 规定的二级水。

5. 所用玻璃仪器均需以硝酸溶液(1+4)浸泡 24 h 以上,用水反复冲洗,最后用去离子水冲洗干净。

八、思考题

1. 简述石墨炉原子吸收光谱法测定食品中镉的实验原理。

2. 怎样提高本实验的精密度?

实验 4-5　食品中铅的测定(火焰原子吸收光谱法)

一、实验目的

1. 掌握火焰原子吸收光谱法测定食品中铅的实验原理。
2. 掌握原子吸收光谱仪的操作技能。

二、实验原理

试样经处理后,铅离子在一定 pH 条件下与二乙基二硫代氨基甲酸钠(DDTC)形成络合物,经 3-甲基-2-戊酮萃取分离,导入原子吸收光谱仪中,火焰原子化后,吸收 283.3 nm 共振线,其吸收量与铅含量成正比,与标准系列比较定量。

本方法参照食品安全国家标准——食品中铅的测定(火焰原子吸收光谱法 GB 5009.12—2010),适用于食品中铅的测定。

三、试剂和材料

1. 硝酸-高氯酸混合酸(9+1)。
2. 硫酸铵溶液(300 g/L):称取 30 g 硫酸铵,用水溶解并稀释至 100 mL。
3. 柠檬酸铵溶液(250 g/L):称取 25 g 柠檬酸铵,用水溶解并稀释至 100 mL。
4. 溴百里酚蓝水溶液(1 g/L)。
5. 二乙基二硫代氨基甲酸钠(DDTC)溶液(50 g/L):称取 5 g 二乙基二硫代氨基甲酸钠,用水溶解并加水至 100 mL。
6. 氨水(1+1)。
7. 3-甲基-2-戊酮(MIBK)。
8. 铅标准储备液(1.0 mg/mL)。
9. 铅标准使用液(1.0 μg/mL):精确吸取铅标准储备液,逐级稀释至 1.0 μg/mL。
10. 盐酸(1+11):取 10 mL 盐酸加入 110 mL 水中,混匀。
11. 磷酸溶液(1+10):取 10 mL 磷酸加入 100 mL 水中,混匀。

四、仪器

原子吸收光谱仪火焰原子化器、马弗炉、天平(感量为 1 mg)、干燥恒温箱、瓷坩埚、压力消解器或消解罐、可调式电热板或电炉等。

五、操作步骤

1. 试样处理

(1)饮品及酒类:取均匀试样 9～20 g(精确到 0.01 g)于烧杯中(酒类应先在水浴上蒸去酒精),于电热板上先蒸发至一定体积后,加入混合酸消化完全后,转移、定容于 50 mL 容量瓶中。

(2)包装材料浸泡液可直接吸取测定。

(3)谷类:去除其中杂物及尘土,必要时除去外壳,碾碎,过 30 目筛,混匀。称取 4～10 g

试样(精确到 0.01 g),置于 50 mL 瓷坩埚中,小火炭化,然后移入马弗炉中,500 ℃以下灰化 16 h 后,取出坩埚,放冷后再加少量混合酸,小火加热,不使干涸,必要时再加少许混合酸,如此反复处理,直至残渣中无炭粒,待坩埚稍冷,加 10 mL 盐酸,溶解残渣并移入 50 mL 容量瓶中,再用水反复洗涤坩埚,洗液并入容量瓶中,并稀释至刻度,混匀备用。取与试样相同量的混合酸和盐酸,按同一操作方法做试剂空白试验。

(4)蔬菜、瓜果及豆类:取可食部分洗净晾干,充分切碎混匀。称取 9~20 g(精确到 0.01 g)于瓷坩埚中,加 1 mL 磷酸溶液,小火炭化,以下按(3)自"然后移入马弗炉中……"起依次操作。

(5)禽、蛋、水产及乳制品:取可食部分充分混匀。称取 4~10 g(精确到 0.01 g)于瓷坩埚中,小火炭化,以下按(3)自"然后移入马弗炉中……"起依次操作。

乳类经混匀后,量取 50.0 mL,置于瓷坩埚中,加磷酸,在水浴上蒸干,再加小火炭化,以下按(3)自"然后移入马弗炉中……"起依次操作。

2. 萃取分离

视试样情况,吸取 25.0~50.0 mL 上述制备的样液及试剂空白液,分别置于 125 mL 分液漏斗中,补加水至 60 mL。加 2 mL 柠檬酸铵溶液,溴百里酚蓝水溶液 2~5 滴,用氨水调 pH 至溶液由黄变蓝,加硫酸铵溶液 10.0 mL,DDTC 溶液 10 mL,摇匀。放置 5 min 左右,加入 10.0 mL MIBK,剧烈振摇提取 1 min,静置分层后,弃去水层,将 MIBK 层放入 10 mL 带塞刻度管中,备用。分别吸取铅标准使用液 0.00 mL、0.25 mL、0.50 mL、1.00 mL、1.50 mL 及 2.00 mL(相当 0.0 μg、2.5 μg、5.0 μg、10.0 μg、15.0 μg 及 20.0 μg 铅)于 125 mL 分液漏斗中。与试样相同方法萃取。

3. 测定

(1)饮品、酒类及包装材料浸泡液可经萃取直接进样测定。

(2)萃取液进样,可适当减小乙炔气的流量。

(3)仪器参考条件:空心阴极灯电流 8 mA;共振线 283.3 nm;狭缝 0.4 nm;空气流量 8 L/min;燃烧器高度 6 mm。

六、结果计算

$$X = \frac{(c_1 - c_0) \times V_1 \times V_2}{m \times V_3} \qquad (4-6)$$

式中,X 为试样中铅的含量,mg/kg 或 mg/L;c_1 为测定用试样中铅的含量,μg/mL;c_0 为试剂空白液中铅的含量,μg/mL;m 为试样质量或体积,g 或 mL;V_1 为试样萃取液体积,mL;V_2 为试样处理液的总体积,mL;V_3 为测定用试样处理液的总体积,mL。

七、注意事项

1. 以重复性条件下获得的两次独立测定结果的算术平均值表示,结果保留两位有效数字。

2. 精密度:在重复性条件下获得的两次独立测定结果的绝对差值不得超过算术平均值的 20%。

3. 本方法检出限为 0.1 mg/kg。

八、思考题

简述火焰原子吸收光谱法测定食品中铅的工作原理。

实验 4-6　食品中铅的测定(单扫描极谱法)

一、实验目的

1. 掌握单扫描极谱法测定食品中铅的实验原理。
2. 掌握极谱分析仪的操作技能。

二、实验原理

试样经消解后,铅以离子形式存在。在酸性介质中,Pb^{2+} 与 I^- 形成的 PbI_4^{2-} 络离子具有电活性,在滴汞电极上产生还原电流。峰电流与铅含量呈线性关系,以标准系列比较定量。

本方法参照食品安全国家标准——食品中铅的测定(单扫描极谱法 GB 5009.12—2010),适用于食品中铅的测定。

三、试剂和材料

1. 底液:称取 5.0 g 碘化钾,8.0 g 酒石酸钾钠,0.5 g 抗坏血酸于 500 mL 烧杯中,加入 300 mL 水溶解后,再加入 10 mL 盐酸,移入 500 mL 容量瓶中,加水至刻度(在冰箱中可保存 2 个月)。

2. 铅标准贮备溶液(1.0 mg/mL):准确称取 0.1000 g 金属铅(含量 99.99%)于烧杯中加 2 mL(1+1)硝酸溶液,加热溶解,冷却后定量移入 100 mL 容量瓶并加水至刻度,混匀。

3. 铅标准使用溶液(10.0 μg/mL):临用时,吸取铅标准贮备溶液 1.00 mL 于 100 mL 容量瓶中,加水至刻度,混匀。

4. 硝酸-高氯酸混合酸(4+1):量取 80 mL 硝酸,加入 20 mL 高氯酸,混匀。

四、仪器

极谱分析仪、带电子调节器万用电炉、天平(感量为 1 mg)等。

五、操作步骤

1. 极谱分析参考条件单扫描极谱法(SSP 法)

选择起始电位为 -350 mV,终止电位 -850 mV,扫描速度 300 mV/s,三电极,二次导数,静止时间 5 s 及适当量程。于峰电位(E_p)-470 mV 处,记录铅的峰电流。

2. 标准曲线绘制

准确吸取铅标准使用溶液 0 mL、0.05 mL、0.10 mL、0.20 mL、0.30 mL 及 0.40 mL(相当于含 0 μg、0.5 μg、1.0 μg、2.0 μg、3.0 μg 及 4.0 μg 铅)于 10 mL 比色管中,加底液至 10.0 mL,混匀。将各管溶液依次移入电解池,置于三电极系统。按上述极谱分析参考条件测定,分别记录铅的峰电流。以含量为横坐标,其对应的峰电流为纵坐标,绘制标准曲线。

3. 试样处理

粮食、豆类等水分含量低的试样,去杂物后磨碎过 20 目筛;蔬菜、水果、鱼类、肉类等水分含量高的新鲜试样,用均浆机均浆,储于塑料瓶。

（1）试样处理（除食盐、白糖外，如粮食、豆类、糕点、茶叶、肉类等）：称取 1～2 g 试样（精确至 0.1 g）于 50 mL 三角瓶中，加入 1～20 mL 混合酸，加盖浸泡过夜。置带电子调节器万用电炉上的低挡位加热。若消解液颜色逐渐加深，呈现棕黑色时，移开万用电炉，冷却，补加适量硝酸，继续加热消解。待溶液颜色不再加深，呈无色透明或略带黄色，并冒白烟，可高档位驱赶剩余酸液，至近干，在低挡位加热得白色残渣，待测。同时做一试剂空白试验。

（2）食盐、白糖：称取试样 2.0 g 于烧杯中，待测。

（3）液体试样：称取 2 g 试样（精确至 0.1 g）于 50 mL 三角瓶中（含乙醇、二氧化碳的试样应置于 80 ℃水浴上驱赶）。加入 1～10 mL 混合酸，于带电子调节器万用电炉上的低挡位加热，以下步骤按"试样处理"项下操作，待测。

4. 试样测定

于上述待测试样及试剂空白瓶中加入 10.0 mL 底液，溶解残渣并移入电解池。以下按"标准曲线绘制"项下操作，极谱图如图 4-1 所示。分别记录试样及试剂空白的峰电流，用标准曲线法计算试样中铅含量。

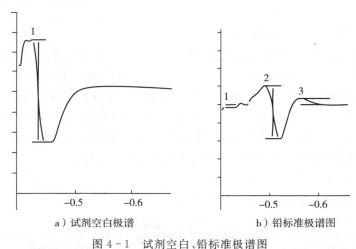

a）试剂空白极谱　　　　　b）铅标准极谱图

图 4-1　试剂空白、铅标准极谱图

六、结果计算

$$X = \frac{(A - A_0)}{m} \qquad (4-7)$$

式中，X 为试样中铅的含量，mg/kg 或 mg/L；A 为由标准曲线上查得测定样液中铅的质量，μg；A_0 为由标准曲线上查得试剂空白液中铅质量，μg；m 为试样质量或体积，g 或 mL。

七、注意事项

1. 以重复性条件下获得的两次独立测定结果的算术平均值表示，结果保留两位有效数字。

2. 在重复性条件下获得的两次独立测定结果的绝对差值不得超过算术平均值的 5.0%。

3. 本方法检出限为 0.085 mg/kg。

八、思考题

简述单扫描极谱法测定食品中铅的实验原理。

实验 4-7 食品中锌、铁、镁、锰含量的测定（原子吸收分光光度法）

一、实验目的

掌握原子吸收分光光度法同时测定面粉中铁、锰、镁、锌含量的原理和方法。

二、实验原理

样品经消化后，导入原子吸收分光光度计中，经火焰原子化后，Zn、Fe、Mg、Mn 分别吸收 213.8 nm、248.3 nm、285.2 nm、279.5 nm 的共振线，其吸收值与它们的含量成正比，通过与标准品比较可定量分析。

三、试剂

1. 常规试剂：HCl、HNO_3、$HClO_4$。

2. 常规溶液：HNO_2-$HClO_4$；混合酸（4+1，体积比）、HNO_3溶液（0.5 mol/L）。

3. Zn、Fe、Mg、Mn 标准储备液：称取金属 Zn、Fe、Mg、Mn（纯度＞99.99%）各 1.000 g，分别加入 HNO_3溶解后，移入三个 1000 mL 容量瓶中，以 HNO_3溶液稀释至刻度。储存于聚乙烯瓶中于 4 ℃保存。此三种溶液每毫升各相当于 1 mg Zn、Fe、Mg、Mn。

4. Zn、Fe、Mg、Mn 标准使用液：Fe、Mg、Mn 标准使用液的配制见表 4-2 所列。Zn、Fe、Mg、Mn 标准使用液配制后，储存于聚乙烯瓶内，于 4 ℃保存。

5. 2~3 种不同品牌的面粉，各 200 g。

除特别注明外，实验所用试剂均为分析纯，水为去离子水或蒸馏水。

表 4-2 Zn、Fe、Mg、Mn 标准使用液的配制

元素名称	标准储备液体积（mL）	稀释体积（mL）	标准使用液的浓度（μg/mL）	稀释溶液
Zn	10.0	100	100	
Fe	10.0	100	100	0.5 mol/L HNO_3溶液
Mg	5.0	100	50	
Mn	10.0	100	100	

四、仪器

原子吸收分光光度计、消化瓶（高型烧杯）、可调电炉。

五、操作步骤

1. 样品消化

（1）称取均匀样品 1.5 g 于 250 mL 消化瓶中，加混合酸 30 mL，上盖表面皿。

（2）将消化瓶置于电炉上加热消化。如果消化不彻底而酸液过少,可补加少许混合酸,继续热消化,直至无色透明为止。

（3）加少许水,加热以除去多余的 HNO_3。待消化瓶中的液体接近 2～3 mL 时,冷却。

（4）用水洗消化瓶并转移入 10 mL 刻度试管中,加水定容至刻度。

（5）取与消化试样相同量的混合酸,按上述操作做试剂空白测定。

2. 标准曲线的绘制

将 Zn、Fe、Mg、Mn 标准使用液（表 4 - 2）分别配制成不同浓度系列的标准稀释液（表 4 - 3）。

表 4 - 3　Zn、Fe、Mg、Mn 不同浓度系列标准稀释液的配制

元素名称	标准储备液体积 （mL）	稀释体积 （mL）	稀释溶液	稀释液浓度 （μg/mL）
Zn	0.5	100	0.5 mol/L HNO_3	0.5
	1			1
	2			2
	3			3
	4			4
Fe	0.5	100	0.5 mol/L HNO_3	0.5
	1			1
	2			2
	3			3
	4			4
Mg	0.5	500	0.5 mol/L HNO_3	0.05
	1			0.1
	2			0.2
	3			0.3
	4			0.4
Mn	0.5	200	0.5 mol/L HNO_3	0.25
	1			0.5
	2			1.0
	3			1.5
	4			2.0

表 4 - 4 是原子吸收分光光度法测定的操作参数。其他实验条件,包括:仪器狭缝、空气及乙炔的电流、灯头高度、元素灯电流等均按所使用的仪器说明调至最佳状态。

表 4-4　原子吸收分光光度法测定的操作参数

元素名称	波长/nm	光源	火焰
Zn	213.8		
Fe	248.3	紫外	空气-乙炔
Mg	285.2		
Mn	279.5		

将上述不同浓度系列 Zn、Fe、Mg、Mn 标准稀释液分别导入原子吸收分光光度计中,测定其吸收值。以各元素系列标准溶液的浓度与对应的吸光度绘制标准曲线。

3. 样品测定

在上述条件下,分别将样品消化液和试剂空白液导入原子吸收分光光度计,测定其吸收值。根据吸收值,从标准曲线上查出样品消化液及试剂空白液中 Zn、Fe、Mg、Mn 的浓度。

六、结果计算

$$x = \frac{(c - c_0) \times V \times 100}{m \times 1000} \qquad (4-8)$$

式中,x 为样品中某元素的含量,mg/100 g;c 为测定用样品中某元素的浓度,μg/mL;c_0 为试剂空白液中某元素的浓度,μg/mL;V 为被测试样的体积,mL;m 为样品的质量,g。

七、注意事项

1. 所用玻璃仪器应以 H_2SO_3-$K_2Cr_2O_7$ 洗液浸泡数小时,再用洗衣粉充分洗刷,然后再用水反复冲洗,最后用去离子水冲洗晒干,方可使用。

2. 微量元素分析的样品制备过程应特别注意防止各种污染。所用设备必须是不锈钢制品。所用容器必须使用玻璃或聚乙烯制品。样品取样后立即装容器密封保存,防止被空气中的灰尘和水分污染。

3. 在重复条件下获得的 2 次测定结果的绝对差值不得超过算术平均值的 10%。

八、思考题

1. 叙述你在实验中使用的原子吸收分光光度计的型号、各部件的名称和功能,并写出最佳测定条件。

2. 简述原子吸收分光光度法是如何实现多种微量元素同时测定的。

（张方艳　鲁红侠　何述栋）

第5章　食品中农药、兽药及抗生素残留的检测

实验 5-1　食品中有机氯农药多组分残留的测定
（毛细管柱气相色谱-电子捕获检测器法）

一、实验目的
1. 掌握气相色谱法测定食品中有机氯农药多组分残留的原理。
2. 熟练掌握气相色谱仪的操作技能。

二、实验原理
试样中有机氯农药组分经有机溶剂提取、凝胶色谱层析净化，用毛细管柱气相色谱分离，电子捕获检测器检测，以保留时间定性，外标法定量。

本方法参照国家标准——食品中有机氯农药多组分残留量的测定（毛细管柱气相色谱-电子捕获检测器法 GB/T 5009.19—2008）。适用于肉类、蛋类、乳类动物性食品和植物（含油脂）中 α-HCH、六氯苯、β-HCH、γ-HCH、五氯硝基苯、δ-HCH、五氯苯胺、七氯、五氯苯基硫醚、艾氏剂、氧氯丹、环氧七氯、反式氯丹、δ-硫丹、顺式氯丹、p,p′-滴滴伊（DDE）、狄氏剂、异狄氏剂、β-硫丹、p,p′-DDD、o,p′-DDT、异狄氏剂醛、硫丹硫酸盐、p,p′-DDT、异狄氏剂酮、灭蚁灵的分析。

三、试剂
1. 丙酮（重蒸）、石油醚（沸程 30 ℃～60 ℃，重蒸）、乙酸乙酯（重蒸）、环己烷（重蒸）、正己烷（重蒸）、氯化钠。

2. 无水硫酸钠：分析纯，将无水硫酸钠置干燥箱中，于 120 ℃ 干燥 4 h，冷却后，密闭保存。

3. 聚苯乙烯凝胶（Bio-BeadsS-X₃）：200～400 目，或同类产品。

4. 农药标准品：α-六六六（α-HCH）、六氯苯（HCB）、β-六六六（β-HCH）、γ-六六六（γ-HCH）、五氯硝基苯（PCNB）、δ-六六六（δ-HCH）、五氯苯胺（PCA）、七氯（Heptachlor）、五氯苯基硫醚（PCPs）、艾氏剂（Aldrin），氧氯丹（Oxychlordane）、环氧七氯（Heptachlor epoxide）、反氯丹（trans-chlordane）、α-硫丹（a-endosulfan）、顺氯丹（cis-chlordane）、p,p′-滴滴伊（p,p′-DDE）、狄氏剂（Dieldrin）、异狄氏剂（Endrin）、β-硫丹（β-endosulfan）、p,p′-滴滴滴（p,p′-DDD）、o,p′-滴滴涕（o,p′-DDT）、异狄氏剂醛（Endosulfansulfate）、硫丹硫酸盐（Endoslfansulfate）、p,p′-滴滴涕（p,p′-DDT）、异狄氏剂酮（Endrinketone）、灭蚁灵（Mirex），纯度均应不低于 98%。

5. 标准溶液的配制：分别准确称取或量取上述农药标准品适量，用少量苯溶解，再用正

己烷稀释成一定浓度的标准储备溶液。量取适量标准储备溶液,用正己烷稀释为系列混合标准溶液。

四、仪器

1. 气相色谱仪(配有电子捕获检测器)、全自动凝胶色谱系统(带有固定波长(254 nm)紫外检测器,供选择使用)、旋转蒸发仪、组织匀浆器、振荡器、氮气浓缩器。

2. 凝胶净化柱:长 30 cm,内径 2.2～2.5 cm 具活塞玻璃层析柱,柱底垫少许玻璃棉。用洗脱剂乙酸乙酯-环己烷(1+1)浸泡的凝胶,以湿法装入柱中,柱床高约 26 cm,凝胶始终保持在洗脱剂中。

五、操作步骤

1. 试样制备

蛋品去壳,制成匀浆;肉品去筋后,切成小块,制成肉糜;乳品混匀待用。

2. 提取与分配

(1)蛋类:称取试样 20 g(精确到 0.01 g)于 200 mL 具塞三角瓶中,加水 5 mL(视试样水分含量加水,使总水量约为 20 g。通常鲜蛋水分含量约 75%,加水 5 mL 即可),再加入 40 mL 丙酮,振摇 30 min 后,加入氯化钠 6 g,充分摇匀,再加入 30 mL 石油醚,振摇 30 min。静置分层后,将有机相全部转移至 100 mL 具塞三角瓶中经无水硫酸钠干燥,并量取 35 mL 于旋转蒸发瓶中,浓缩至约 1 mL,加入 2 mL 乙酸乙酯-环己烷(1+1)溶液再浓缩,如此重复 3 次,浓缩至约 1 mL,供凝胶色谱层析净化使用,或将浓缩液转移至全自动凝胶渗透色谱系统配套的进样试管中,用乙酸乙酯-环己烷(1+1)溶液洗涤旋转蒸发瓶数次,将洗涤液合并至试管中,定容至 10 mL。

(2)肉类:称取试样 20 g(精确到 0.01 g),加水 15 mL(视试样水分含量加水,使总水量约 20 g)。加 40 mL 丙酮,振摇 30 min,以下按照蛋类试样的提取、分配步骤处理。

(3)乳类:称取试样 20 g(精确到 0.01 g),鲜乳不需加水,直接加丙酮提取。以下按照蛋类试样的提取、分配步骤处理。

(4)大豆油:称取试样 1 g(精确到 0.01 g),直接加入 30 mL 石油醚,振摇 30 min 后,将有机相全部转移至旋转蒸发瓶中,浓缩至约 1 mL,加 2 mL 乙酸乙酯-环己烷(1+1)溶液再浓缩,如此重复 3 次,浓缩至约 1 mL,供凝胶色谱层析净化使用,或将浓缩液转移至全自动凝胶渗透色谱系统配套的进样试管中,用乙酸乙酯-环己烷(1+1)溶液洗涤旋转蒸发瓶数次,将洗涤液合并至试管中,定容至 10 mL。

(5)植物类:称取试样匀浆 20 g,加水 5 L(视其水分含量加水,使总水量约 20 mL),加丙酮 40 mL,振荡 3 min,加氯化钠 6 g,摇匀。加石油醚 30 mL,再振荡 30 min,以下按照蛋类试样的提取、分配步骤处理。

3. 净化(选择手动或全自动净化方法的任何一种进行)

(1)手动凝胶色谱柱净化:将试样浓缩液经凝胶柱以乙酸乙酯-环己烷(1+1)溶液洗脱,弃去 0～35 mL 流分,收集 34～70 mL 流分。将其旋转蒸发浓缩至约 1 mL,再经凝胶柱净化收集 34～70 mL 流分,蒸发浓缩,用氮气吹除溶剂,用正己烷定容至 1 mL,留待 GC 分析。

(2)全自动凝胶渗透色谱系统净化:试样由 5 mL 试样环注入凝胶渗透色谱(GPC)柱,

泵流速 5.0 mL/min,以乙酸乙酯-环己烷(1+1)溶液洗脱,弃去 0～7.5 min 流分,收集 7.4～15 min 流分,14～20 min 冲洗 GPC 柱。将收集的流分旋转蒸发浓缩至约 1 mL,用氮气吹至近干,用正己烷定容至 1 mL,留待 GC 分析。

4. 气相色谱参考条件

(1)色谱柱:DM-5 石英弹性毛细管柱,长 30m、内径 0.32 mm、膜厚 0.25 μm,或等效柱;(2)柱温:程序升温 90 ℃(1 min) $\xrightarrow{40\,℃}$ 170 ℃ $\xrightarrow{2.3\,℃}$ 230 ℃(17 min) $\xrightarrow{40\,℃/min}$ 80 ℃ (5 min);(3)进样口温度:280 ℃。不分流进样,进样量 1 μL;(4)检测器:电子捕获检测器 (ECD),温度 300 ℃;(5)载气流速:氮气,流速 1 mL/min;尾吹,25 mL/min;(6)柱前压: 0.5 MPa。

5. 色谱分析

分别吸取 1 μL 混合标准液及试样净化液注入气相色谱仪中,记录色谱图,以保留时间定性,以试样和标准的峰高或峰面积比较定量。

6. 色谱图

色谱图如图 5-1 及图 5-2 所示。出峰顺序为:α-六六六、六氯苯、β-六六六、γ-六六六、五氯硝基苯、δ-六六六、五氯苯胺、七氯、五氯苯基硫醚、艾氏剂、氧氯丹、环氧七氯、反氯丹、α-硫丹、顺氯丹、p,p′-滴滴伊、狄氏剂、异狄氏剂、β-硫丹、p,p′-滴滴滴、o,p′-滴滴涕、异狄氏剂醛、硫丹硫酸盐、p,p′-滴滴涕、异狄氏剂酮、灭蚁灵。

六、结果分析

$$X=\frac{m_1\times V_1\times f}{m\times V_2} \tag{5-1}$$

式中,X 为试样中各农药的含量,mg/kg;m_1 为被测样液中各农药的含量,ng;V_1 为样液进样体积,L;f 为稀释因子;m 为试样质量,g;V_2 为样液最后定容体积,μL。计算结果保留两位有效数字。

七、注意事项

不同基质试样的检出限见表 5-1 所列。在重复性条件下获得的两次独立测定结果的绝对差值不得超过算术平均值的 20%,方法测定不确定度参见表 5-2 所列。

表 5-1　不同基质试样的检出限　　　　(单位:μg/kg)

农药	猪肉	牛肉	羊肉	鸡肉	鱼	鸡蛋	植物油
α-六六六	0.135	0.034	0.045	0.018	0.039	0.053	0.097
六氯苯	0.114	0.098	0.051	0.089	0.030	0.060	0.194
β-六六六	0.210	0.376	0.107	0.161	0.179	0.179	0.634
γ-六六六	0.075	0.134	0.118	0.077	0.064	0.096	0.226
五氯硝基苯	0.089	0.160	0.149	0.104	0.040	0.114	0.270

（续表）

农药	猪肉	牛肉	羊肉	鸡肉	鱼	鸡蛋	植物油
δ-六六六	0.284	0.169	0.045	0.092	0.038	0.161	0.179
五氯苯胺	0.248	0.153	0.055	0.141	0.139	0.291	0.250
七氯	0.125	0.192	0.079	0.134	0.027	0.053	0.247
五氯苯基硫醚	0.083	0.089	0.078	0.050	0.131	0.082	0.151
艾氏剂	0.148	0.095	0.090	0.034	0.138	0.087	0.159
氧氯丹	0.078	0.062	0.256	0.181	0.187	0.126	0.253
环氧七氯	0.058	0.034	0.166	0.042	0.132	0.089	0.088
反氯丹	0.071	0.044	0.051	0.087	0.048	0.094	0.307
α-硫丹	0.088	0.027	0.154	0.140	0.060	0.191	0.382
顺氯丹	0.055	0.039	0.029	0.088	0.040	0.066	0.240
p,p'-滴滴伊	0.136	0.183	0.070	0.046	0.126	0.174	0.345
狄氏剂	0.033	0.025	0.024	0.015	0.050	0.101	0.137
异狄氏剂	0.155	0.185	0.131	0.324	0.101	0.481	0.481
β-硫丹	0.030	0.042	0.200	0.066	0.063	0.080	0.246
p,p'-滴滴滴	0.032	0.165	0.378	0.230	0.211	0.151	0.465
o,p'-滴滴涕	0.029	0.147	0.335	0.138	0.156	0.048	0.412
异狄氏剂醛	0.072	0.051	0.088	0.069	0.078	0.072	0.358
硫丹硫酸盐	0.140	0.183	0.153	0.293	0.200	0.267	0.260
p,p'-滴滴涕	0.138	0.086	0.119	0.168	0.198	0.461	0.481
异狄氏剂酮	0.038	0.061	0.036	0.054	0.041	0.222	0.239
灭蚁灵	0.133	0.145	0.153	0.175	0.167	0.276	0.127

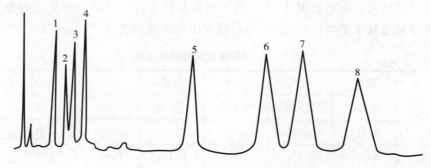

图 5-1　8 种农药的色谱图

出峰顺序：1、2、3、4 为 α-HCH，β-HCH，γ-HCH，δ-HCH；5、6、7、8 为 p,p'-DDE、o,p'-DDT、p,p'-DDD、p,p'-DDT。

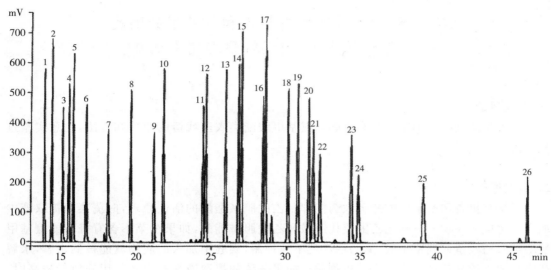

图 5-2　有机氯农药混合标准溶液的色谱图

出峰顺序：1—α-六六六；2—六氯苯；3—β-六六六；4—γ-六六六；5—五氯硝基苯；6—δ-六六六；7—五氯苯胺；8—七氯；9—五氯苯基硫醚；10—艾氏剂；11—氧氯丹；12—环氧七氯；13—反氯丹；14—α-硫丹；15—顺氯丹；16—p,p′-滴滴伊；17—狄氏剂；18—异狄氏剂；19—β-硫丹；20—p,p′-滴滴滴；21—o,p′-滴滴涕；22—异狄氏剂醛；23—硫丹硫酸盐；24—p,p′-滴滴涕；25—异狄氏剂酮；26—灭蚁灵

表 5-2　以六氯苯和灭蚁灵为目标化合物的不确定度结果

农药组分	量值/(μg/kg)	相对标准不确定度	扩展不确定度
六氯苯	15.6	0.0572	0.114
灭蚁灵	20.0	0.0369	0.0778

实验 5-2　果蔬中有机磷和氨基甲酸酯类
农药残留的快速检测（酶抑制率法）

一、实验目的

学习酶抑制率法测定果蔬有机磷和氨基甲酸酯类农药残留的原理和方法,注意实验过程的操作要点。

二、实验原理

根据有机磷和氨基甲酸酯类农药能抑制乙酰胆碱酯酶的活性原理,向蔬菜的提取液中加入生化反应底物——碘化乙酰硫代胆碱和乙酰胆碱酯酶,如果蔬菜不含有机磷或氨基甲酸酯类农药残留或残留量低,酶的活性就不被抑制,实验中加入的底物就能被酶水解,水解产物与加入的显色剂反应产生黄色物质。如果蔬菜的提取液含有农药并用残留量较高时,酶的活性被抑制,底物就不被水解,当加入显色剂时就不显色或颜色变化很小。用分光光度计在 412 nm 处或农药残毒快速检测仪测定吸光值,根据计算出的抑制率,就可以判断蔬菜中含有机磷或氨基甲酸酯类农药残留量的情况。

三、试剂

1. pH＝8.0 缓冲液:分别称取 11.9 g 无水磷酸氢二钾与 3.2 g 磷酸二氢钾,溶解于 1000 mL 蒸馏水中。

2. 乙酰胆碱酯酶(实验专用酶):根据酶活力用缓冲溶液溶解,3 min 的吸光值变化 ΔA_0 值应控制在 0.3 以上。摇匀后在 0 ℃～5 ℃冰箱中保存,保存期不超过 4 天。

3. 底物碘化乙酰硫代胆碱:称取 25.0 mg 碘化乙酰硫代胆碱,用 3.0 mL 缓冲溶液溶解,在 0 ℃～5 ℃下保存。保存期不超过 2 周。

4. 显色剂:分别称取 160 mg 二硫代二硝基苯甲酸和 15.6 mg 碳酸氢钠,用 20 mL 缓冲溶液溶解,4 ℃冰箱保存。

5. 可选用由以上试剂配置的试剂盒。乙酰胆碱酯酶的 ΔA_0 值应控制在 0.3 以上。

四、仪器

分光光度计或相应的农残快速检测仪、分析天平(0.01 g)、恒温水浴或恒温培养箱等。

五、操作步骤

1. 样品处理

选取有代表性的蔬菜样品,去掉不可食部分后称取蔬菜试样,冲洗掉表面泥土,剪成 1 cm 左右碎片。取样品 1 g,放入烧杯或提取瓶中,加入 5 mL 缓冲液,振荡 1～2 min,倒出提取液,静置 2～5 min,待用。

2. 对照溶液测试

先于试管中加入 2.5 mL 缓冲液,再加入 0.1 mL 酶液、0.1 mL 显色剂。摇匀后于 37 ℃

放置 15 min 以上(每批样品的控制时间应一致)。加入 0.1 mL 底物摇匀,此时检液开始显色反应,应立即放入比色皿中,记录反应 3 min 的吸光度的变化值 ΔA_0。

3. 样品溶液测定

先于试管中加入 2.5 mL 样品提取液,其他操作与对照测定相同,记录反应 3 min 的吸光度的变化值 ΔA_t。

六、结果计算

$$抑制率(\%) = \frac{\Delta A_0 - \Delta A_t}{\Delta A_0} \times 100\% \qquad (5-2)$$

式中,ΔA_0 为对照液反应 3 min 吸光度的变化值;ΔA_t 为样品溶液反应 3 min 吸光度的变化值。

当蔬菜样品提取液对酶的抑制率大于 50% 时,表示样品中有高剂量的有机磷或氨基甲酸酯类农药残留,可判定样品为阳性结果,对检验结果阳性的样品需重复检验两次以上。检验结果记录见表 5-3 所列。

表 5-3　检验结果记录表

样品名称	ΔA_0	ΔA_t	抑制率(%)	检验结果

七、注意事项

1. 灵敏度指标:酶抑制率法对部分农药的检出限见表 5-4 所列。

表 5-4　酶抑制率法对部分农药的检出限

农药名称	检出限(mg/kg)	农药名称	检出限(mg/kg)
敌敌畏	0.1	氧化乐果	0.8
对硫磷	1.0	甲基异柳磷	5.0
辛硫磷	0.3	灭多威	0.1
甲胺硫	2.0	丁硫克百威	0.05
马拉硫磷	4.0	敌百虫	0.2
乐果	3.0	呋喃丹	0.05

2. 对检验结果阳性的样品,需用其他方法进一步确定残留农药的种类和进行定量测定。

3. 葱、蒜、萝卜、韭菜、香菜、茭白、蘑菇和番茄汁液中,含有对酶有影响的植物次生物质,容易产生假阳性,处理样品时,可采取整株(体)蔬菜浸提或采用表面测定法。对一些含叶绿素较高的蔬菜,也可采取整株(体)蔬菜浸提法,减少色素的干扰。

4. 当温度条件低于 37 ℃时,酶反应速度随之放慢,药片加液后放置反应的时间也应相对延长,延长时间的确定,应以胆碱酯酶空白对照测试的吸光度变化 ΔA_0 在 0.3 以上为准。注意样品放置时间应与空白对照溶液放置时间一致才有可比性。酶的活性不够和温度太低,都可能造成胆碱酯酶空白对照液 3 min 的吸光度 ΔA_0 变化值<0.3。

5. 该法适用于大量蔬菜样本的筛检,不适用于最后的仲裁检测。

八、思考题

1. 影响胆碱酯酶抑制检测法的因素有哪些? 如何解决?

2. 对检验结果为阳性样品可用何种检测方法进行进一步的定性和定量?

实验 5-3　水果、蔬菜、谷类中有机磷农药
多残留的测定(气相色谱法)

一、实验目的

学习气相色谱法测定水果、蔬菜、谷类中有机磷农药多残留的原理和方法,注意实验过程的操作要点。

二、实验原理

含有机磷的试样在富氢焰上燃烧,以 HPO 碎片的形式,放射出波长 526 nm 的特性光;这种光通过滤光片选择后,由光电倍增管接收,转换成电信号,经微电流放大器放大后被记录下来。试样的峰面积或峰高与标准品的峰面积或峰高进行比较定量。

本方法参照国家标准——食品中有机磷农药残留量的测定(气相色谱法 GB/T 5009.20—2003),适用于使用过敌敌畏等二十种农药制剂(敌敌畏、速灭磷、久效磷、甲拌磷、巴胺磷、二嗪磷、乙嘧硫磷、甲基嘧啶磷、甲基对硫磷、稻瘟净、水胺硫磷、氧化喹硫磷、稻丰散、甲喹硫磷、克线磷、乙硫磷、乐果、喹硫磷、对硫磷、杀螟硫磷)的水果、蔬菜、谷类等作物的残留量分析。

三、试剂

1. 丙酮、二氯甲烷、氯化钠、无水硫酸钠、助滤剂 Celite 545。

2. 农药标准品如下:

(1)敌敌畏(DDVP):纯度≥99%。

(2)速灭磷(mevinphos):顺式纯度≥60%,反式纯度≥40%。

(3)久效磷(monocrotophos):纯度≥99%。

(4)甲拌磷(phorate):纯度≥98%。

(5)己胺磷(propetumphos):纯度≥99%。

(6)二嗪磷(diazinon):纯度≥98%。

(7)乙嘧硫磷(etrimfos):纯度≥97%。

(8)甲基嘧啶磷(pirimiphos-methyl):纯度≥99%。

(9)甲基对硫磷(parathion-methyl):纯度≥99%。

(10)稻瘟净(kitazine):纯度≥99%。

(11)水胺硫磷(isocarbophos):纯度≥99%。

(12)氧化喹硫磷(po-quinalphos):纯度≥99%。

(13)稻丰散(phenthoate):纯度≥99.6%。

(14)甲喹硫磷(methdathion):纯度≥99.6%。

(15)克线磷(phenamiphos):纯度≥99.9%。

(16)乙硫磷(ethion):纯度≥95%。

(17)乐果(dimethoate)t 纯度≥99.0%。

(18)喹硫磷(quinaphos):纯度≥98.2%。

(19)对硫磷(parathion):纯度≥99.0%。

(20)杀螟硫磷(fenitrothion):纯度≥98.5%。

3. 农药标准溶液的配制:分别准确称取标准品,用二氯甲烷为溶剂,分别配制成 1.0 mg/mL 的标准储备液,贮于冰箱(4 ℃)中,使用时根据各农药品种的仪器响应情况,吸取不同量的标准储备液,用二氯甲烷稀释成混合标准使用液。

四、仪器

组织捣碎机、粉碎机、旋转蒸发仪、气相色谱仪(附有火焰光度检测器)等。

五、操作步骤

1. 试样的制备

取粮食试样经粉碎机粉碎,过 20 目筛制成粮食试样;水果、蔬菜试样去掉非可食部分后制成待分析试样。

2. 提取

(1)水果、蔬菜:称取 50.00 g 试样,置于 300 mL 烧杯中,加入 50 mL 水和 100 mL 丙酮(提取液总体积为 150 mL),用组织捣碎机提取 1~2 min。匀浆液经铺有两层滤纸和约 10 g Celite 545 的布氏漏斗减压抽滤。取滤液 100 mL 移至 500 mL 分液漏斗中。

(2)谷物:称取 25.00 g 试样,置于 300 mL 烧杯中,加入 50 mL 水和 100 mL 丙酮,以下步骤同(1)水果、蔬菜。

3. 净化

向滤液中加入 9~15 g 氯化钠使溶液处于饱和状态。猛烈振摇 2~3 min,静置 10 min,使丙酮与水相分层,水相用 50 mL 二氯甲烷振摇 2 min,再静置分层。将丙酮与二氯甲烷提取液合并经装有 20~30 g 无水硫酸钠的玻璃漏斗脱水滤入 250 mL 圆底烧瓶中,再以约 40 mL 二氯甲烷分数次洗涤容器和无水硫酸钠。洗涤液也并入烧瓶中,用旋转蒸发器浓缩至约 2 mL,浓缩液定量转移至 4~25 mL 容量瓶中,加二氯甲烷定容至刻度。

4. 色谱参考条件

(1)色谱柱:a)玻璃柱 2.6 mm×3 mm(i. d),填装涂有 4.5%DC-200＋2.5%OV-17 的 Chromosorb W A W DMCS(80~100 目)的载体;b)玻璃柱 2.6 m×3 mm(i.d),填装涂有质量分数为 1.5%的 QF-1 的 Chromosorb W A W DMCS(60~80 目)。

(2)气体速度:氮气 50 mL/min、氢气 100 mL/min、空气 50 mL/min。

(3)温度:柱箱 240 ℃,汽化室 260 ℃、检测器 270 ℃。

5. 测定

吸取 2~5 μL 混合标准液及试样净化液注入色谱仪中,以保留时间定性。以试样的峰高或峰面积与标准比较定量。

六、结果计算

$$X_i = \frac{A_i \times V_1 \times V_3 \times E_i}{A_{si} \times V_2 \times V_4 \times m} \tag{5-3}$$

式中,X_i 为 i 组分有机磷农药的含量,mg/kg;A_i 为试样中 i 组分的峰面积,积分单位;A_{si} 为

混合标准液中 i 组分的峰面积,积分单位;V_1 为试样提取液的总体积,mL;V_2 为净化用提取液的总体积,mL;V_3 为浓缩后的定容体积,mL;V_4 为进样体积,μL;E_i 为注入色谱仪中的 i 标准组分的质量,ng;m 为试样的质量,g。计算结果保留两位有效数字。

七、注意事项

1. 在重复性条件下获得的两次独立测定结果的绝对差值不得超过算术平均值的 15%。
2. 16 种有机磷农药(标准溶液)的色谱图,如图 5-3 所示。
3. 13 种有机磷农药的色谱图如图 5-4 所示。

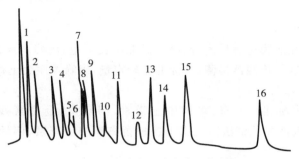

图 5-3　16 种有机磷农药的色谱图

最低检测浓度分别为:1—敌敌畏 0.005 mg/kg;2—速灭磷 0.004 mg/kg;3—久效磷 0.014 mg/kg;4—甲拌磷 0.004 mg/kg;5—巴胺磷 0.011 mg/kg;6—二嗪磷 0.003 mg/kg;7—乙嘧硫磷 0.003 rn g/kg;8—甲基嘧啶磷 0.004 mg/kg;9—甲基对硫磷 0.004 mg/kg;10—稻瘟净 0.004 mg/kg;11—水胺硫磷 0.005 mg/kg;12—氧化喹硫磷 0.025 mg/kg;13—稻车散 0.017 mg/kg;14—甲喹硫磷 0.014 mg/kg;15—克线磷 0.009 mg/kg;16—乙硫磷 0.014 mg/kg。

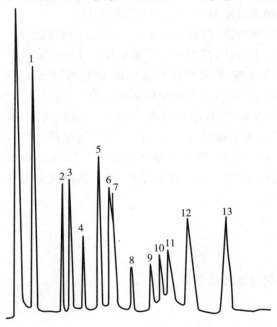

图 5-4　13 种有机磷农药的色谱图

1—敌敌畏;2—甲拌磷;3—二嗪磷;4—嘧硫磷;5—巴胺磷;6—甲基嘧啶磷;7—异稻瘟净;8—乐果;9—喹硫磷;10—甲基对硫磷;11—杀螟硫磷;12—对硫磷;13—乙硫磷

实验 5-4　畜禽肉中土霉素、四环素、金霉素残留量的测定（高效液相色谱法）

一、实验目的

1. 掌握高效液相色谱仪的工作原理及操作方法。
2. 学习用高效液相色谱仪测定食品中抗生素残留。

二、实验原理

试样经提取、微孔滤膜过滤后直接进样，标准比较定量，出峰顺序为土霉素、四环素、用反相色谱柱分离，经紫外检测器检测，与标准比较定量，出峰顺序为土霉素、四环素、金霉素，标准外标法定量。

本方法参照国家标准——畜、禽肉中土霉素、四环素、金霉素残留量的测定（GB/T 5009.116—2003 高效液相色谱法），适用于各种畜禽肉中土霉素、四环素、金霉索残留量的测定。

三、试剂

1. 乙腈（A. R.）。

2. 磷酸二氢钠溶液（0.01 mol/L）：称取 1.56 g（精确到 ±0.01 g）磷酸二氢钠溶于蒸馏水中，定容到 100 mL，经微孔滤膜（0.45 μm）过滤，备用。

3. 土霉素（OTC）标准溶液：称取土霉素 0.0100 g（精确到 ±0.0001 g），用 0.1 mol/L 盐酸溶液溶解并定容到 10.00 mL，溶液中土霉素浓度为 1 mg/mL，于 4 ℃保存。

4. 四环素（TC）标准溶液：称取四环素 0.0100 g（精确到 ±0.0001 g），用 0.01 mol/L 盐酸溶液溶解并定容到 10.00 mL，此溶液四环素浓度为 1 mg/mL，于 4 ℃保存。

5. 金霉素（CTC）标准溶液：称取食霉索 0.0100 g（精确到 ±0.0001 g），溶于蒸馏水并定容为 10.00 mL，此溶液金霉素浓度为 1 mg/mL，于 4 ℃保存。

6. 混合标准溶液：取土霉素、四环素标准溶液各 1.00 mL，取金霉素标准溶液 2.00 mL 置于 10 mL 容量瓶中加水定容。此溶液土霉素、四环素浓度为 0.1 mg/mL，金霉素浓度为 0.2 mg/mL，临用时现配。

7. 高氯酸溶液（5%）。

四、仪器

高效液相色谱仪，配置紫外检测器。

五、操作步骤

1. 色谱条件

色谱柱：ODS-C$_{18}$，5 μm，6.2 mm×15 cm；检测波长：355 nm；灵敏度：0.002AUFS；柱温：室温；流速：1.0 mL/min；进样量：10 μL；流动相：乙腈-0.01 mol/L 磷酸二氢钠溶液（用

30％硝酸溶液调节 pH 值为 2.5)体积比为 35：65,使用前超声脱气 10 min。

2. 试样测定

称取 5.00(精确到±0.01 g)切碎的肉样(＜5 mm),置于 50 mL 锥形瓶中,加入 5％高氯酸 25.0 mL,于振荡器上振荡提取 l0 min,移入到离心管中,以 2000 r/min 离心 3 min。上清液经 0.45 μm 微膜过滤,取溶液 10 μL 进样,记录峰面积或峰高。

3. 工作曲线的绘制

分别称取 7 份切碎的肉样,每份 5.00 g(精确到±0.01 g),分别加入混合标准溶液 0、25 μL、50 μL、100 μL、150 μL、200 μL 及 250 μL(含土霉素、四环素均为 0 μg、2.5 μg、5.0 μg、10.0 μg、15.0 μg、20.0 μg 及 25.0 μg;含金霉素 0、5 μg、10.0 μg、30.0 μg、40.0 μg 及 50.0 μg)。按试样测定中的方法操作,以峰面积或峰高为纵坐标,以抗生素含量为横坐标作标准工作曲线,作回归方程。

六、结果计算

$$X = \frac{c_i \times V}{m \times 1000} \tag{5-4}$$

式中,X 为试样中抗生素含量,mg/kg;c_i 为进样试样溶液中抗生素 i 的浓度,由回归方程算出,μg/mL;V 为进样试样溶液体积,μL;m 为样试样溶液体积相当的试样质量,g。

七、注意事项

1. 洗脱液应严格脱气。
2. 本操作所用来制备溶液的去离子水均应过滤。
3. 为了避免四环素类与金属离子形成螯合物及在柱上吸附,常将流动相调 pH 值至 2.5,pH＞4 便出现峰拖尾。
4. 本方法检出限为土霉素 0.15 mg/kg,四环素 0.20 mg/kg,金霉素 0.65 mg/kg。
5. 在重复性条件下获得的两次独立测定结果的绝对差值不得超过算术平均值的 10％。

八、思考题

1. 什么是反相色谱柱及反相高效液相色谱法?
2. 液相色谱法与气相色谱法的异同点?
3. 在不影响出峰顺序的前提下,采用什么方法可以达到适当加快或减慢各物质的出峰时间的目的?

实验 5-5　兽药残留快速检测

一、实验目的

掌握 HP LC - ESI - iFunnel - MS/MS 法测定兽药残留的工作原理和操作方法。

二、实验原理

采用快速固相萃取技术对样品进行净化处理,应用能够显著提高离子采样数的 iFunnel 技术,建立能够同时检测禁用兽药的 HP LC - ESI - iFunnel - MS/MS 方法,进行样品兽药残留的检测。

农业部最新公告禁用兽药目录。其中,(1)食品动物禁用的兽药中,禁用于所有食品动物的兽药(11 类);禁用于所有食品动物、用作杀虫剂、清塘剂、抗菌或杀螺剂的兽药(9 类);禁用于所有食品动物用作促生长的兽药(3 类);禁用于水生食品动物用作杀虫剂的兽药(1 类)。(2)其他违禁药物和非法添加物中,禁止在饲料和动物饮用水中使用的药物品种(5 类 40 种)。(3)禁止在饲料和动物饮用水中使用的药物品种(5 类 40 种)。

三、试剂

甲醇、乙腈、标准溶液(称取 10 mg 标准品,用甲醇溶解定容至 10 mL,配置成 1 g/L 的标准贮备液;然后,再取适量标准贮备液用甲醇稀释成 0.05~50 μg 的工作液)。

四、仪器

高效液相色谱仪、串联质谱仪、涡旋混合仪、超声波清洗器及离心机等。

五、操作步骤

1. 样品前处理

HLB 固相萃取小柱预先用 3 mL 甲醇、3 mL 水活化,然后吸取 2 mL 样品直接上样,3 mL水淋洗后抽干,最后用 3 mL 甲醇洗脱,收集洗脱液于氮气吹干,乙腈-水(1：9,v/v)定容至 1 mL,过 0.2 μm 滤膜,供上机检测。

2. 参考色谱条件

色谱柱:C$_{18}$(1.8 μm,2.1×50 mm),配有在线过滤器;流动相 A 为 0.1%甲醇水溶液,B 为乙腈;梯度洗脱程序:0~1.0 min,2% B;1.0~5.0 min,2% B~25% B;5.0~7.0 min,25% B~60% B;7.0~8.0 min,60% B~100% B;8.0~9.0 min,100% B;9.0~9.1 min,100% B~2% B;9.1~10.0 min,2% B;柱温:35 ℃;流速:0.4 mL/min;进样体积:5 mL。

3. 参考质谱条件

电离源:ESI+;毛细管电压:3500V;雾化气压力:20 psi;鞘气温度:300 ℃;鞘气流量:11 L/min;干燥气温度:250 ℃;干燥气流量:15 L/min;采集方式:多反应检测模式。

4. HP LC - ESI - iFunnel - MS/MS 测定

根据样品液中兽药残留的情况,选定峰高相近的标准工作溶液,测定相应的峰面积(或峰高)。以兽药标准溶液的峰面积(或峰高)为纵坐标,以兽药标准测定液的浓度为横坐标绘制标准曲线。将吸收溶液进行色谱分析,由兽药标准溶液的峰面积和标准曲线得到吸收液中兽药的浓度,计算样品中兽药残留的含量。空白试验,除不加样品外,按上述测定步骤进行。

六、结果计算

$$X = \frac{C \times V}{m} \qquad (5-5)$$

式中,X 为样品中兽药残留含量,$\mu g/kg$;C 为样品中兽药残留的浓度,ng/mL;V 为样品的定容体积,mL;m 为样品质量,g。计算结果需扣除空白值。

七、注意事项

1. 如果样品测定液浓度超过线性范围,用甲醇稀释后再进行测试。
2. 计算结果应扣除空白值。
3. 实验步骤中的色谱条件仅供参考,实际分析过程中应根据仪器的型号和实验条件,依据说明书,通过预备实验进行调整。

八、思考题

1. HP LC – ESI – iFunnel – MS/MS 测定兽药残留有哪些优点?
2. 比较不同食品中兽药残留的提取方法。

实验 5-6　食品中糖皮质激素类兽药残留量的检测
（液相色谱-质谱/质谱法）

一、实验目的

1. 掌握液相色谱-质谱/质谱测定兽药残留的工作原理和操作方法。
2. 掌握高效液相色谱-质谱/质谱仪的操作技能。

二、实验原理

液相色谱质谱联用仪简称 LC－MS,是有机物分析市场中的高端仪器。液相色谱(LC)能够有效地将有机物待测样品中的有机物成分分离开,而质谱(MS)能够对分开的有机物逐个地分析,得到有机物分子量、结构(在某些情况下)和浓度(定量分析)的信息。强大的电喷雾电离技术造就了 LC－MS 质谱图十分简洁,后期数据处理简单的特点。质谱首先给予被测物质能量,使被测物质按照一定规律裂解成碎片(包括带电的和不带电的)带电粒子,通过垂直的电场和磁场就能做半径固定的圆周运动,这样检测器就可以扫描出不同的半径的离子,自动计算成它们的质荷比,并按照一定顺序打成质谱图,不同类型的物质裂解规律被掌握之后,就可以根据质谱图来分析未知的物质(包括新合成的物质)的结构。

样品先加入醋酸铵缓冲溶液和 β-盐酸葡萄糖醛甙酶-芳基硫酸酯酶水解,再用乙酸乙酯提取,提取液经 HLB 固相萃取小柱净化,液相色谱-质谱/质谱测定和确证,外标法定量。

本方法参照中华人民共和国出入境检验检疫行业标准——进出口动物源性食品中糖皮质激素类兽药残留量的检测方法(液相色谱-质谱/质谱法,SN/T 2222—2008)。适用于进出口动物源性食品中曲安西龙、泼尼松龙、氢化可的松、泼尼松、地塞米松、氟米松、曲安奈德残留量测定液相色谱-质谱/质谱检测方法,以及猪肉、猪肾中糖皮质激素类兽药残留量的检测和确证。

三、试剂和材料

1. 乙腈:高效液相色谱级。
2. 正己烷:高效液相色谱级。
3. 乙酸乙酯:高效液相色谱级。
4. 甲醇:高效液相色谱级。
5. 乙酸铵。
6. 冰乙酸。
7. 无水硫酸钠:650 ℃灼烧 4 h,在干燥器内冷却至室温,贮于密封瓶中备用。
8. β-盐酸葡萄糖醛甙酶-芳基硫酸酯酶:含 β-盐酸葡萄糖醛甙酶 134600 U/mL,芳基硫酸酯酶 5200 U/mL。
9. 甲醇-水(3＋7,体积比):30 mL 甲醇与 70 mL 水混合。甲醇-水(1＋1,体积比)。
10. 甲醇-水(5＋5,体积比):50 mL 甲醇与 50 mL 水混合。
11. 醋酸铵缓冲溶液(0.02 mol/L):溶解 1.54 g 醋酸铵于 950 mL 水中,用冰乙酸调节溶液 pH 值到 5.2,最后用水稀释至 1 L。

12. 标准品纯度大于等于 97%。标准品信息见表 5 - 9 所列。

13. 糖皮质激素标准储备溶液:称取适量标准品,用甲醇溶解配制成浓度为 100 μg/mL 的标准储备溶液,-18 ℃冷冻保存,有效期 3 个月。

14. 标准工作溶液:根据需要用空白样品溶液将标准储备液稀释成地塞米松溶液浓度分别为 1 ng/mL、2 ng/mL、4 ng/mL、6 ng/mL 和 8 ng/mL,泼尼松龙的溶液浓度(猪肉)分别为 6 ng/mL、8 ng/mL、16 ng/mL、24 ng/mL 和 40 ng/mL,曲安西龙、氢化可的松、泼尼松、氟米松、曲安奈德混合溶液浓度分别为 10 ng/mL、20 ng/mL、40 ng/mL、80 ng/mL 和 100 ng/mL。临用前现配。

15. 无水硫酸钠柱:80 mm×40 mm(内径)筒形漏斗,底部垫 5 mm 脱脂棉,再装 40 mm 无水硫酸钠。

16. 固相萃取柱:Oasis(HLB)500 mg,或相当者。

17. 有机相微孔滤膜:0.45 μm。

除另有规定外,所有试剂均为分析纯,水为二次蒸馏水。

四、仪器和设备

高效液相色谱-质谱/质谱仪(配有电喷雾离子源)、旋转蒸发器、粉碎机、均质器、旋涡混合器、离心机(7000 r/min)、氮吹仪、天平(感量为 0.01 g 和 0.0001 g)、固相萃取装置、恒温箱等。

五、操作步骤

1. 试样制备与保存

从所取全部样品中取出有代表性样品约 500 g,用粉碎机粉碎,混合均匀,均分成两份,分别装入洁净容器作为试样,密封,并标明标记。将试样于-18 ℃冷冻保存。在抽样和制样的操作过程中,应防止样品污染或发生残留物含量的变化。

2. 提取

称取 5 g 试样(精确到 0.01 g)置于 50 mL 具塞塑料离心管中,加 1.5 mL 甲醇,再加入 23.5 mL 醋酸铵缓冲溶液和 40 μL β-盐酸葡萄糖醛甙酶-芳基硫酸酯酶,以 2000 r/min 混匀 1 min,于恒温箱中 37 ℃培养 16 h,以 6000 r/min 离心 5 min,量取 10.0 mL 上清液,加入 20 mL 乙酸乙酯,以 2000 r/min 混匀 1 min,以 4000 r/min 离心 5 min,将上层乙酸乙酯提取液过无水硫酸钠柱,滤液收集于浓缩瓶中,样品残渣再加入 20 mL 乙酸乙酯,重复上述操作,合并乙酸乙酯提取液,在 45 ℃以下减压浓缩至近干。

3. 净化

OasisHLB 柱使用前依次用 5 mL 甲醇和 5 mL 水预洗。用 5 mL 醋酸铵缓冲溶液溶解残渣,将溶液转移至 OasisHLB 柱,弃去流出液,用 5 mL 水和 5 mL 甲醇水溶液依次洗涤,弃去流出液,负压抽干,8 mL 甲醇洗脱,收集全部洗脱液,在 50 ℃以下水浴减压浓缩至近干,用 1.0 mL 甲醇-水定容,混匀,将溶液通过 0.45 μm 滤膜,供液相色谱-质谱/质谱仪测定。

4. 测定

(1)液相色谱-质谱/质谱条件

色谱柱:C$_8$柱,150 mm×4.6 mm(内径),5 μm 或相当者;

流动相:乙腈-水,梯度见表5-5所列。

表5-5　梯度洗脱程序

时间(min)	乙腈(%)	水(%)
0	20	80
8	50	50
15	50	50
18.5	60	40
20	60	40
21	90	10
25	90	10
25.5	20	80
28.5	20	80

流速:0.4 mL/min;

进样量:50 μL;

离子源:电喷雾离子源;

扫描方式:正离子扫描;

检测方式:多反应监测;

雾化气、气帘气、辅助气、碰撞气均为高纯氮气;使用前应调节各气体流量以使质谱灵敏度达到检测要求,参考条件参见表5-5所列;监测离子对(m/z):参见表5-9所列。

(2)高效液相色谱-质谱/质谱测定

根据试样中被测样液的含量情况,选取待测物的响应值在仪器线性响应范围内的浓度进行测定,如超出仪器线性响应范围应进行稀释。在上述色谱条件下曲安西龙、泼尼松龙、氢化可的松、泼尼松、地塞米松、氟米松、曲安奈德的参考保留时间约分别为 9.0 min、11.9 min、12.1 min、12.2 min、13.7 min、14.0 min、14.8 min,标准溶液的选择性离子流图如图5-5所示。

(3)液相色谱-质谱/质谱确证

按照液相色谱-质谱/质谱条件测定样品和标准工作溶液,样品中待测物质的保留时间与标准溶液中待测物质的保留时间偏差在±2.5%之内。定量测定时采用标准曲线法。定性时应当与浓度相当标准工作溶液的相对丰度一致,相对丰度允许偏差不超过表5-6规定的范围,则可判断样品中存在对应的彼测物。

表5-6　定性确证时相对离子丰度的最大允许偏差

相对离子丰度(%)	>50	20~50	10~20	≤10%
允许的相对偏差(%)	±20	±25	±30	50%

(4)空白试验

除不加试样外,均按上述操作步骤进行。

六、结果计算

用色谱数据处理机或按式(5-6)计算试样中糖皮质激素残留含量,计算结果需扣除空白值:

$$X_i = \frac{c_i \times V}{m} \tag{5-6}$$

式中,X_i 为试样中糖皮质激素类残留量,μg/kg;c_i 为从标准曲线上得到的糖皮质激素溶液浓度,ng/mL;V 为样液最终定容体积,mL;m 为最终样液代表的试样质量,g。

七、注意事项

1. 猪肉:地塞米松方法测定低限为 0.75 μg/kg,泼尼松龙方法测定低限为 4 μg/kg,曲安西龙、氢化可的松、泼尼松、氟米松、曲安奈德方法测定低限为 10 μg/kg。猪肾:地塞米松方法测定低限为 0.75 μg/kg,曲安西龙、泼尼松龙、氢化可的松、泼尼松、氟米松、曲安奈德方法测定低限为 10 μg/kg。

2. 回收率:不同添加浓度的回收率数据见表 5-7 所列。

表 5-7　回收率数据

基质	化合物	添加浓度(μg/kg)	回收率(%)	基质	化合物	添加浓度(μg/kg)	回收率(%)
猪肉	曲安西龙	10	71.2~94.6	猪肾	曲安西龙	10	1.4~91.2
		20	70.0~96.5			20	72.5~105.0
		40	70.7~97.7			40	70.7~92.7
	泼尼松龙	4	61.5~98.5		泼尼松龙	10	70.0~96.7
		8	63.7~105.0			20	70.0~96.5
		16	70.6~101.9			40	70.0~95.7
	氢化可的松	10	74.9~100.4		氢化可的松	10	72.1~98.4
		20	71.0~93.0			20	71.1~96.5
		40	71.5~101.2			40	71.0~99.0
	泼尼松	10	71.0~91.2		泼尼松	10	71.7~94.5
		20	73.0~97.0			20	71.5~98.0
		40	71.5~93.0			40	70.0~93.0
	地塞米松	0.75	61.3~94.7		地塞米松	0.75	62.6~97.3
		1.5	71.3~102.0			1.5	64.0~96.7
		3	67.7~101.3			3	71.7~97.0
	氟米松	10	70.1~96.3		氟米松	10	70.6~94.1
		20	71.5~91.0			20	71.5~96.5
		40	70.0~97.7			40	71.0~93.5
	由安奈德	10	71.0~92.0		由安奈德	10	71.2~96.3
		20	70.0~97.0			20	71.5~98.0
		40	70.7~85.7			40	70.7~94.0

表 5-8　糖皮质激素类药物标准品信息

名　称	英文名称	CAS 号	分子式	相对分子质量
曲安西龙	Ttriamcinolone	124 - 94 - 7	$C_{21}H_{27}FO_6$	394.43
泼尼松龙	Prcdnisolone	50 - 24 - 8	$C_{21}H_{28}O_5$	360.4
氢化可的松	Hydrocortisone	50 - 23 - 7	$C_{21}H_3O_5$	362.5
泼尼松	Prcdnisone	53 - 03 - 2	$C_{21}H_{26}O_5$	358.4
地塞米松	Dcxamcthasone	50 - 2 - 2	$C_{22}H_{29}FO_5$	392.5
氟米松	Flumcthasone	2135 - 17 - 3	$C_{22}H_{28}F_2O_5$	410.45
曲安奈德	Triamcinolone acctonide	76 - 25 - 5	$C_{24}H_{31}FO_6$	434.5

3. API 4000 LC - MS/MS 系统电喷雾离子源参考条件如下：

监测离子对及电压参数：

(1)电喷雾电压(IS)：4500V；

(2)雾化气压力(GSI)：262.01kPa(38 psi)；

(3)气帘气压力(CUR)：186.165kPa(27 psi)；

(4)辅助气流速(GS2)：310.275kPa(45 psi)；

(5)离子源温度(TEM)：525 ℃；

(6)碰撞气(CAD)34.475kPa：(5 psi)；

(7)离子对、去簇电压(DP)、碰撞能量(CE)碰撞室出口电压(CXP)见表 5-9 所列。

表 5-9　离子对、去簇电压(DP)、碰撞气能量(CE)、碰撞室出口电压(CXP)

名　称	离子对 m/z	去簇电压(DP)/V	碰撞气能量(CE)/V	碰撞室出口电压(CXP)/V
曲安西龙	395.2/357.1[a] 395.2/225.3	65	19 29	10 5
泼尼松龙	361.3/147.0[a] 361.3/325.1	61	35 16	7 9
氢化可的松	363.3/121.0[a] 363.3/309.1	90	40 25	5 7
泼尼松	359.2/147.0[a] 309.2/237.1	77	30 38	10
地塞米松	393.2/355.2[a] 393.3/237.2	63	18 28	10 12
氟米松	411.3/253.2[a] 411.3/335.2	77	26 18	6 9
曲安奈德	430.3/213.1[a] 435.3/225.1	62	39 36	10 11
a 为定量离子对				

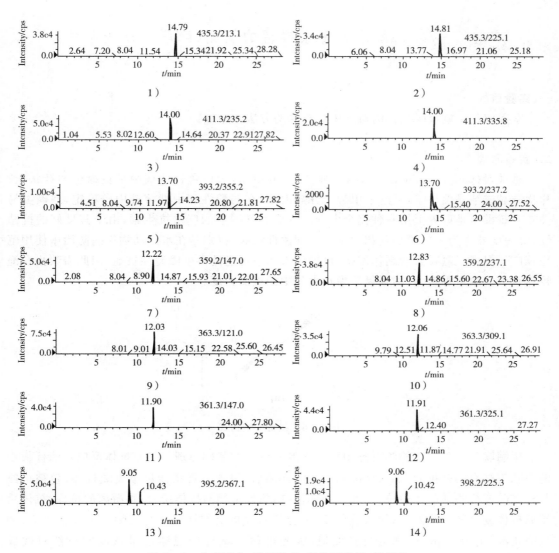

图 5-5　曲安西龙、泼尼松龙、氢化可的松、泼尼松、
地塞米松、氟米松、曲安奈德标准品的选择性离子流图

实验 5-7　对虾中氯霉素残留的检测（酶联免疫吸附法）

一、实验目的

掌握酶联免疫吸附法检测对虾中氯霉素的方法和原理。

二、实验原理

氯霉素（Chloramphenicol），结构如图 5-6 所示，为白色针状或微带黄绿色的针状、长片状结晶或结晶性粉末，易溶于甲醇、乙醇、丙酮，在弱酸性和中性溶液中较稳定，遇碱类易失效。氯霉素是世界上第一种完全由合成方法大量制造的广谱抗生素，由于其良好的抗菌性，曾一度被作为饲料添加剂和用于治疗细菌性疾病，特别是在水产动物疾病防治中使用范围较广。但由于氯霉素毒副作用强，可导致人体不可逆的再生障碍性贫血，因此需禁止在渔牧养殖中使用氯霉素，且加强氯霉素在食品中的检测力度。

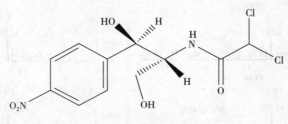

图 5-6　氯霉素结构式

用酶联免疫吸附法检测对虾中氯霉素的残留量的基础原理是抗原抗体反应。酶标板中的微孔包被有偶联抗原，加入标准品或待测样品后，再加入恩诺沙星单克隆抗体；包被抗原与标准品或待测样品竞争抗体，加入酶标记物，酶标记物与抗体结合；将游离的抗原、抗体及抗原抗体复合物洗涤除去；加入显色液，结合到酶标板上的标记物与底物产生颜色反应；加入终止液，于 450 nm 处测定吸光度值，吸光度值与试样中恩诺沙星浓度的自然对数成反比。

三、试剂

1. 乙酸乙酯、乙腈、正己烷、亚硝基铁氰化钠、硫酸锌。

2. 氯霉素酶联免疫试剂盒（2 ℃～8 ℃冰箱保存）、酶标板（96 孔，包被有偶联抗原）、氯霉素系列标准液（0 μg/L、0.05 μg/L、0.15 μg/L、0.45 μg/L、1.35 μg/L 和 4.05 μg/L）、酶标记物、氯霉素抗体（浓缩液）、底物液（A、B 液）、终止液、洗涤液（浓缩液）、缓冲液（浓缩液）。

3. 缓冲液工作液：将浓缩缓冲液（2 倍浓缩）50 mL 用水稀释至 100 mL 备用。

4. 乙腈溶液：吸取无水乙腈 84 mL，用水定容至 100 mL，混匀。

5. C 液（0.36 mol/L 亚硝基铁氰化钠缓冲液）：称取 10.7 g 亚硝基铁氰化钠，加水 50 mL 溶解，定容至 100 mL，混匀。

6. D 液（1 mol/L 硫酸锌缓冲液）：称取 28.8 g 硫酸锌，加 60 mL 水溶解，定容至

100 mL。

　　7. 除非特别说明,所用试剂为分析纯,水为蒸馏水。

四、仪器

　　酶标仪(配备 450 nm 滤光片)、旋转蒸发仪、振荡器、匀浆器、冷冻离心机、微量移液器(单道 20 μL、50 μL、100 μL 及 1000 μL,多道 250 μL)、分析天平、氮气吹干装置等。

五、操作步骤

　　1. 氯霉素提取

　　将对虾组织样品解冻,剪碎,置于组织匀浆机中高速匀浆。称取试料(3±0.01 g)置于 50 mL 离心管中,加入 6 mL 乙酸乙酯并振荡 10 min,随后 3800 r/min 室温离心 10 min。取上清液 4 mL(相当于样本约 2 g),50 ℃下氮气吹干,加入 1 mL 正己烷溶解干燥的残留物,再加 1 mL 缓冲工作液强烈振荡 1 min,3800 r/min 室温离心 15 min,取 50 μL 用于分析,稀释倍数为 0.5 倍。

　　2. 试剂制备

　　(1)洗涤液工作液:将浓缩洗涤液 40 mL(20 倍浓缩)用水稀释至 800 mL,备用。

　　(2)微孔板条:将铝箔袋剪开,取出所需的微孔板及框架,不用的微孔板放入原铝箔袋中,放进自封袋,2 ℃～8 ℃下保存。

　　(3)氯霉素抗体工作液:用缓冲液工作液以 1∶10 的比例稀释氯霉素抗体浓缩液。

　　3. 样品测定

　　(1)从 4 ℃冷藏环境中取出试剂,于室温平衡 30 min 以上,在使用试剂前将其摇匀。

　　(2)将样品和标准品对应微孔板按序编号,每个样品和标准品做平行样 2 孔,并记录标准孔和样品孔所在位置。

　　(3)加入标准品或处理好的试样 50 μL 到相应的微孔中,然后加入氯霉素抗体工作液 50 μL 到每个微孔中,用盖板膜盖板,轻轻振荡混匀,室温中反应 1 h,取出酶标板,将孔内液体甩干,加入洗涤液工作液 250 μL 到每个孔板中,洗涤 3～5 次,用吸水纸拍干。

　　(4)加入酶标记物 100 μL 到每个微孔中,盖板膜盖板,室温环境反应 30 min,取出酶标板,将微孔内液体甩干,加入洗涤液工作液 250 μL 到每个微孔中,洗涤 3～5 次,用吸水纸拍干。

　　(5)加入底物液 A 液 50 μL 和底物液 B 液 50 μL 到微孔中,轻轻振荡混匀,室温环境避光显色 30 min。

　　(6)加入终止液 50 μL 到微孔中,轻轻振荡混匀,设定酶标仪于 450 nm,测定每个微孔的吸光度值。

　　(7)空白对照试验:将样品换成水,完全按照以上步骤进行。

六、结果计算

　　按以下公式(5-7)计算百分吸光度值。

$$A_1 = \frac{B}{B_0} \times 100\% \qquad\qquad (5-7)$$

式中，B 为标准溶液或样品的平均吸光度值；B_0 为 0 浓度的标准溶液平均吸光度值。将计算的相对吸光度值（%）对应氯霉素（ng/mL）的自然对数作半对数坐标系统曲线图，对应的试样浓度可从校正曲线算出，见式（5-8）所列。

$$X = \frac{A \times f}{m \times 1000} \tag{5-8}$$

式中，X 为试样中氯霉素的含量，μg/kg；A 为试样的相对吸光度值（%）对应的氯霉素的含量，μgL；f 为试样稀释倍数；m 为试样的取样量，g。计算结果表示到小数点后两位。

七、注意事项

试剂从 4 ℃冷藏取出后，应于室温下温育 30 min 以上，且使用前要混匀。

八、思考题

简述酶联免疫吸附法检测对虾中氯霉素的原理。

实验 5-8　动物尿液中盐酸克伦特罗(瘦肉精)
残留的检测(气相色谱/质谱法)

一、实验目的

1. 掌握气相色谱-质谱法测定动物尿液中盐酸克伦特罗(瘦肉精)残留的工作原理和操作方法。

2. 掌握气相色谱仪的操作技能。

二、实验原理

盐酸克伦特罗又称"瘦肉精",是一种平喘药。该药物既不是兽药,也不是饲料添加剂,而是肾上腺类神经兴奋剂。克伦特罗在家畜和人体内吸收好,而且与其他 β-兴奋剂相比,它的生物利用度高,以致人食用了含有克伦特罗的猪肉出现中毒症状。自 2002 年 9 月 10 起在中国境内禁止在饲料和动物饮用水中使用盐酸克伦特罗。

样品在 pH=5.2 的缓冲溶液中进行提取。萃取的样液用 C_{18} 和 SCX 小柱,固相萃取净化,分离的药物残留经过双三甲基硅基三氟乙酰胺(BSTFA)衍生后用带有质量选择检测器的气相色谱仪测定。本方法参考国家农业标准——动物尿液中盐酸克伦特罗(瘦肉精)残留的检测——气相色谱/质谱(GC/MS)方法(NY/QY421—2003),适用于动物尿液中盐酸克伦特罗残留的检测,最低检出限为 1 μg/kg。

三、试剂和材料

1. 甲醇(分析纯)、甲苯(分析纯)、双三甲基硅基三氟乙酰胺。

2. 乙酸胺缓冲液(20 mmol/L,pH=5.2):将 1.45 g 乙酸胺溶解于 500~700 mL 水中,用乙酸调整 pH 值为 5.2,并稀释到 1 L。

3. 盐酸(30 mM):稀释 30 mL 1M 盐酸到 1 L 蒸馏水中。

4. 氨化甲醇:4%。用甲醇稀释 4 mL 氨溶液(比重 0.88)至 100 mL。

5. C_{18} 小柱(supelclean LC-18 SeD Pak 小柱 500 mg,3 mL)。

6. SCX 小柱(supelclean,LC-SCX Sep Pak 小柱 500 mg,3 mL)。

7. 盐酸克仑特罗储备液(精确称取适量的盐酸克仑特罗标准品,用甲醇配成浓度约 1 mg/mL 的标准储备液)。

8. 盐酸克仑特罗标准工作液:将储备液用甲醇稀释为 0.04~2.0 μg/mL,存放在冰箱中备用。

四、仪器

离心瓶(50 mL,具塞、Seo-Pak 真空接头)、具聚四氟乙烯拧盖的试管、匀浆机、机械真室泵、涡旋混合器、恒温箱(精度为±3 ℃)、气相色谱仪(配质谱检测)等。

五、操作步骤

1. 提取

移取 5 mL 尿样于 50 mL 具塞的离心管中。用乙酸调 pH 至 5.2,加入 1 mL 20 mmol/L 的乙酸胺缓冲溶液,再加 10 mL 乙酸乙酯-异丙醇(6+4)混合液,震荡 15 min,用滴管收集有机相。用 10 mL 乙酸乙酯-异丙醇(6+4)混合液重复提取一次,合并两次提取的溶液于玻璃试管中,用氮气吹干后再用 1 mL 20 mmol/L 的乙酸胺缓冲溶液溶解。

2. 净化

装好真空泵和接管,将 C_{18} 和 SCX 固相萃取柱按从上到下的顺序安装。依次用 5 mL 甲醇、5 mL 水和 5 mL 30 mmol/L 盐酸活化。移取上述所得 1 mL 溶液至 C_{18} 柱中,用 1 mL 20 mmol/L 的乙酸铵缓冲溶液冲洗试管并一起转移至 C_{18} 柱中。依次用 5 mL 水、5 mL 甲醇淋洗柱子,在溶剂流过固相萃取柱后,保持抽气 5 min 使柱中的液体逐渐枯竭,取下 C_{18} 柱,用 5 mL 4% 氨化甲醇淋洗 SCX 柱并收集流出液于具塞玻璃试管中。

3. 衍生化、检测

(1)衍生化

用氮气吹干上述流出液,加入 100 μL 甲苯和 100 μL BSTFA,加盖并于涡旋混合器上震荡,在 80 ℃ 的烘箱中加热 1 h(盖住盖子),冷却后加入 0.30 mL 甲苯震荡溶解,转入 2 mL 进样小瓶中。取适量的盐酸克仑特罗标准工作液,同时衍生化。用气质联用仪选择离子监测方式检测。

(2)GC/MS 检测条件

色谱柱:HP-5MS 50% 苯基甲基聚硅氧烷,30 m×0.25 mm(内径),0.25 μL(膜厚);进样口:220 ℃;进样方式:不分流;进样体积:2 μL;柱温:70 ℃(保持 0.6 min),以 25 ℃/min 升温至 200 ℃(保持 6 min),以 25 ℃/min 升温至 280 ℃(保持 5 min);载气:氦气,流速:0.9 mL/min(恒流);GC/MS 传输线温度:280 ℃;溶剂延迟:8 min;EM 电压:高于调谐电压 200V;分析器温度:230 ℃;四极杆温度:106 ℃;选择离子监测:(M/Z)86、243、262、277。

六、结果计算

根据样品液中盐酸克仑特罗含量情况,选定峰面积相近的标准工作溶液。标准工作溶液和样品液中盐酸克仑特罗响应值均应在仪器检测线性范围内。对标准工作溶液和样品液等体积参插进样测定。

定性:样品峰与标样的保留时间之差不多于 2 s,匹配度值应大于 800,当匹配度值小于 800 时,应通过人工比较选择离子的丰度,以基峰百分数表示。

$$X=\frac{h\times C_s\times V}{h_s\times m} \tag{5-9}$$

式中,X 为试样中克仑特罗残留含量,mg/kg;h 为样液中经衍生化盐酸克仑特罗的峰高,m;h_s 为标准工作液中经衍生化盐酸克仑特罗的峰高,mm;C_s 为标准工作液中盐酸克仑特罗的浓度,μg/mL;V 为样液最终定容体积,mL;m 为最终样液所代表的试样量,g。

七、注意事项

计算结果需将空白值扣除。

八、思考题

1. 简述气相色谱/质谱法测定动物尿液中盐酸克伦特罗(瘦肉精)残留的工作原理。
2. 简述气相色谱的工作原理。

实验 5-9　猪肉、内脏和猪尿中盐酸克伦特罗的快速检测
（检测卡法）

一、实验目的

掌握猪肉、内脏和猪尿中盐酸克伦特罗的快速检测（检测卡法）的原理和方法。

二、实验原理

猪肉、内脏和猪尿中盐酸克伦特罗的快速检测卡应用了竞争抑制免疫层析的原理,样本中的盐酸克伦特罗在流动的过程中与胶体金（或胶体硒）标记的特异性单克隆抗体结合,抑制了抗体和 NC 膜检测线上盐酸克伦特罗-蛋白偶联物的结合。如果样本渗出液中盐酸克伦特罗含量大于 5 ng/mL,检测线不显颜色,结果为阳性。反之,检测线显红色,结果为阴性。

三、试剂

盐酸、氢氧化钠及氯化钠等。

四、仪器

离心机、涡旋振荡机、盐酸克伦特罗快速检测卡、滴管等。

五、操作步骤

1. 样品前处理

(1)猪肉和内脏:将组织样本剪碎,称取 1.0 g,放入烧杯中,加入 2 mL 0.02 mol/L HCl - 2.8％ NaCl 提取液,振荡涡旋,组织均匀,13000 r/min 离心 4 min,上清液用 NaOH 溶液调节 pH 至 7.0,13000 r/min 离心 4 min,取上清液待测。

(2)尿液:尿液样品必须收集在洁净、干燥,不含有任何防腐剂的塑料尿杯或玻璃容器内。

2. 使用前,将盐酸克伦特罗快速检测卡恢复至室温,取出检测卡后,需在 1 h 内尽快使用。

3. 将试剂盒置于干净平坦的台面上,用塑料吸管垂直滴加 3 滴无空气的样品于加样孔内。

4. 结果应在 2～5 min 读取,且 30 min 结果不会有任何变化。

六、结果分析

1. 阴性（-）:质控线出现,检测限清晰出现,表示样品中不含有盐酸克伦特罗或其浓度低于检测限。

2. 阳性（+）:质控线出现,检测限清晰不出现或若隐若现,表示样品中盐酸克伦特罗浓度高于或等于检测限。

　　3. 无效:未出现质控线,表明不正确的操作过程或试剂板已变质失效。在此情况下,需重新测试。

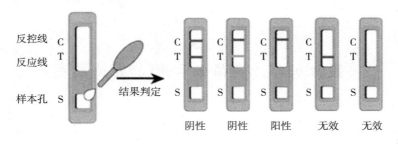

七、注意事项

　　1. 检测卡需在保质期内一次性使用。

　　2. 检测时避免阳光直射和空调直吹。

　　3. 如果尿液或组织提取样本出现沉淀或浑浊物,离心后再检测。

　　4. 不要触摸检测卡中央的白色膜面。

　　5. 实验步骤中的实验操作参数仅供参考,具体的操作条件与过程应严格按照实验中所使用的试剂盒的说明进行。

八、思考题

　　1. 简述盐酸克伦特罗的快速检测卡的工作原理和操作方法。

　　2. 造成盐酸克伦特罗快速检测的实验误差的因素有哪些?

(陈文军　鲍士宝　张丹凤)

第6章 食品中有害成分及污染物的检测

实验 6-1 食品中苯并(α)芘的测定

一、实验目的

1. 了解食品中苯并(α)芘的性质及危害。
2. 掌握液相色谱法测定食品中苯并(α)芘的方法。

二、实验原理

试样经过有机溶剂提取,中性氧化铝或分子印迹小柱净化,浓缩至干,乙腈溶解,反相液相色谱分离,荧光检测器检测,根据色谱峰的保留时间定性,外标法定量。

三、试剂和材料

1. 甲苯(色谱纯)、乙腈(色谱纯)、正己烷(色谱纯)、二氯甲烷(色谱纯)、苯并(α)芘标准品(纯度≥99.0%)。

2. 苯并(α)芘标准储备液(0.5 mg/mL):准确称取苯并(α)芘 12.5 mg(精确到 0.1 mg)于 25 mL 容量瓶中,用甲苯溶解,定容。4 ℃密封避光保存,至少 6 个月内稳定。

3. 苯并(α)芘标准中间液(5.0 μg/mL 及 0.05 μg/mL):吸取 0.1 mL 苯并(α)芘标准贮备液,用乙腈定容到 10 mL,得到 5.0 μg/mL 的中间液,4 ℃密封避光保存,至少 1 个月内稳定。同法再稀释,得到 0.05 μg/mL 的中间液,临用现配。

4. 苯并(α)芘标准工作液:把 0.05 μg/mL 中间液用乙腈稀释得到 0.5 ng/mL、1.0 ng/mL、5.0 ng/mL、10.0 ng/mL 及 20.0 ng/mL 的校准曲线溶液,临用现配。

5. 氧化铝柱:100~200 目,22 g,60 mL。空气中水分对其性能影响很大,打开柱子包装后应立即使用或密闭避光保存。由于不同品牌氧化铝活性存在差异,建议对质控样品进行测试,或做样品回收试验,以验证氧化铝活性是否满足苯并(α)芘的回收率要求。

6. 苯并(α)芘分子印迹柱:500 mg,6 mL。

7. 微孔滤膜:0.45 μm。

四、仪器

液相色谱仪(配有荧光检测器)、分析天平(感量为 0.1 和 1 mg)、粉碎机、组织匀浆机、离心机(转速不小于 4000 r/min)、涡旋混合器、超声波振荡器、旋转蒸发器或氮气吹干装置、固相萃取装置等。

五、操作步骤

1. 试样制备

(1)谷物及其制品

提取:样品用粉碎机粉碎后,称取 1 g(精确到 0.001 g)试样,加入 5 mL 正己烷,涡旋混合 0.5 min,40 ℃下超声提取 10 min,4000 r/min 离心 5 min,转移出上清液。再加入 5 mL 正己烷重复提取一次。合并上清液,待净化。

净化方法 1:采用中性氧化铝柱,用 30 mL 正己烷活化柱子,待液面降至柱床时,关闭底部旋塞。将待净化液转移进柱子,打开旋塞,收集净化液,再转入 50 mL 正己烷洗脱,继续收集净化液。将净化液在 40 ℃下旋转蒸发至干,加入 1 mL 乙腈,涡旋溶解 0.5 min,过微孔滤膜后供液相色谱测定。

净化方法 2:采用苯并(α)芘分子印迹柱,依次用 5 mL 二氯甲烷及 5 mL 正己烷活化柱子。将待净化液转移进柱子,用 6 mL 正己烷淋洗柱子,弃去流出液。用 6 mL 二氯甲烷洗脱并收集净化液。将净化液在 40 ℃下氮气吹干(氮气流量大约为 25 mL/min),加入 1 mL 乙腈,涡旋溶解 0.5 min,过微孔滤膜后供液相色谱测定。

(2)肉及肉制品、水产动物及其制品

提取:样品用组织匀浆机粉碎均质后,余下操作同(1)谷物及其制品中提取部分,"称取 1 g……待净化"。

净化方法 1:除了正己烷洗脱液体积为 70 mL 外,其余操作同(1)谷物及其制品中净化方法 1。

净化方法 2:操作同(1)谷物及其制品中净化方法 2。

(3)油脂及其制品

提取:称取 0.4 g(精确到 0.001 g)试样,加入 5 mL 正己烷,涡旋混合 0.5 min,待净化。

若样品为人造黄油等含水油脂制品,则会出现乳化现象,需要 4000 r/min 离心 5 min,转移出正己烷层待净化。

净化方法 1:除了最后用 0.4 mL 乙腈溶解试样外,其余操作同(1)谷物及其制品中的净化方法 1。

净化方法 2:除了最后用 0.4 mL 乙腈溶解试样外,其余操作同(1)谷物及其制品中的净化方法 2。

2. 仪器参考条件

色谱柱:C_{18},250 mm×4.6 mm,5 μm;流动相:乙腈-水=88+12;流速:1.0 mL/min;检测波长:激发波长 384 nm,发射波长 406 nm;柱温:35 ℃;进样量:20 μL。

3. 标准曲线的制作

将标准系列工作液分别注入液相色谱中,测定相应的色谱峰,以标准系列工作液的浓度为横坐标,以峰面积为纵坐标,得到标准曲线回归方程。苯并(α)芘典型色谱图如图 6-1 所示。

4. 试样溶液的测定

将试样净化溶液上机测定,得到苯并(α)芘色谱峰面积。根据标准曲线回归方程计算溶液中苯并(α)芘的浓度。

六、结果计算

$$X = \frac{c \times V}{m} \qquad\qquad (6-1)$$

式中,X 为样品中苯并(α)芘含量,$\mu g/kg$;c 为由标准曲线方程计算得到的样品净化溶液浓度,ng/mL;V 为试样最终定容体积,mL;m 为试样质量,g;1000 为由 ng/g 换算成 $\mu g/kg$ 的换算因子。

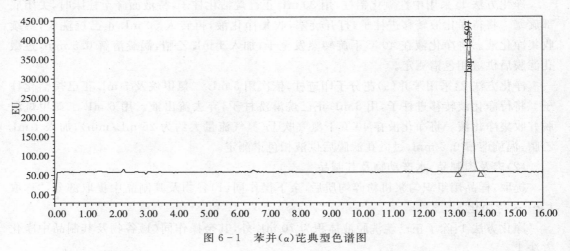

图 6-1　苯并(α)芘典型色谱图

七、注意事项

1. 计算结果以重复条件下获得的两次独立测定结果的算术平均值表示,结果保留到小数点后一位。

2. 在重复条件下获得的两次独立测试结果的绝对差值不得超过算术平均值的 20%。方法检出限为 0.15 $\mu g/kg$,定量限为 0.5 $\mu g/kg$。

3. 苯并(α)芘是一种已知的致癌物质,测定时应特别注意安全防护!测定应在通风柜中进行并戴手套,尽量减少暴露。如已污染了皮肤,可以用 10% 次氯酸钠水溶液浸泡和洗刷。这是由于次氯酸钠在水中能够释放新生态氧,其具有强烈的氧化性,可以破坏苯并(α)芘,经反复洗净的皮肤可以在紫外光下观察皮肤上有无蓝紫色斑点,洗到蓝色斑点消失为止。

4. 除非另有说明,本方法所用试剂均为分析纯,水为 GB/T 6682 规定的一级水。

八、思考题

简述反相液相色谱分离及测定食品中苯并(α)芘的原理。

实验 6-2　食品中反式脂肪酸的检测(气相色谱法)

一、实验目的

1. 掌握气相色谱法测定食品中反式脂肪酸的原理。
2. 熟练掌握气相色谱仪的操作技能。

二、实验原理

用有机溶剂提取食品中的植物油脂。提取物(植物油脂)在碱性条件下与甲醇进行酯交换反应,生成脂肪酸甲酯。采用气相色谱法分离顺式脂肪酸甲酯和反式脂肪酸甲酯。依据内标法定量反式脂肪酸。食用植物油试样不经有机溶剂提取,直接进行酯交换。

本方法参照国家标准——食品中反式脂肪酸的测定(GB 5009.257—2016),适用于动植物油脂、氢化植物油、精炼植物油脂及煎炸油和含动植物油脂、氢化植物油、精炼植物油脂及煎炸油食品中反式脂肪酸的测定。本方法不适用于油脂中游离脂肪酸(FFA)含量大于2%食品样品的测定。样品中反式脂肪酸检出限为 0.012%(以脂肪计),定量限为 0.024%(以脂肪计)。

三、试剂

1. 盐酸(ρ_{20}=1.19,优级纯)、无水乙醇、乙醚、石油醚(30 ℃~60 ℃)、异辛烷(色谱纯)、硫酸氢钠、无水硫酸钠(约 650 ℃灼烧 4 h,降温后贮于干燥器内)。

2. 氢氧化钾-甲醇溶液(2 mol/L):称取 13.2 g 氢氧化钾,溶于约 75 mL 甲醇中。冷却至室温,用甲醇定容至 100 mL。

3. 脂肪酸甲酯标准品:纯度均>99%。包括 C16:1 9 t;C18:1 6 t;C18:1 6 t;C18:1 11 t;C18:2 9 t,12 t;C18:2 10 t,12 c;C18:3 9 t,12 t,15 t;C18:3 9 t,12 t,15 c;C18:3 9 t,15 t,15 c;C18:3 9 c,12 t,15 t;C18:3 9 c,12 c,15 t;C18:3 9 c,12 t,15 c;C18:3 9 t,12 c,15 c;C20:1 11 t;C22:1 13 t。注:外购的脂肪酸甲酯标准品有的是单一物质,有的是两种或多种混合物质,但其含量应是已知的。

4. 脂肪酸甲酯混合标准贮备溶液 I:分别准确称取脂肪酸甲酯标准品 100 mg(精确到0.1 mg),用异辛烷转移定容至 10 mL 容量瓶中,此溶液浓度为 10 mg/mL。−18 ℃~4 ℃保存。

5. 脂肪酸甲酯混合标准中间液:取脂肪酸甲酯混合贮备液适量,用异辛烷稀释成0.4 mg/mL 浓度。−18 ℃~4 ℃保存。

6. 脂肪酸甲酯混合标准工作液:取脂肪酸甲酯混合中间液适量,用异辛烷稀释成80 μg/mL 浓度。

四、仪器

1. 分析天平(精度 0.1 mg)、气相色谱仪(配有氢火焰离子化检测器)、色谱柱(石英交联毛细管柱;固定液——SP-2560 聚二氰丙基硅氧烷;柱长 100 m,内径 0.25 mm;涂膜厚度

0.2 μm;或性能相当的色谱柱)、粉碎机、组织捣碎机。

2. 试样的制备

(1)固体样品:取有代表性的样品至少 500 g,用粉碎机粉碎,或用研钵研细,均分为两份,置于密闭的玻璃容器内,冷藏保存。

(2)液体样品:取有代表性的样品至少 500 g,充分混匀,均分为两份,置于密闭的玻璃容器内,冷藏保存。

(3)半固体脂类样品:取有代表性的样品至少 500 g 于烧杯中,60 ℃～70 ℃水浴融化,充分混匀,均分为两份,置于密闭的玻璃容器内,冷藏保存。

五、操作步骤

1. 动植物油脂

准确称取 60 mg 油脂,置于 10 mL 具塞试管中,加入 4 mL 异辛烷充分溶解,加入 0.2 mL 氢氧化钾-甲醇溶液,涡旋混匀 1 min,放至试管内混合液澄清。加入 1 g 硫酸氢钠中和过量的氢氧化钾,涡旋混匀 30 s,于 4000 r/min 下离心 5 min,上清液经 0.45 μm 滤膜过滤,滤液作为试样待测液。

2. 含油脂食品(除动植物油脂外)中脂肪提取及测定

固体和半固态脂类试样:称取均匀的试样适量(精确至 0.01 g,保证食品中脂肪量不小于 0.125 g)置于 50 mL 试管中,加入 8 mL 水充分混合,再加入 10 mL 盐酸混匀。

液态试样:称取均匀的试样 10.00 g 置于 50 mL 试管中,加入 10 mL 盐酸混匀。将上述试管放入 60 ℃～70 ℃水浴中,每隔 5～10 min 振荡一次,40～50 min 至试样完全水解。取出试管,加入 10 mL 乙醇充分混合,冷却至室温。将混合物移入 125 mL 分液漏斗中,以 25 mL 乙醚分两次润洗试管,洗液一并倒入分液漏斗中。加塞振摇 1 min,小心开塞,放出气体,并用适量的石油醚-乙醚溶液(1+1)冲洗瓶塞及瓶口附着的脂肪,静置至上层醚液清澈。收集有机相,水相重复萃取两次,合并有机相于分液漏斗中,将全部有机相过适量的无水硫酸钠柱,用少量石油醚-乙醚溶液(1+1)淋洗柱子,收集全部流出液于 100 mL 具塞量筒中,用乙醚定容并混匀。

精准移取 50 mL 有机相至已恒重的圆底烧瓶内,50 ℃水浴下旋转蒸去溶剂后,置 100 ℃±5 ℃下恒重,计算食品中脂肪含量;另 50 mL 有机相于 50 ℃水浴下旋转蒸去溶剂后,用于反式脂肪酸甲酯的测定。

3. 脂肪酸甲酯的制备

准确称取 60 mg 未用干燥箱干燥的脂肪,置于 10 mL 具塞试管中,加入 4 mL 异辛烷充分溶解,加入 0.2 mL 氢氧化钾-甲醇溶液,涡旋混匀 1 min,放至试管内混合液澄清。加入 1 g 硫酸氢钠中和过量的氢氧化钾,涡旋混匀 30 s,于 4000 r/min 下离心 5 min,上清液经 0.45 μm 滤膜过滤,滤液作为试样待测液。

样品处理同时做空白试验。

4. 色谱条件

色谱柱温度:140 ℃,5 min $\xrightarrow{1.8\,℃/min}$ 220 ℃,20 min。

气化室温度:250 ℃;检测器温度:250 ℃;氢气流速:30 mL/min;空气流速:300 mL/min;

载气:氮气,纯度大于99.995%,流速1.3 mL/min;分流比:1∶30;进样量:1 μL。

5. 定性确证

在上述色条件下,样品液中反式脂肪酸保留时间应在标准液中保留时间的±0.5%范围内。标准溶液的气相色谱图如图6-2所示。采用不同型号的色谱柱进行分离时,二十碳烷酸甲酯和二十碳一烯酸甲酯显示的色谱峰可能不在同一位置,辨别和计算反式脂肪酸时应排除这两种成分。如果二十碳烷酸甲酯、二十碳一烯酸甲酯含量较高且色谱峰与反式十八碳三烯酸甲酯色谱峰难以辨别时,可按以下,色谱条件进行分离。

色谱柱:石英交联毛细管柱;固定液——70%氰丙基聚苯撑硅氧烷;柱长50m,内径0.22 mm,涂膜厚度0.25 μm;或性能相当的色谱柱。

升温程序:150 ℃$\xrightarrow{3\,℃/min}$240 ℃,10 min。

气化室温度:240 ℃;检测器温度:250 ℃;氢气流速:30 mL/min;空气流速:300 mL/min;载气:氮气,纯度不低于99.99%;柱压:206.8kPa;分流比:1∶30。

反式十八碳三烯酸甲酯与二十碳烷酸甲酯、二十碳一烯酸甲酯色谱峰的位置应符合图6-2至图6-5所示。

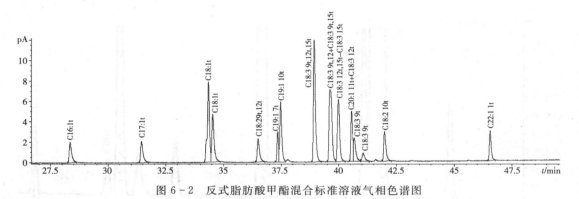

图6-2　反式脂肪酸甲酯混合标准溶液气相色谱图

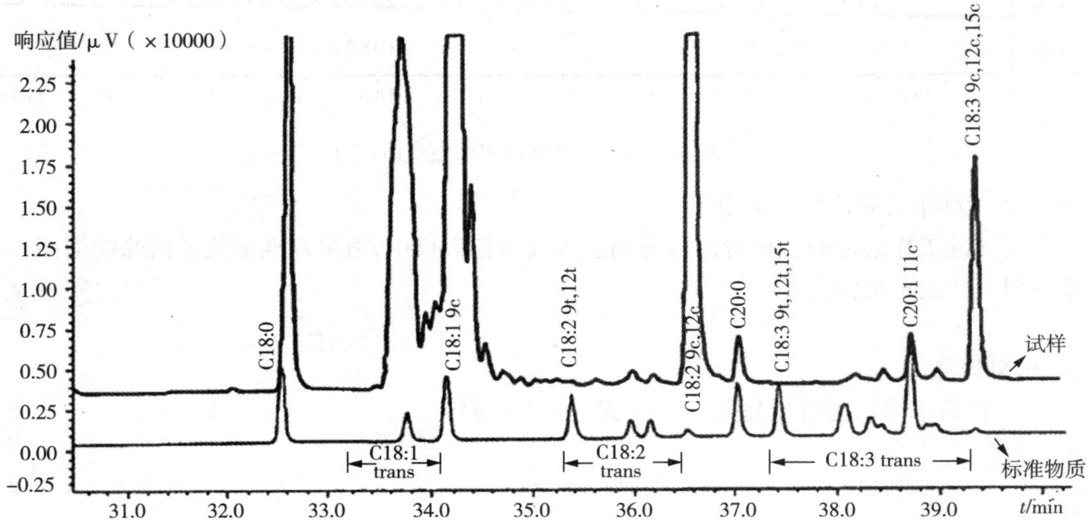

图6-3　混合油脂脂肪酸甲酯色谱图

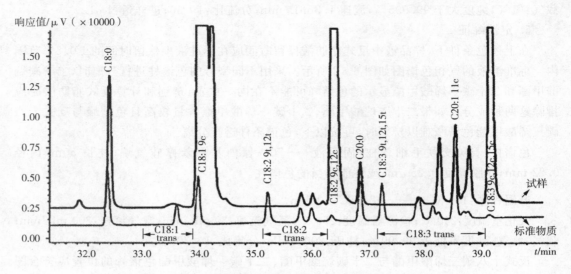

图 6-4　菜籽油脂肪酸甲酯色谱图(一)

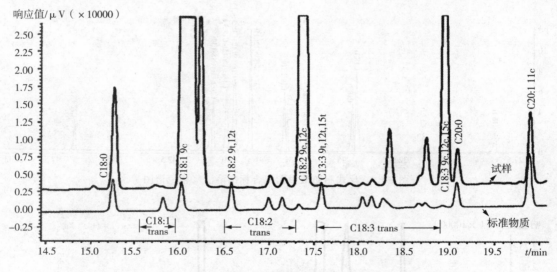

图 6-5　菜籽油脂肪酸甲酯色谱图(二)

6. 试样中反式脂肪酸的定量

将标准工作溶液和试样待测液分别注入气相色谱仪中,根据标准溶液色谱峰响应面积,采用归一化法定量测定。

六、结果计算

1. 食品中脂肪的质量分数(X_Z)按式(6-2)计算:

$$X_Z = \frac{m_1 - m_0}{m_2} \times 100\%\qquad(6-2)$$

式中,X_Z 为试样的脂肪质量分数,%;m_1 为烧瓶和脂肪的质量,g;m_0 为烧瓶的质量,g;m_2 为试样的质量,g。

2. 各反式脂肪酸相对质量(X_i)按式(6-3)计算:

$$X_i = \frac{A_i \times f_i}{A_s} \times 100\%$$（6-3）

式中,X_i为归一化法计算的反式脂肪酸组分i脂肪酸甲酯的相对质量分数,%;A_s为所有峰校正面积的总和(除溶剂峰);A_i为组分i脂肪酸甲酯的色谱峰面积;f_i为组分i脂肪酸甲酯的校正因子。各物质的校正因子参见表6-1所列。

表6-1　FID校正因子

脂肪酸碳原子数	M_i	n_i-1	f_i
C4：0	102.13	4	1.51
C6：0	130.19	6	1.28
C8：0	158.24	8	1.17
C9：0	172.27	9	1.13
C10：0	186.30	10	1.10
C11：0	200.32	11	1.08
C12：0	214.35	12	1.06
C13：0	228.37	13	1.04
C14：0	242.40	14	1.02
C15：0	256.42	15	1.01
C16：0	270.46	16	1.00(参比)
C17：0	284.49	17	0.99
C18：0	298.52	18	0.98
C20：0	326.57	20	0.97
C21：0	340.57	21	0.96
C22：0	354.62	22	0.95
C23：0	368.62	23	0.95
C24：0	382.68	24	0.94
C14：1	240.40	14	1.02
C16：1	268.43	16	0.99
C18：1	296.48	18	0.97
C20：1	324.53	20	0.96
C22：1	352.58	22	0.95
C24：1	380.68	24	0.94
C18：2	294.46	18	0.97

（续表）

脂肪酸碳原子数	M_i	$n_i - 1$	f_i
C20：2	322.57	20	0.95
C22：2	350.62	22	0.94
C18：3	292.15	18	0.96
C20：3	320.57	20	0.95
C20：4	318.57	20	0.94
C20：5	316.57	20	0.94
C22：6	346.62	22	0.93

注：M_i 为组分 i 脂肪酸甲酯的相对摩尔质量；

　　n_i 为组分 i 脂肪酸甲酯所含碳原子数；

　　f_i 为组分 i 脂肪酸甲酯的校正因子。

3. 脂肪中反式脂肪酸的质量分数（X_t），按式（6-4）计算：

$$X_t = \sum X_i \tag{6-4}$$

4. 食品中反式脂肪酸的质量分数（X），按式（6-5）计算：

$$X = X_t \times X_z \tag{6-5}$$

式中，X_z 为测定的脂肪质量分数，%。

七、注意事项

1. 同一样品两次平行测定结果之差不得超过算术平均值的 15%。

2. 除非另有说明，所有试剂均为分析纯试剂；分析用水应符合 GB/T 6682 规定的二级水规格。

八、思考题

1. 反式脂肪酸对人体有什么危害？

2. 分析影响液相色谱法测定食品中反式脂肪酸的误差有哪些因素？

实验 6-3　食品中丙烯酰胺的检测
（稳定性同位素稀释的气相色谱-质谱法）

一、实验目的

1. 掌握同位素内标法测定食品中丙烯酰胺的原理。
2. 熟练掌握气相色谱-质谱联用仪的操作技能。

二、实验原理

本方法应用稳定性同位素稀释技术，在试样中加入 $^3C_3$ 标记的丙烯酰胺内标溶液，以水为提取溶剂，试样提取液采用基质固相分散萃取净化、溴试剂衍生后，采用气相色谱-串联质谱仪的多反应离子监测(MRM)或气相色谱-质谱仪的选择离子监测(SIM)进行检测，内标法定量。

本方法参照食品安全国家标准——食品中丙烯酰胺的测定(稳定性同位素稀释的气相色谱-质谱法，GB 5009.204—2014)。适用于热加工(如煎、炙烤、焙烤等)食品中丙烯酰胺的测定。

三、试剂和材料

1. 正己烷(重蒸后使用)、乙酸乙酯(重蒸后使用)、无水硫酸钠(400 ℃，烘烤 4 h)、硫酸铵、硫代硫酸钠、溴、氢溴酸(含量＞48.0%)、溴化钾、溴试剂、硅藻土(Extrelut™20 或相当产品)、丙烯酰胺标准品(纯度＞99%)、$^{13}C_2$-丙烯酰胺标准品(纯度＞98%)。

2. 超纯水，电导率(25 ℃)≤0.01 mS/m。

3. 饱和溴水：量取 100 mL 超纯水，置于 200 mL 的棕色试剂瓶中，加入 8 mL 溴，4 ℃ 避光放置 8 h，上层为饱和溴水溶液。

4. 溴试剂：称取溴化钾 20.0 g，加超纯水 50 mL，使完全溶解，再加入 1.0 mL 氢溴酸和 16.0 mL 饱和溴水，摇匀，用超纯水稀释至 100 mL，4 ℃ 避光保存。

5. 硫代硫酸钠溶液(0.1 mol/L)：称取硫代硫酸钠 2.48 g，加超纯水 50 mL，使完全溶解，用超纯水稀释至 100 mL，4 ℃ 避光保存。

6. 饱和硫酸铵溶液：称取 80 g 硫酸铵晶体，加入超纯水 100 mL，超声溶解，室温放置。

7. 丙烯酰胺标准储备溶液(1000 mg/L)：准确称取丙烯酰胺标准品，用甲醇溶解并定容，使丙烯酰胺浓度为 1000 mg/L，置 −20 ℃ 冰箱中保存。

8. 丙烯酰胺中间溶液(100 mg/L)：移取丙烯酰胺标准储备溶液 1 mL，加甲醇稀释至 10 mL，使丙烯酰胺浓度为 100 mg/L，置 −20 ℃ 冰箱中保存。

9. 丙烯酰胺工作溶液 I(10 mg/L)：移取丙烯酰胺中间溶液 1 mL，用 0.1% 甲酸溶液稀释至 10 mL，使丙烯酰胺浓度为 10 mg/L。临用时配制。

10. 丙烯酰胺工作溶液 II(1 mg/L)：移取丙烯酰胺工作溶液 I 1 mL，用 0.1% 甲酸溶液稀释至 10 mL，使丙烯酰胺浓度为 1 mg/L。临用时配制。

11. $^{13}C_2$-丙烯酰胺内标储备溶液(1000 mg/L)：准确称取 $^3C_2$-丙烯酰胺标准品，用甲醇溶解并定容，使 $^{13}C_2$-烯酰胺浓度为 1000 mg/L，置 −20 ℃ 冰箱保存。

12. 内标工作溶液(10 mg/L)：移取内标储备溶液 1 mL，用甲醇稀释至 100 mL，使 $^{13}C_2$-

丙烯酰胺浓度为 10 mg/L,置−20 ℃冰箱保存。

13. 标准曲线工作溶液:取 5 个 10 mL 容量瓶,分别移取 0.1 mL、0.5 mL 及 2 mL 丙烯酰胺工作溶液Ⅱ(1 mg/L)和 0.5 mL 及 1 mL 丙烯酰胺工作溶液Ⅰ(1 mg/L)与 0.5 mL 内标工作溶液(1 mg/L),用超纯水稀释至刻度。标准系列溶液中丙烯酰胺浓度分别为 10 μg/L、50 μg/L、200 μg/L、500 μg/L 及 1000 μg/L,内标浓度为 50 μg/L。临用时配制。

注:除非另有说明,本方法所用试剂均为分析纯,水为超纯水。

四、仪器

气相色谱-四级杆质谱联用仪(GC−MS)、色谱柱:DB−5 ms 柱(30 m×0.25 mm i.d. ×0.25 μm)、组织粉碎机、旋转蒸发仪、氮气浓缩器、振荡器、玻璃层析柱(柱长 30 cm,柱内径1.8 cm)、涡旋混合器、超纯水装置、分析天平(感量为 0.1 mg)、离心机(转速≤10000 r/min)等。

五、操作步骤

1. 样品提取

取 50 g 试样,经粉碎机粉碎,−20 ℃冷冻保存。准确称取试样 2 g(精确到 0.001 g),加入10.0 mg/L $^{13}C_2$-丙烯酰胺内标溶液 10 μL(或 20 μL),相当于 100 ng(或 200 ng)的 $^{13}C_2$-丙烯酰胺内标,再加入超纯水 10 mL,振荡 30 min 后,于 4000 r/min 离心 10 min,取上清液备用。

2. 样品净化

在试样提取的上清液中加入硫酸铵 15 g,振荡 10 min,使其充分溶解,于 4000 r/min 离心 10 min,取上清液 10 mL,备用。如上清液不足 10 mL,则用饱和硫酸铵补足。取洁净玻璃层析柱,在底部填少许玻璃棉,压紧,依次填装无水硫酸钠 10 g、Extrelut™ 20 硅藻土 2 g。称取 5 g Extrelut™ 20 硅藻土与上述备用的试样上清液搅拌均匀后,装入层析柱中。用70 mL 正己烷淋洗,控制流速为 2 mL/min,弃去正己烷淋洗液。用 70 mL 乙酸乙酯洗脱,控制流速为 2 mL/min,收集乙酸乙酯洗脱溶液,并在 45 ℃水浴下减压旋转蒸发至近干,用乙酸乙酯洗涤蒸发瓶残渣三次(每次 1 mL),并将其转移至已加入 1 mL 超纯水的试管中,涡旋振荡。在氮气流下吹去上层有机相后,加入 1 mL 正己烷,涡旋振荡,于 3500 r/min 离心5 min,取下层水相备用衍生。

3. 衍生

试样的衍生:在试样提取液中加入溴试剂 1 mL,涡旋振荡,4 ℃放置至少 1 h 后,加入0.1 mol/L 硫代硫酸钠溶液约 100 μL,涡旋振荡除去剩余的衍生剂;加入 2 mL 乙酸乙酯,涡旋振荡 1 min,于 4000 r/min 离心 5 min,吸取上层有机相转移至加有 0.1 g 无水硫酸钠的试管中,加入乙酸乙酯 2 mL 重复萃取,合并有机相;静置至少 0.5 h,转移至另一试管,在氮气流下吹至近干,加 0.5 mL 乙酸乙酯溶解残渣(注意:根据仪器的灵敏度,调整溶解残渣的乙酸乙酯体积,通常情况下,采用串联质谱仪检测,其使用量为 0.5 mL,采用单级质谱仪检测,其使用量为 0.1 mL),备用。

标准系列溶液的衍生:量取标准系列溶液各 1.0 mL,按照上述试样衍生方法同步操作。

4. 仪器参考条件

(1)色谱条件

色谱柱:DB−5 ms 柱(30 m×0.25 mm i.d. ×0.25 μm)或等效柱;进样口温度:120 ℃

保持 2 min,以 40 ℃/min 速度升至 240 ℃,并保持 5 min;色谱柱程序温度:65 ℃保持 1 min,以 15 ℃/min 速度升至 200 ℃,再以 40 ℃/min 的速度升至 240 ℃,并保持 5 min;载气:高纯氦气(纯度>99.999%),柱前压为 69 MPa(相当于 10 psi)。不分流进样,进样体积 1 μL。

（2）质谱参数

检测方式:选择离子扫描(SIM)采集;电离模式:电子轰击源(EI),能量为 70 eV;传输线温度:250 ℃;离子源温度:200 ℃;溶剂延迟:6 min;质谱采集时间:5~12 min;丙烯酰胺监测离子为 m/z 106、133、150 和 152,定量离子为 m/z 150;$^{13}C_2$-丙烯酰胺内标监测离子为 m/z 108、136、153 和 155,定量离子为 m/z 155。

5. 标准曲线的制作

将衍生的标准系列工作液分别注入气相色谱-质谱系统,测定相应的丙烯酰胺及其内标的峰面积,以各标准系列工作液的丙烯酰胺进样浓度(μgL)为横坐标,以丙烯酰胺及其内标$^{13}C_2$-丙烯酰胺定量离子质量色谱图上测得的峰面积比为纵坐标,绘制线性曲线。

6. 试样溶液的测定

将衍生的试样溶液注入气相色谱-质谱系统中,得到丙烯酰胺和内标$^{13}C_3$丙烯酰胺的峰面积比,根据标准曲线得到待测液中丙烯酰胺进样浓度(μgL),平行测定次数不少于两次。

7. 质谱分析

分别将试样和标准系列工作液注入气相色谱-质谱仪中,记录总离子流图和质谱图(图6-6、图6-7)及丙烯酰胺和内标的峰面积,以保留时间及碎片离子的丰度定性,要求所检测的丙烯酰胺色谱峰信噪比(S/N)大于3,被测试样中目标化合物的保留时间与标准溶液中目标化合物的保留时间一致,同时被测试样中目标化合物的相应监测离子丰度比与标准溶液中目标化合物的色谱峰丰度比一致,允许的偏差见表6-2所列。

表6-2　定性测定时相对离子丰度的最大允许偏差

相对离子丰度（基线峰的%）	允许的相对偏差（RSD）
>50%	±20%
20%~50%	±25%
10%~20%	±30%
≤10%	±50%

六、结果分析

$$X=\frac{A\times f}{M} \tag{6-6}$$

式中,X 为试样中丙烯酰胺的含量,μg/kg;A 为试样中丙烯酰胺(m/z 55)色谱峰与$^{13}C_2$-丙烯酰胺内标(m/z 58)色谱峰的峰面积比值对应的丙烯酰胺质量,ng;f 为试样中内标加入量的换算因子(内标为 10 μL 时 f=1 或内标为 20 μL 时 f=2);M 为加入内标时的取样量,g。计算结果以重复性条件下获得的两次独立测定结果的算术平均值表示,结果保留三位有效数字(或小数点后 1 位)。

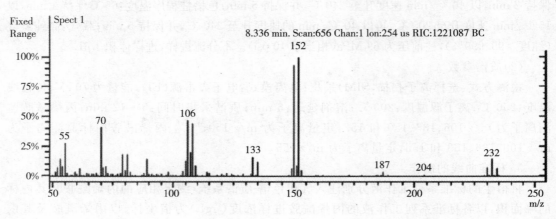

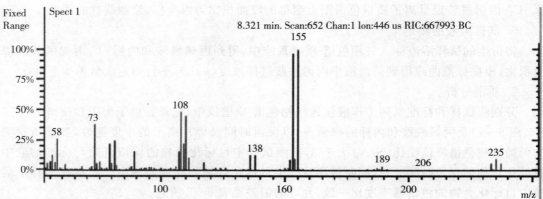

注：上图：丙烯酰胺；下图：^{13}C-丙烯酰胺。

图 6-6　标准溶液的溴代衍生物 GC-MS 全扫描质谱图

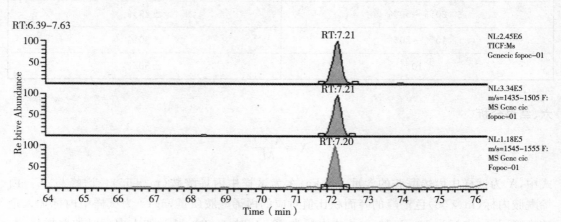

注：从上至下依次为总离子流图、丙烯酰胺衍生物 m/z 150 及^{13}C 丙烯酰胺衍生物 m/z 155 的质量色谱图。

图 6-7　薯片样品的 GC-MS 质量色谱图（四级杆）

七、注意事项

1. 在重复性条件下获得的两次独立测定结果的绝对差值不得超过算术平均值的 20%。
2. 本方法定量限为 $10 \, \mu g/kg$。

八、思考题

比较稳定性同位素稀释的气相色谱-质谱法及液相色谱-质谱/质谱法,两者测定食品中丙烯酰胺的区别。

实验 6-4　　食品包装材料中氯乙烯单体的检测(气相色谱法)

一、实验目的

1. 掌握气相色谱法测定食品包装材料中氯乙烯单体的原理。
2. 熟练掌握气相色谱仪的操作技能。

二、实验原理

测试样品溶解在 N,N-二甲基乙酰胺中,样品中的氯乙烯通过自动顶空进样器进样,采用毛细管气相色谱柱分离,氢火焰离子化检测器测定,外标法定量。可采用手动顶空进样方式。

本方法参照中华人民共和国国家标准——食品接触材料及制品氯乙烯的测定和迁移量的测定(气相色谱法,GB 31604.31—2016)。适用于与食品接触的聚氯乙烯或者氯乙烯共聚体中氯乙烯单体的测定,其中氯乙烯的测定低限为 0.50 mg/kg。

三、试剂和材料

1. N,N-二甲基乙酰胺:纯度大于 99%。
2. 氯乙烯基准溶液(5000 mg/L):丙酮或甲醇作为溶剂。
3. 氯乙烯储备液(10 mg/L):在 10 mL 棕色玻璃瓶中加入 10 mL N,N-二甲基乙酰胺,用微量注射器吸取 20 μL 氯乙烯基准溶液到玻璃瓶中,立即用瓶盖密封,平衡 2 h 后,保存在 4 ℃冰箱中。
4. 氯乙烯标准工作溶液:在 7 个顶空瓶中分别加入 10 mL N,N-二甲基乙酰胺,用微量注射器分别吸取 0 μL、50 μL、75 μL、100 μL、125 μL、150 μL 及 200 μL 氯乙烯储备液,缓慢注射到顶空瓶中,立即加盖密封,混合均匀,得到 N,N-二甲基乙酰胺中氯乙烯浓度分别为 0 mg/L、0.050 mg/L、0.075 mg/L、0.100 mg/L、0.125 mg/L、0.150 mg/L 及 0.200 mg/L。

四、仪器

气相色谱仪(配置自动顶空进样器和氢火焰离子化检测器)、玻璃瓶(10 mL,瓶盖带硅橡胶或者丁基橡胶密封垫)、顶空瓶(20 mL,瓶盖带硅橡胶或者丁基橡胶密封垫)等。

微量注射器(25 μL、100 μL 及 200 μL)、分析天平(感量为 0.0001 g、0.01 g)等。

五、操作步骤

1. 样品处理

将试样剪成细小颗粒,准确称取适量试样(如 10 g)于 150 mL 磨口锥形瓶中(精确至 0.1 mg),按照每克试样加入 10 mL N,N-二甲基乙酰胺的比例,向锥形瓶中加入适量(如 100 mL)N,N-二甲基乙酰胺,立即加盖密封,振荡溶解(如果溶解困难,可适当升温),待完全溶解后放入－18 ℃冰箱中降温保存备用。

2. 样品制备

从冰箱中取出装有样品溶液的锥形瓶,从中分别量取 10 mL 样品溶液于 2 个顶空瓶中,立即压盖密封,放入自动顶空进样器待测。

3. 自动顶空进样器条件

定量环:1 或 3 mL;平衡温度:70 ℃;定量环温度:90 ℃;传输线温度:120 ℃;平衡时间:30 min;加压时间:0.20 min;定量环填充时间:0.10 min;定量环平衡时间:0.10 min;进样时间:1.50 min。

4. 色谱条件

色谱柱:聚乙二醇毛细管色谱柱,长 30m,内径 0.32 mm,膜厚 1 μm,或相当者;柱温程序:起始 40 ℃,保持 1 min,以 2 ℃/min 的速率升至 60 ℃,保持 1 min,以 20 ℃速率升至 200 ℃,保持 1 min;载气:氮气,流速 1 mL/min;进样模式:分流,分流比 1 : 1;进样口温度:200 ℃;检测器温度:200 ℃。

5. 绘制标准工作曲线

对制备的标准工作溶液在所列仪器参数下进行检测,以氯乙烯标准工作溶液浓度(单位:mg/L)为横坐标,以对应的峰面积为纵坐标,绘制标准工作曲线,得到线性方程。标准溶液色谱图如图 6-8 所示。

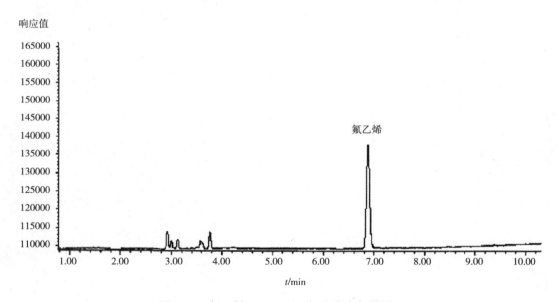

图 6-8　氯乙烯(0.1 mg/L)标准溶液色谱图

6. 试样检测

对制备的样品在所列仪器参数下进行检测,记录氯乙烯色谱峰的峰面积,计算氯乙烯峰面积。

六、结果计算

$$X = \frac{c \times V}{m} \times 1000 \qquad (6-7)$$

式中,X 为试样中氯乙烯的含量,mg/kg;c 为顶空瓶中样品溶液的氯乙烯浓度,mg/L;V 为顶空瓶中样品溶液的体积,mL;m 为试样的质量,mg。

七、注意事项

1. 在重复性条件下获得的两次独立测定结果的绝对差值不得超过算术平均值的 10%。

2. 如果自动顶空进样无法实现时,可以采用手动进样,但重复性应满足要求。

3. 手动进样宜采用内标法定量,内标物可为乙醚或者其他合适的溶剂。进样操作:将盛有待测液的顶空瓶放入 70 ℃±1 ℃的恒温水浴中,平衡 30 min;用预热过的气密性玻璃注射器反复抽取顶空气体 2～5 次,然后准确抽取顶空气体 1 mL 快速注入气相色谱仪中;整个操作中保持样品恒温。

4. 除另有规定外,所有试剂均为分析纯。

5. 计算结果以平行测定值的算术平均值表示,保留两位有效数字。

八、思考题

简述气相色谱法测定食品包装材料中氯乙烯单体的实验原理。

实验 6-5　熏蒸剂(溴甲烷)的快速检测测定

一、实验目的

掌握酸回流-气相色谱测定熏蒸剂-溴甲烷残留的原理和方法。

二、实验原理

样品中溴甲烷的残留在回流提取器中与硫酸溶液一起被加热,在流动氮气载附下被蒸馏出,吸收于低温的吸收液中而富集。用配有电子俘获检测器的气相色谱仪测定。

三、试剂

异辛烷(色谱纯)、无水硫酸钠(650 ℃灼烧 4 h,冷却后过筛,取 9~20 目颗粒,储于密闭容器中,备用)、硫酸溶液(0.05 mol/L)、溴甲烷溶液(准备称取纯度≥99％溴甲烷标准品,用异辛烷配成标准储备溶液,根据需要再以异辛烷稀释成适用浓度的标准溶液)。

四、仪器

气相色谱仪(配有电子俘获检测器)、酸回流提取器、容量瓶、加热套、恒温水浴循环器、气体流量计等。

五、操作步骤

1. 样品提取

称取样品 50.0 g 于提取器的烧瓶中,并同时加入 200 mL 硫酸水溶液,混合后迅速连接好冷凝器,通氮气,调整流量为 20~30 mL/min,缓慢加热到微沸(20~30 min),保持微沸通气 2 h。加热完毕,将通气管抽离,吸收液面,取出用少量异辛烷多次冲洗通气管内外,并入容量瓶中。从冰盐浴中去除容量瓶,置于室温下,待容量瓶温度平衡到室温后,定容,供气相色谱分析。

2. 参考气相色谱条件

毛细管色谱柱:KB-ffap,30 mm×0.25 mm×0.32 mm;进样口温度:150 ℃;色谱柱温度:70 ℃;检测器温度:150 ℃;载气:氮气,纯度≥99.99％,20 mL/min。

3. 色谱测定

根据样品液中溴甲烷含量的情况,选定峰高相近的标准工作溶液,测定相应的峰面积(或峰高)。以溴甲烷标准溶液的峰面积(或峰高)为纵坐标,以溴甲烷标准测定液的浓度为横坐标绘制标准曲线。将吸收溶液进行气相色谱分析,由溴甲烷的峰面积和标准曲线得到吸收液中溴甲烷的浓度,计算样品中溴甲烷的含量。空白试验,除不加样品外,按上述测定步骤进行。

六、结果计算

$$C_x = \frac{A \times C \times V}{A_s \times M} \qquad (6-8)$$

式中，C_x 为样品中溴甲烷残留含量，mg/kg；A 为吸收液溴甲烷的峰面积或峰高；A_s 为标准工作液溴甲烷的峰面积或峰高；C 为标准工作液溴甲烷的浓度，μg/mL；V 为吸收液体积，mL；M 为样品质量，g。计算结果需扣除空白值。

七、注意事项

1. 除特别注明外，实验中所用水为去离子水或蒸馏水，试剂均为分析纯。

2. 如果样品测定液浓度超过线性范围，用异辛烷稀释后再进行测试。

3. 计算结果应扣除空白值。

4. 实验步骤中的气相色谱条件仅供参考，实际分析过程中应根据仪器的型号和实验条件，依据说明书，通过预备实验进行调整。

八、思考题

1. 叙述在实验中使用气相色谱仪的型号、各部件名称与主要功能。

2. 比较不同食品中溴甲烷提取方法的异同。

实验 6－6　包装材料有害释出物的快速检测

一、实验目的
掌握 GC－MS/MS 法测定食品包装材料有害释出物的原理和操作方法。

二、实验原理
采用超声提取法提取样品,以气相色谱-串联质谱(GC－MS/MS)法进行测定,建立一种简单、快速检测包装材料中 26 种有机残留物(包括 7 种指示性多氯联苯、7 中增塑剂、7 种氯酚类化合物、2 种二苯酮类化合物,以及 4－辛基酚、异丙基硫杂蒽酮、硬脂酸甲酯)的高通量分析方法。

三、试剂
甲醇、异辛烷、丙酮、标准溶液(称取 10 mg 标准品,用丙酮溶解定容至 10 mL,配置成 1 mg/mL 的标准贮备液;然后,再取适量标准贮备液用丙酮稀释成 0.01 μg/mL、0.02 μg/mL、0.05 μg/mL、0.1 μg/mL、0.5 μg/mL 及 1.0 μg/mL 的工作液。

四、仪器
气相色谱-串联质谱仪、超声波清洗器、旋转蒸发仪等。

五、操作步骤
1. 样品前处理

称取 2.5 g 于具塞锥形瓶中,加入 30 mL 丙酮,超声提取 15 min,将提取液转移到蒸馏烧瓶中。重复提取 2 次,合并全部提取液,用旋转蒸发仪在 40 ℃下浓缩,用丙酮定容到 5 mL,供 GC－MS/MS 分析。

2. GC－MS/MS 条件

分析柱为 DM－5MS 毛细管色谱柱,载气为高纯氦气,流速为 1.0 mL/min,柱温程序为初始温度 80 ℃,保持 1.0 min,以 8 ℃/min 的速度升至 300 ℃,保持 5.0 min。不分流进样,进样体积为 1 μL,进口温度为 250 ℃。离子源温度为 250 ℃,能量为 70 eV,传输线温度为 280 ℃,四级杆温度为 40 ℃,溶剂延迟时间为 5.0 min,碰撞气为高纯氩气,碰撞气压力位 0.266Pa,扫描方式为 MRM。

3. GC－MS/MS 测定

将有害释出物标准溶液在 GC－MS/MS 上分析,以溶液浓度为横坐标,峰面积为纵坐标,绘制标准工作曲线。同时,对样品进行分析,并根据标准曲线查出样品中有害释出物的浓度。空白试验,除不加样品外,按上述测定步骤进行。

六、结果计算

$$X = \frac{C \times V}{m} \tag{6-9}$$

式中,X 为样品中有害释出物残留含量,g/kg;C 为样品中有害释出物的浓度,ng/mL;V 为样品的定容体积,mL;m 为样品质量,g。计算结果需扣除空白值。

七、注意事项

1. 在用标准曲线对样品进行定量时,样品溶液中有害释出物的响应值均应在仪器测定的线性范围内,否则应对样品溶液进行稀释或浓缩。

2. 计算结果应扣除空白值。

3. 实验步骤中的色谱条件仅供参考,实际分析过程中应根据仪器的型号和实验条件,依据说明书,通过预备实验进行调整。

八、思考题

简述采用 GC 与 GC-MS/MS 测定包装材料有害释出物的异同。

（吴永祥　徐　晖　陈文军）

第7章 食品腐败变质和天然毒素的检测

实验 7-1 挥发性盐基氮的测定

一、实验目的

1. 掌握挥发性盐基氮的检测原理。
2. 掌握挥发性盐基氮的操作程序及实验要点。

二、实验原理

挥发性盐基氮(TVB-N)指动物性食品由于细菌和酶的作用,使蛋白质分解并产生碱性含氮物质,如伯胺、仲胺及叔胺等。因此,TVB-N指标可用于评价动物性食品的新鲜度。由于 TVB-N 具有挥发性,且在氯化镁碱性条件下蒸馏以氨的形式释放,故可用标准酸溶液滴定可计算出 TVB-N 含量。

三、试剂

1. 氧化镁混悬液(1%):称取 1.0 g 氧化镁,加 100 mL 蒸馏水,振荡成混悬液。
2. 盐酸标准溶液(0.1 mol/L):精确吸取浓盐酸 8.3 mL,用容量瓶定容至 1000 mL(无水碳酸钠标定)。
3. 盐酸标准溶液(0.01 mol/L):利用 0.1 mol/L 盐酸标准溶液稀释获得。
4. 硼酸吸收液(2%):称取硼酸 10.0 g 溶于 500 mL 蒸馏水配置成 20%硼酸溶液。
5. 溴甲酚绿-甲基红混合指示液:溶液 I :溴甲酚绿-乙醇指示剂(0.1%):称取 1.0 g 溴甲酚绿,溶于 95%乙醇,并用乙醇(95%)定容至 1000 mL。溶液 II :甲基红-乙醇指示剂(0.2%):称取 2.0 g 甲基红,溶于 95%乙醇,并用乙醇(95%)定容至 1000 mL。临用时两溶液等体积混合,阴凉处保存期三个月以内。

四、仪器

实验室用样品粉碎机或研钵、分析天平、半微量定氮仪凯氏蒸馏装置、振荡机、150 mL 及 250 mL 具塞锥形瓶、100 mL 及 1000 mL 容量瓶、10 mL 酸式滴定管等。

五、操作步骤

1. 样品处理

将试样除去脂肪、骨及腱后,绞碎搅匀。称取 10.0 g(精确到 0.001 g)于 250 mL 具塞锥形瓶中,加 100 mL 蒸馏水,采用保鲜膜将锥形瓶瓶口封住,置于摇床上振荡 30 min 后过滤,取滤液备用。

2. 蒸馏

在蒸馏装置的蒸汽发生器水中加入甲基红指示剂数滴,硫酸数滴,且保持此溶液为橙红色,否则补加硫酸;将盛有 10 mL 硼酸吸收液和 4～6 滴混合指示剂的锥形瓶置于冷凝管下端,并使其下端插入锥形瓶内液面以下;吸取 5 mL 样品滤液于蒸馏器反应室内,加 1% 氧化镁混悬液 5 mL,迅速盖塞,并用水封口,通入蒸汽蒸馏。计时 5 min 取下锥形瓶,使冷凝管下端离开吸收液液面,再计时 30 s,使用蒸馏水稍清洗冷凝管下端。

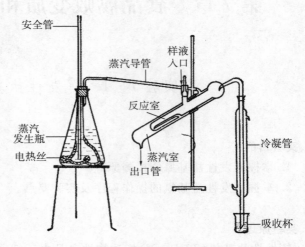

图 7 - 1　半微量凯氏定氮装置

3. 滴定

锥形瓶内吸收液立即用 0.01 mol/L 盐酸标准溶液滴定,终点至蓝紫色。记录盐酸体积 (mL),同时做空白溶液。

4. 参考标准

一级鲜度≤15 mg/100 g,二级鲜度≤20 mg/100 g,变质肉＞20 mg/100 g。

六、结果计算

$$TVB - N(\text{ mg/100 g}) = \frac{(V_1 - V_2) \times C_s \times 14 \times 100}{m \times 5/100} \tag{7 - 1}$$

式中,V_1 为样品中消耗的盐酸标准溶液体积,mL;V_2 为空白消耗盐酸标准溶液体积,mL;C_s 为盐酸标准溶液浓度,mol/L;m 为样品质量,g;14 为 1 mol/L 盐酸标准溶液 1 mL 相当于氮的毫克数。每个试样取三个平行样进行测定,以其算术平均值为结果,允许相对偏差为 5%。

七、注意事项

1. 所用试剂溶液应用无氨蒸馏水配制。

2. 溴甲酚绿-甲基红混合指示液使用时等体积混合。

3. 蒸馏时,蒸馏装置不能漏气,蒸汽发生要均匀充足,蒸馏过程中不得停火,否则将发生倒吸;应采用水封措施,以免氨逸出。蒸馏完毕后,应先将冷凝管下端提高液面清洗管口,再蒸 30 s 后关掉热源,否则可能造成吸收液倒吸。

4. 滴定至终点颜色需仔细辨别,否则极易造成实验误差。

实验 7-2　水产品中组胺的测定（高效液相色谱法）

一、实验目的

1. 了解高效液相色谱法检测组胺的方法和原理。
2. 掌握组胺的高效液相色谱检测技术。

二、实验原理

水样经苯甲酰氯衍生化后用乙醚萃取，萃取物经溶剂转换后用高效液相色谱-紫外检测器检测，外标法定量检测。

三、试剂

1. 苯甲酰氯、乙醚、甲醇（色谱纯）、乙腈（色谱纯）、氯化钠、氮气（99.99%）、滤膜（0.45 μm，有机相）、一次性过滤器（φ12~15 mm，0.45 μm，有机相）。

2. 氢氧化钠溶液（2.0 mol/L）：称取 4.0 g 氢氧化钠，用 50 mL 蒸馏水溶解。

3. 乙酸铵溶液（0.02 mol/L）：称取 1.54 g 乙酸铵溶解于蒸馏水中，并定容至 1 L，经滤膜过滤。

4. 组胺标准贮备液（1.00 mg/mL）：精确称取 0.1000 g 组胺于 100 mL 容量瓶中，用蒸馏水完全溶解后，稀释至刻度，混匀。于 4 ℃保存，有效期 3 个月。

5. 组胺标准工作溶液：吸取 10 mL 组胺标准贮备液，置于 100 mL 容量瓶中，用蒸馏水稀释至刻度，混匀，获得标准稀释液。按表 7-1 吸取不同体积的上述标准稀释液置于 50 mL 容量瓶中，稀释至刻度，混匀，得到标准工作溶液。使用时配制。

表 7-1　组胺标准工作溶液

标准稀释液体积/mL	1.00	2.00	5.00	10.00	20.00
组胺浓度/(mg/L)	2.00	4.00	10.00	20.00	40.00
定容体积/mL	50	50	50	50	50

四、仪器

高效液相色谱仪、紫外检测器（带梯度洗脱装置）、色谱柱（C_{18}色谱柱或性能相当者）、涡旋振荡器、恒温水浴锅、10 mL 具塞刻度试管、分析天平等。

五、操作步骤

1. 水样的衍生和萃取

吸取 2.00 mL 水样置于 10 mL 具塞刻度试管中，加入 1 mL 氢氧化钠溶液、20 μL 苯甲酰氯，在涡旋振荡器上振荡 30 s，置于 37 ℃水浴中振荡，反应时间 20 min，反应期间每隔 5 min 涡旋振荡 30 s。衍生反应完毕后，加入 1 g 氯化钠、2 mL 乙醚，振荡混匀，涡旋 30 s，静置。

待溶液分层后,用滴管将乙醚层完全移取至 10 mL 具塞刻度试管中,用氮气或吸耳球缓缓吹干乙醚,加 1.00 mL 甲醇溶解,再用一次性过滤器过滤后,作为高效液相色谱分析用试样。

2. 标准工作溶液的衍生和萃取

移取 2.00 mL 不同浓度的组胺标准工作溶液分别置于 5 个 10 mL 具塞刻度试管中,加入 1 mL 氢氧化钠溶液、20 μL 苯甲酰氯,在涡旋振荡器上振荡 30 s,充分混匀。萃取步骤同上。

3. 色谱条件

色谱柱:C_{18}色谱柱,5 μm,4.6×250 μm,或性能相当者;柱温:室温;流动相:A(乙腈),B(0.02 mol/L 乙酸铵),梯度洗脱条件见表 7-2 所列;检测波长:254 nm;进样量:20 μL。

表 7-2　梯度洗脱条件

时间(min)	流速(mL/min)	A(乙腈)(%)	B(0.02 mol/L 乙酸铵)(%)
0.00	1.0	30	70
5.00	1.0	75	25
10.00	1.0	75	25
15.00	1.0	30	70

4. 液相色谱测定

(1)仪器准备:开机,预热,使用流动相冲洗色谱柱,待基线稳定 30 min 后开始进样。

(2)标准曲线制作:使用衍生化的组胺标准工作溶液分别进样,以标准工作溶液浓度为横坐标,以峰面积为纵坐标,绘制组胺的标准曲线。

(3)试样测定:使用试样分别进样,每个试样重复 3 次,获得试样的峰面积。根据标准曲线计算被测试样中组胺的含量(mg/L)。

六、结果计算

$$X = f \times c \tag{7-2}$$

式中,X 为水样中被测物质的含量,mg/L;f 为稀释倍数;c 为标准工作曲线中得到试样溶液中被测物质的含量,mg/L。

七、注意事项

1. 由于有机组胺成分可能存在一定的毒副作用及过敏反应,检测过程中应配戴口罩和橡胶手套。

2. 样品采集符合国家标准或其他相关规定。

八、思考题

简述组胺经苯甲酰氯衍生化基乙醚萃取的原理。

实验 7-3　棉籽油中棉籽酚的测定

一、实验目的

掌握紫外分光光度法测定棉籽油中游离棉酚含量的原理与方法。

二、实验原理

棉籽酚是棉籽油中的一种有毒化学物质(结构如图 7-2 所示),它能影响人的生育功能,急性中毒者常出现皮肤和胃灼烧、恶心、呕吐、腹泻、头痛,危急时下肢麻痹、昏迷、抽搐、便血,乃至因呼吸、循环系统衰竭而死亡。因此,需严格控制棉籽油中棉籽酚的含量。

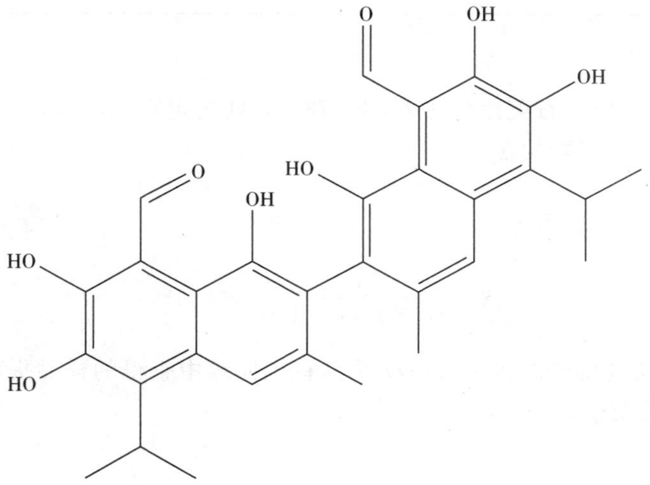

图 7-2　棉籽酚结构式

样品中游离棉酚经丙酮提取后,在 378 nm 波长处有最大吸收,其吸光度与棉籽酚量在一定范围内成正比,与标准品比较,可进行定量分析得到样品中棉籽酚的含量。

三、试剂

1. 常规溶液:丙酮溶液(70%,体积分数)。
2. 棉籽酚标准溶液(100 μg/mL):称取棉籽酚 5.0 mg,用丙酮溶解并定容至 50 mL。
3. 2～4 种棉籽油,各 50 g。

四、仪器

紫外分光光度计、振荡器、具塞锥形瓶、比色管等。

五、操作步骤

1. 样品提取

称取 1.00 g 棉籽油置于 100 mL 具塞锥形瓶中,加入 20 mL 丙酮溶液(70%)和 2～5 颗玻璃珠,在振荡器中振荡 30 min,于 4 ℃静置过夜。取上清液过滤,滤液即为样品提取液。

2. 标准曲线的绘制

按表 7 - 3 分别吸取 0 mL、0.5 mL、1.0 mL、1.5 mL、2.0 mL 及 2.5 mL 棉籽酚标准溶液(相当于 0 μg、50 μg、100 μg、150 μg、200 μg 及 250 μg 棉籽酚)于 10 mL 比色管中,用丙酮溶液(70%)稀释至刻度,摇匀,静置 10 min。以丙酮溶液(70%)作空白对照,以石英比色皿于 378 nm 处测吸光度,以棉籽酚的质量为横坐标,A378 nm 为纵坐标,绘制棉籽酚标准曲线。

表 7 - 3　棉籽酚标准工作溶液

标准溶液体积/mL	0	0.5	1.0	1.5	2.0	2.5
棉籽酚质量/μg	0	50	100	150	200	250
定容体积/mL	10	10	10	10	10	10

3. 样品测定

取适量样品提取液于石英比色皿中,于 378 nm 处测定吸光度值,与棉籽酚标准曲线进行比较,得到样品中棉籽酚的含量。

六、结果计算

$$X=\frac{m_1}{m_2\times1000\times1000}\times100\%\qquad\qquad(7-3)$$

式中,X 为样品中游离棉酚的含量,%;m_1 为从标准曲线中查得的样品提取液中棉籽酚的质量,μg;m_2 为样品的质量,g。

七、注意事项

1. 实验中样品的用量应根据棉籽油的精制程度适当调整。例如,粗制棉籽油样品的用量可减少至 0.20 g。

2. 除特别说明外,实验所用试剂均为分析纯,水为去离子水或蒸馏水。

八、思考题

简述棉籽酚对人体健康的危害。

实验 7 - 4　马铃薯中龙葵素的检测

一、实验目的

1. 掌握马铃薯毒素(龙葵素)的提取方法和原理。
2. 掌握马铃薯毒素(龙葵素)的检测方法和原理。

二、实验原理

马铃薯(Solanum tuberosum L.),又可称为土豆,为茄科植物,是主要的粮食作物之一。然而,在发芽的马铃薯植株和块茎中普遍含有一种有异味、有毒性的甾类生物碱——一类含氮的类固醇基和 1~4 个单糖通过 2 - O -糖苷键所组成的甾族类化合物(结构如图 7 - 3 所示)。这类马铃薯糖苷生物碱称为马铃薯毒素,由于其最早在龙葵中发现,故又可称为龙葵素或龙葵碱(以下统称龙葵素)。

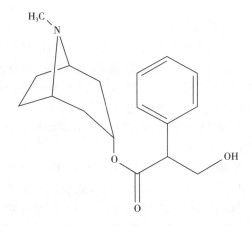

图 7 - 3　龙葵素分子结构式

龙葵素具有苦味,呈针状结晶,190 ℃呈褐色,熔点 248 ℃,280 ℃~285 ℃分解,可溶于水,遇醋酸极易分解,具有腐蚀性和溶血性,并对运动中枢及呼吸中枢有麻痹作用。马铃薯中的龙葵素含量安全标准为 20 mg/100 g,一般成熟的马铃薯中,含量为 6~10 mg/100 g,不会引起中毒。当马铃薯变绿或发芽,会产生大量的龙葵素,含量可增至 500 mg/100 g,大大超过安全标准,易引起食物中毒。龙葵素的致毒机理为抑制体内的胆碱酯酶活性,因而食用大量龙葵素的马铃薯及其制品会引起患者产生头晕、恶心、呕吐、腹痛等症状,但严重者会出现昏迷、抽搐,甚至死亡。

龙葵素的测定方法主要有比色法、高效液相色谱法、酶联免疫法、薄层层析、气相色谱法和显色滴定法。本试验主要通过比色法测定马铃薯中的龙葵素含量,其测定原理是龙葵素经乙醇-乙酸提取并经酸解后,在浓硫酸环境下可与甲醛形成稳定的紫红色络合物,其含量与颜色深浅呈线性相关,并且在 520 nm 有最大吸收。因此,选择 520 nm 作为测定波长,用外标法测定溶液吸光度,从标准曲线上查出样品液龙葵素浓度,计算出龙葵素含量。

三、试剂和材料

1. 乙醇(95％)、浓氨水、浓硫酸、冰乙酸。
2. 硫酸(1％)：吸取 5.65 mL 浓硫酸，缓缓注入冷水中，定容至 1000 mL，摇匀。
3. 甲醛(1％)：量取 25 mL 甲醛，加入冷水中，定容至 1000 mL，摇匀。
4. 氨水(1％)：量取 45.5 mL 浓氨水，加入冷水中，定容至 1000 mL，摇匀。
5. 发芽马铃薯：洗净，组织捣碎机捣碎，混匀，60 ℃烘干后，用植物样品粉碎机粉碎。

除特别说明外，实验所用试剂均为分析纯，水为去离子水或蒸馏水。

四、仪器

磁力搅拌器、水浴锅、索氏脂肪提取器、紫外-可见分光光度计、圆底烧瓶、直形冷凝管、分析天平、组织捣碎机、植物样品粉碎机等。

五、操作步骤

1. 龙葵素提取分离

称取 20.0 g 烘干马铃薯鲜样品，加 100 mL 乙醇和 30 mL 乙酸，磁力搅拌器搅拌 15 min，过滤。滤液装入索氏脂肪抽提器的称脂瓶，滤渣用滤纸包住，放入索氏脂肪提取器的滤纸筒内，调节温度至 54 ℃~65 ℃，水浴抽提 16 小时后，回收乙醇近干，然后将剩余的乙醇倒入蒸发皿中，将乙醇蒸干。用 30 mL 5％硫酸溶解剩余物，过滤，收取滤液，加入浓氨水调节 pH 值为 9~10.5，冷却，放置于冰箱过夜。4 ℃，5000 r/min 离心，去上清液，用 1％氨水洗涤沉淀，再离心，洗涤，至洗涤液澄清，离心，取沉淀即得粗样品。

2. 龙葵素标准工作溶液的制备

精确称取 0.0500 g 龙葵碱，加入 1％硫酸溶液溶解，移入 50 mL 容量瓶中，加入 1％硫酸溶液至刻度，摇匀。制备得到龙葵素标准贮备液，此溶液每毫升含龙葵碱 1.0 mg。按表 7-4 吸取 0 mL、0.2 mL、0.4 mL、0.6 mL、0.8 mL、1.0 mL 龙葵素标准贮备液并以 1％硫酸稀释到 2.0 mL，置冰浴中逐渐加入 5.0 mL 硫酸(宜于 3 min 以内滴完)，放置 1 min，然后置冰浴中滴加 2.5 mL 1％甲醛(在 2 min 以内滴完)，放置 90 min 后，于 520 nm 波长测定吸光度。

3. 样品的测定

将提取的粗样品用 1％硫酸溶解，定容到 10 mL。取 2.0 mL 的样品溶液，与步骤 2 中同样操作，先预测其大概浓度，再以 1％硫酸调节样品浓度，使之每毫升在 0.2 mg 以下，取 2.0 mL 按步骤 2 操作，于 520 nm 波长测定吸光度，计算含量。

表 7-4　龙葵素标准工作溶液的制备

龙葵素标准贮备液体积/mL	0	0.2	0.4	0.6	0.8	1.0
1％硫酸体积/mL	2.0	1.8	1.6	1.4	1.2	1.0
硫酸体积/mL	5.0	5.0	5.0	5.0	5.0	5.0
1％甲醛体积/mL	2.5	2.5	2.5	2.5	2.5	2.5

六、结果计算

$$X(\text{mg/100 g}) = \frac{P \times V \times 50}{m} \qquad\qquad (7-4)$$

式中，X 为 100 g 样品中所含龙葵素的量；P 为测定结果相应的标准浓度，mg/mL；V 为样品提取之后定容总体积，mL；m 为样品量，g。每个试样取三个平行样进行测定，以其算术平均值为结果，允许相对偏差为 5%。

七、注意事项

1. 所用试剂溶液应用无氨蒸馏水配制。

2. 龙葵素标准工作溶液的制备和样品中龙葵素的测定过程中，操作应在冰浴条件下进行。

3. 滴加硫酸和甲醛应迅速而准确，保证测量结果的准确性。

八、思考题

简述龙葵素的性质及对人体健康的危害。

实验 7 - 5   河豚中河豚毒素的检测(酶联免疫吸附法)

一、实验目的

　　1. 掌握酶联免疫吸附法的基本原理及特点。

　　2. 掌握酶联免疫吸附法检测河豚中河豚毒素的方法和原理。

二、实验原理

　　河豚毒素(TXT)是一种存在于河豚、斑足蟾等动物中的海洋毒素,主要存在于河豚的性腺、肝脏、脾脏、皮肤、血液等部位。河豚毒素为氨基全氢喹唑啉型化合物(结构式如图 7 - 4 所示),无色棱柱状晶体,化学性质和热性质均很稳定,只有在高温加热 30 min 以上或在碱性条件下才能被分解。河豚毒素是自然界中发现的毒性最大的神经毒素之一,对肠道有局部刺激作用,吸收后迅速作用于神经末梢和神经中枢,可高选择性和高亲和性地阻断神经兴奋膜上钠离子通道,阻碍神经传导,从而引起神经麻痹而死亡。

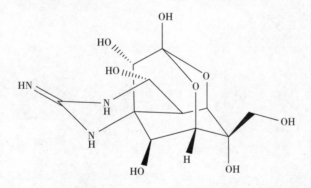

图 7 - 4   河豚毒素的结构

　　酶联免疫吸附法是一种固相免疫测定技术,先将抗体或抗原包被到某种固相载体表面,并保持其免疫活性。检测时,将待检样品和酶标抗原或抗体按照不同步骤与固相载体表面吸附的抗体或抗原发生反应,后加入酶标抗体与免疫复合物结合,用洗涤的方法分离抗原抗体复合物和游离的未结合成分,最后加入酶反应底物,根据底物被酶催化产生的颜色及其吸光度值的大小进行定性或定量分析的方法。

　　利用酶联免疫吸附法测定河豚中的河豚毒素,即将河豚毒素经提取、脱脂后与定量的特异性酶标抗体反应,多余的游离酶标抗体则与酶标板内的包被抗原结合,加入底物后显色,与标准曲线比较可计算得到河豚毒素的含量。

三、试剂

　　1. 牛血清蛋白(BSA)、河豚毒素标准品、乙酸、氢氧化钠、乙酸钠、乙醚、N,N -二甲基甲酰胺、3,3,5,4 -四甲基联苯胺(TMB)(4 ℃避光保存)、碳酸钠、碳酸氢钠、磷酸二氢钾、磷酸氢二钠($12H_2O$)、氯化钠、氯化钾、过氧化氢、吐温-20、柠檬酸、98%浓硫酸。

2. 抗河豚毒素单克隆抗体:杂交瘤技术生产并经纯化的抗河豚毒素单克隆抗体。

3. 人工抗原:牛血清蛋白-甲醛-河豚毒素连接物,$-20\ ℃$保存,冷冻干燥后的人工抗原可室温或 $4\ ℃$保存。

4. 辣根过氧化物酶(HRP)标记的抗河豚毒素单克隆抗体:$-20\ ℃$保存,冷冻干燥后的人工抗原可室温或 $4\ ℃$保存。

5. 乙酸盐缓冲液($0.2\ mol/L$,pH$=4.0$):$0.2\ mol/L$乙酸钠溶液:称取 16.4 g 乙酸钠加水溶解并定容至 1000 mL;$0.2\ mol/L$乙酸:11.4 g乙酸加水溶解并定容至 1000 mL;取 $0.2\ mol/L$乙酸钠 20.0 mL 和 $0.2\ mol/L$乙酸 80.0 mL 混合,制备得到 $0.2\ mol/L$乙酸盐缓冲液(pH4.0)。

6. 磷酸盐缓冲液($0.01\ mol/L$,PBS,pH$=7.4$):分别称取磷酸氢二钾 0.2 g、磷酸氢二钠 2.9 g、氯化钠 8.0 g 和氯化钾 0.2 g,加水溶解并定容至 1000 mL。

7. 河豚毒素标准贮备液:将河豚毒素标准品溶解于 $0.2\ mol/L$乙酸盐缓冲液(pH$=4.0$),制备成 $1.0\ g/L$的河豚毒素标准贮备液,密封后,$4\ ℃$保存备用。

8. 河豚毒素标准工作溶液:将河豚毒素标准贮备液用 $0.01\ mol/L$ PBS(pH$=7.4$)稀释,配置成浓度分别为 5000.00 $\mu g/L$、2500.00 $\mu g/L$、1000.00 $\mu g/L$、500.00 $\mu g/L$、250.00 $\mu g/L$、100.00 $\mu g/L$、50.00 $\mu g/L$、25.00 $\mu g/L$、10.00 $\mu g/L$、5.00 $\mu g/L$、1.00 $\mu g/L$、0.50 $\mu g/L$、0.10 $\mu g/L$ 及 0.05 $\mu g/L$ 河豚毒素标准工作溶液,现配现用。

9. 包被缓冲液(pH$=9.6$、$0.05\ mol/L$):分别称取碳酸钠 1.59 g、碳酸氢钠 2.93 g,加水溶解并定容至 1000 mL。

10. 封闭液:称取 2.0 g 牛血清蛋白加 $0.01\ mol/L$ PBS 溶解并定容至 1000 mL。

11. 洗液:999.5 mL PBS(pH7.4,$0.01\ mol/L$)加入 0.5 mL 的吐温-20,混匀。

12. 抗体稀释液:1.0 g 牛血清蛋白加 $0.01\ mol/L$ PBS 溶解并定容至 1000 mL。

13. 底物缓冲液:$0.1\ mol/L$柠檬酸溶液:称取 21.01 g柠檬酸,加水溶解并定容至 1000 mL;$0.2\ mol/L$磷酸氢二钠溶液:称取 71.6 g磷酸氢二钠加水溶解并定容至 1000 mL;将 $0.1\ mol/L$柠檬酸溶液、$0.2\ mol/L$磷酸氢二钠溶液和纯水按照 24.3∶25.7∶50 的比例混匀,得到底物缓冲液,现配现用。

14. 底物溶液:称取 200 mg TMB 溶于 20 mL N,N-二甲基甲酰胺,$4\ ℃$避光保存,得到 TMB 储液;将 75 μL TMB 储存液、10 mL 底物缓冲液和 10 μL 过氧化氢混合,得到底物溶液。

15. 终止液($2\ mol/L$):取 891.5 mL 浓硫酸(98%),缓缓加至盛有 108.5 mL 纯水的容量瓶中,混匀。

16. 乙酸溶液(0.1%):1 mL乙酸加到 999 mL 水中。

17. 氢氧化钠溶液($1\ mol/L$):称取 40.0 g 氢氧化钠加水溶解并定容至 1000 mL。

除河豚毒素标准品外,实验所用的化学试剂均为分析纯,水为蒸馏水。

四、仪器

组织匀浆器、温控磁力搅拌器、高速离心机、酶标仪(配有 450 nm 滤光片)、可拆卸 96 孔酶标微孔板、恒温培养箱、微量加样器及配套吸头、分析天平、架盘药物天平、分液漏斗(125 mL)、量筒(100 mL)、烧杯(100 mL)、吸管(10 mL)、容量瓶(50 及 1000 mL)、磨口具塞锥形瓶(100 mL)、pH 试纸、研钵、剪刀、漏斗等。

五、操作步骤

1. 取样

对冷藏样品或冷冻后解冻的样品,用蒸馏水清洗鱼体表面的污物,滤纸吸干鱼体表面的水分后用剪刀将鱼体分解成肌肉、肝脏、肠道、皮肤、卵巢(雄性为精囊)等部分,各部分组织分别用蒸馏水洗去血污,滤纸吸干表面的水分后称重。

2. 样品提取

(1)将河豚组织用剪刀剪碎,加入 5 倍体积 0.1‰乙酸溶液,用组织匀浆器磨成糊状。

(2)取相当于 5 g 河豚组织的匀浆糊(25 mL)于烧杯中,置温控磁力搅拌器上边加热边搅拌,在 100 ℃下持续 10 min 后取下,冷却至室温后,8000 r/min 离心 15 min,快速过滤于125 mL 分液漏斗中。

(3)滤纸残渣用 20 mL 乙酸溶液(0.1‰)分次洗净,洗液合并于烧杯中,置温控磁力搅拌器上边加热边搅拌,在 100 ℃下持续 3 min 后取下,冷却至室温后,8000 r/min 离心 15 min,过滤,滤液合并于步骤(2)的分液漏斗中。

(4)在步骤(2)的分液漏斗的清液中加入等体积的乙醚振摇脱脂,静置分层后,放出水层至另一分液漏斗中,并以等体积乙醚再重复脱脂一次,将水层放入 100 mL 锥形瓶中,减压浓缩除去其中残存的乙醚后,将提取液移入 50 mL 容量瓶中。

(5)将步骤(4)的提取液用氢氧化钠溶液(1 mol/L)调 pH 至 6.4～7.0,并用 PBS 定容至 50 mL,立即用于检测(每毫升提取液相当于 0.1 g 河豚组织样品)。

(6)当天不能检测的提取液经减压浓缩去除其中残存的乙醚后不用氢氧化钠调 pH,密封后−20 ℃以下冷冻保存,在检测前调节 pH 并定容至 50 mL,立即检测。

3. 包被酶标微孔板:用牛血清蛋白-甲醛-河豚毒素人工抗原包被酶标板,120 μL/孔,4 ℃静置 12 h。

4. 抗体抗原反应

将辣根过氧化物酶标记的纯化河豚毒素单克隆抗体稀释后分别:(1)与等体积不同浓度的河豚毒素标准溶液在 2 mL 试管内混合后,4 ℃静置 12 h 或 37 ℃温育 2 h 备用,此液用于制作河豚毒素标准抑制曲线;(2)与等体积样品提取液在 2 mL 试管内混合后,4 ℃静置 12 h或 37 ℃温育 2 h 备用,此液用于测定样品中河豚毒素含量。

5. 封闭

已包被的酶标板用洗液洗 3 次(每次浸泡 3 min)后,加封闭液封闭,200 μL/孔,置 37 ℃温育 2 h。

6. 测定

封闭后的酶标板用洗 3 次(每次浸泡 3 min)后,加抗原抗体反应液(在酶标板的适当孔位加抗体稀释液作阴性对照),100 μL/孔,37 ℃温育 2 h,酶标板洗 5 次(每次浸泡 3 min)后,加新配置的底物溶液,100 μL/孔,37 ℃温育 10 min 后,每孔加入 50 μL 硫酸(2 mol/L)终止显色反应,于 450 nm 波长处测定吸光度值。

六、结果计算

$$X = \frac{m_1 \times V \times D}{V_1 \times m} \qquad\qquad (7-5)$$

式中，X 为样品中河豚毒素含量，$\mu g/kg$；m_1 为酶标板上测得的河豚毒素的质量，ng，根据标准曲线按数值插入法求得；V 为样品提取液的体积，mL；D 为样品提取液的稀释倍数；V_1 为酶标板上每孔加入的样液体积，mL；m 为样品质量，g。每个试样取三个平行样进行测定，以其算术平均值为结果，允许相对偏差为 5%。

七、注意事项

1. 河豚毒素与底物缓冲液应现配现用。

2. 当天不能检测的提取液经减压浓缩去除其中残存的乙醚后不用氢氧化钠调 pH，密封后－20 ℃以下冷冻保存，在检测前调节 pH 并定容至 50 mL，立即检测。

3. 加样应严格操作，避免漏加和重复加样，每次加样须更换吸头，以免发生交叉污染。

4. 温育时间短，反应不彻底；温育时间长，会导致非特异性结合紧附于反应孔周围，不能完全清洗干净，使结果不准确。

5. 洗板时保证微孔板平放且洗板应充分，否则难以清除非特异性结合于固相载体上的干扰物质，影响实验结果。

6. 加入底物后应立即避光显色，显色剂应尽量现配现用，若底物呈现颜色变化则坚决不用。

八、思考题

怎样防止河豚毒素对人体的伤害？

实验 7 - 6　黄曲霉毒素 B₁ 的测定(薄层层析法)

一、实验目的

1. 了解黄曲霉毒素的种类、性质及危害。
2. 掌握食品中黄曲霉毒素 B_1 的分离、纯化过程和薄层色谱测定方法。

二、实验原理

生物毒素是指来源于生物且不可自复制的有毒化学物质,包括动物、植物、微生物在生长繁殖过程中或一定条件下产生的,对其他生物物种有毒害作用的各种化学物质。迄今,生物毒素已有约 2000 多种,按来源可分为动物毒素(蛇毒、蜂毒、河豚毒素等)、植物毒素(相思子毒素、蓖麻毒素等)和微生物毒素(黄曲霉毒素、伏马菌素等)。生物毒素的毒性较强,污染了真菌毒素和微藻毒素等的食品,对大众健康造成极大危害,且具有极高毒性的肉毒毒素等还具备发展成潜在生物武器的可能性,从而威胁到国家安全。因此,对食品样本建立有效的、快速的生物毒素检测技术已得到各国化学与生物分析工作者的关注。

在众多生物毒素中,黄曲霉毒素 B_1(AFB$_1$,结构如图 7 - 5 所示)是目前被研究的最多的真菌毒素类,这类毒素主要是由黄曲霉(As. flavu s)和寄生曲霉(As. para siticu s)分泌的次级代谢产物。AFB$_1$ 主要损害机体的肝脏和肾脏等其他组织,具有很强的致癌、致畸和致突变作用,已被世界卫生组织(WHO)的癌症研究机构(IRAC)定为 I 类致癌物质。各国对 AFB$_1$ 制定了严格的限量和进出口标准,如我国对 AFB$_1$ 的限量标准为 5 ng/g。因此,本实验以 AFB$_1$ 为例,利用薄层层析和酶联免疫吸附法检测样品中的 AFB$_1$ 含量。

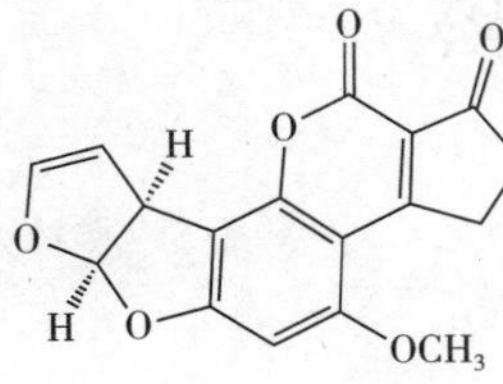

图 7 - 5　AFB₁ 结构式

样品中黄曲霉毒素 B_1 经有机溶剂提取、净化、浓缩并经薄层色谱分离后,在波长 365 nm 紫外光下产生荧光,根据其在薄层板上显示荧光的强度与标准品 AFB$_1$ 最低检出量产生的荧光强度比较来测定样品中 AFB$_1$ 的含量。

本方法参照国家标准——黄曲霉毒素 B_1 测定(薄层层析法 GB/T 5009.22—2003,薄层层析法),适于粮食、花生及其制品、薯类、豆类、发酵食品及酒类等各种食品中黄曲霉毒素 B_1 的测定,黄曲霉毒素 B_1 的检出限量为 0.0004 μg。

三、试剂

1. 三氯甲烷、正己烷(沸程 30 ℃~60 ℃)或石油醚(沸程 60 ℃~90 ℃)、甲醇、苯、乙腈、无水乙醚、丙酮。以上试剂应重蒸,并应经检验对薄层色谱测定无干扰。

2. 苯-乙腈(98：2)混合溶液、甲醇-水(55：45)混合溶液、三氟乙酸、氯化钠、无水硫酸钠、硅胶 G(薄层色谱用)。

3. 次氯酸钠溶液(5%)：称取 100 g 漂白精，加入 500 mL 水，搅匀。另将 80 g 碳酸钠($Na_2CO_3 \cdot 10H_2O$)溶于 500 mL 温水中，倒入上述溶液中，搅匀，澄清过滤后贮存于带橡皮塞的玻璃瓶中，用作消毒剂。

4. 黄曲霉毒素 B_1 标准贮备液：用百万分之一的微量分析天平精密称取 $1\sim1.2$ mg AFB_1 标准品，先加入 2 mL 乙腈溶解后，再用苯稀释至 100 mL，避光置于 4 ℃冰箱中保存。使用紫外分光光度计测定其浓度，再用苯-乙腈混合溶液调整其浓度为 10 μg/mL(在350 nm 测定 AFB_1 的苯-乙腈溶液的吸光度，其摩尔消光系数为 19800，可根据朗伯-比尔定律求出其浓度)。

5. 黄曲霉毒素 B_1 标准应用液Ⅰ(1 μg/mL)：吸取 1.0 mL 10 μg/mL 的黄曲霉毒素 B_1 标准贮备液于 10 mL 容量瓶中，加苯-乙腈混合溶液定容。

6. 黄曲霉毒素 B_1 标准应用液Ⅱ(0.2 μg/mL)：吸取 1.0 mL 1 μg/mL 的黄曲霉毒素 B_1 标准应用液Ⅰ于 5 mL 容量瓶中，加苯-乙腈混合溶液定容。

7. 黄曲霉毒素 B_1 标准应用液Ⅲ(0.04 μg/mL)：吸取 1.0 mL 0.2 μg/mL 的黄曲霉毒素 B_1 标准应用液Ⅱ于 5 mL 容量瓶中，加苯-乙腈混合液定容。

四、仪器

玻璃板(5 cm×20 cm)、涂布器、色谱展开槽(25 cm×6 cm×4 cm)、紫外光灯(100～125W，带有波长 365 nm 滤光片)、微量注射器(20 μL 及 10 μL 各一支)、紫外分光光度计等。

五、操作步骤

1. 样品预处理

取 4 g 混匀的花生油样品于小烧杯中，用 20 mL 石油醚或正己烷，将其转移到 125 mL 分液漏斗中，用 20 mL 甲醇-水溶液分数次洗烧杯，洗液并入分液漏斗中，振摇 2 min，静止分层后，将下层甲醇-水溶液移入第二分液漏斗，再用 5 mL 甲醇-水溶液重复提取一次，提取液并入第二分液漏斗中。在第二分液漏斗中加入 20 mL 三氯甲烷，振摇 2 min，静止分层后，放出三氯甲烷层，经盛有约 10 g 先用三氯甲烷湿润的无水硫酸钠的慢速滤纸过滤于50 mL 蒸发皿中，分液漏斗中再加 5 mL 三氯甲烷提取一次，三氯甲烷层一并滤入蒸发皿中，最后用少量三氯甲烷洗过滤器，洗液并入蒸发皿中。在通风柜中，将蒸发皿于 65 ℃水浴上挥干，然后放入冰盒上冷却 2～3 min，准确加入 1 mL 苯-乙腈混合液，用带橡皮头滴管的管尖将残渣充分混合，若有结晶析出，将蒸发皿取下，继续溶解、混匀，晶体消失后用滴管吸取上清液转移于 2 mL 具塞试管中。

2. 样品测定

⑴薄层板的制备：称取约 3 g 硅胶 G，加相当于硅胶量的 2～3 倍的水，用力研磨 1～2 min，制成糊状后立即倒入涂布器内，推铺成 5 cm×20 cm、厚度为 0.25 mm 的薄层板三块。于空气中干燥约 15 min 后，在 100 ℃下活化 2 h，取出放入干燥器中保存。

⑵点样：将薄层板边缘附着的吸附剂刮净，在距薄层板底端 3 cm 的基线上用微量注射器滴加样液和标准液。

第一点:10 μL0.04 μg/mL AFB₁标液;

第二点:20 μL 样液;

第三点:20 μL 样液+10 μL0.04 μg/mL AFB₁标液;

第四点:20 μL 样液+10 μL0.2 μg/mL AFB₁标液;要求点距边缘和点间距约为 1 cm,样点直径约 3 cm,大小相同,点样时可用电吹风冷风边吹边点。

(3)展开:在展开槽内加 10 mL 无水乙醚,将点好样的薄层板预展 12 cm,取出挥干。再于另一展开槽内加 10 mL 丙酮+三氯甲烷(8+92)混合溶剂,展开 9~12 cm,取出挥干。

(4)结果观察:将展开好的薄板放在 365 nm 的紫外灯光下观察:①若第一点无荧光或都无荧光。说明薄板或展开剂未制备好,需重新制备。②第一点有荧光,而其余三点无荧光。说明样液中有荧光猝灭剂,样液需重新制备。③第一点有荧光,第二点无荧光,第三、第四点有荧光。说明样液不含 AFB₁或含量小于最低检出量。④四个点都有荧光。需做确证实验后再进行定量。

(5)确证实验:于另一薄板上左边依次点两个样:

第一点:10 μL0.04 μg/mL AFB₁标液;

第二点:20 μL 样液;

在以上两点各加一小滴三氟乙酸(TFA),待反应 5 min 后,用电吹风热风 2 min,使温度不高于 40 ℃。再于薄层板的右边点以下两个点:

第三点:10 μL 0.04 μg/L AFB₁标液;

第四点:20 μL 样液;

同第 3 步展开后,于紫外光下观察样液是否产生与 AFB₁标准点相同的衍生物 AFB₂a,未加 TFA 的第三、第四点作空白对照。

(6)稀释定量

若第二点的荧光强度比第一点强,则根据其强度估计减少点样体积,于另一薄板上点四个点:

第一点:10 μL 0.04 μg/mL AFB₁标液;

第二点:10 μL 样液;

第三点:15 μL 样液;

第四点:20 μL 样液;

展开后取荧光强度与第一点相同的样点进行计算。

六、结果计算

$$x = \frac{0.0004 \times V_1 \times f \times 1000}{V_2 \times m} \tag{7-6}$$

式中,x 为样品中 AFB₁的含量,μg/kg(ppb);V_1 为加入苯-乙腈混合液的体积,mL;V_2 为出现最低荧光时滴加样品提取液的体积,mL;f 为稀释倍数;m 为加入苯-乙腈混合液溶解时相当于样品的质量,g;0.0004 为 AFB₁的最低检出量,μg。

七、注意事项

1. 实验所用的有机溶剂在实验前先进行空白试验,如产生干扰结果的荧光,则应重蒸。

2. 活化好的薄层板在干燥器中可以保存 2~3 d,若放置时间较长,应该再活化后使用。

3. 本实验只有在实验室内没有挥发性试剂时,才能进行操作,否则将影响实验结果。

4. 薄层板在暴露于紫外光之前要始终保持干燥,否则紫外线可催化发生化学变化。

5. 如环境比较潮湿,薄层板的活性易降低,将影响测定的灵敏度。因此,薄层板应在使用当天活化,且点板电在有硅胶干燥剂的展开槽内进行。

6. AFB_1 剧毒并强致癌,操作时应特别小心,注意防护及清洗消毒。受污染的器皿,经次氯酸钠溶液(5%)浸泡片刻后再清洗干净即可达到去毒效果。

八、思考题

1. 通常在实验测试过程中,应该避免未展开的斑点被紫外光线照射,为什么?

2. 写出 AFB_1 与三氟乙酸反应生成衍生物的化学反应方程式。

3. 叙述 AFB_1 经 5% 次氯酸钠溶液处理后的化学变化。

实验 7－7　食品中金黄色葡萄球菌肠毒素 A 检测
（电泳和免疫印迹法）

一、实验目的

1. 掌握电泳和免疫印迹法测定食品中金黄色葡萄球菌肠毒素 A 的原理及方法。
2. 学习电泳和免疫印迹法的操作技能。

二、实验原理

金黄色葡萄球菌肠毒素 A（stap hylococcal enterotoxin A；SEA）由金黄色葡萄球菌产生的蛋白质外毒素，是其中一种主要血清型。免疫印迹法（immunoblot）是将蛋白质转移到固相载体上，利用抗体与附着于固相载体的靶蛋白所呈现的抗原表位发生特异性反应进行检测。SDS（十二烷基磺酸钠）与蛋白质分子结合形成带负电荷的蛋白质-SDS 复合物。在电场的作用下，蛋白质-SDS 复合物向带有异相电荷的电极移动。根据聚丙烯酰胺凝胶分子筛效应，复合物迁移的速度与其分子量成负相关。将电泳分离的组分转移并固定在化学合成膜等固相载体后，以特定的免疫反应以及显色系统分析印迹。

本方法参照国家出入境检验检疫行业标准——进出口食品中金黄色葡萄球菌肠毒素 A 的检测（电泳和免疫印迹法 SN/T 2416—2010），适用于进出口食品中金黄色葡萄球菌肠毒素 A 的检测。

三、试剂

1. SEA 标准物质、抗 SEA 血清、抗血清碱性磷酸酶、Marker（5－200kDa）、BCIP/NBT 对甲苯胺蓝/氯化硝基四氮唑蓝、TEMED 四甲基二乙胺、甲醇、异丁醇、吐温-20。

2. 聚丙烯酰胺凝胶贮液：丙烯酰胺 30 g，甲叉双丙烯酰胺 0.8 g，蒸馏水 100 mL。将各成分溶解于蒸馏水，过滤后置棕色瓶中。4 ℃可贮存 30～60 d。

3. 过硫酸铵（10% 质量浓度）：铝膜覆盖放置 1 周后使用。

4. 十二烷基磺酸钠（20% 质量浓度）。

5. 缓冲液 I：将 181.6 g Tris ba se 溶解于 250 mL 蒸馏水。加入 40 mL 6 mol/L 盐酸，加水定容至 500 mL。

6. 缓冲液 II：将 15.1 g Tris ba se 溶解于 50 mL 蒸馏水。加入 18 mL 6 mol/L 盐酸，加水定容至 100 mL。

7. 10×电泳缓冲液：将 121 g Tris ba se 和 576 g 甘氨酸溶解于 4 L 蒸馏水。搅拌至完全溶解。加入 40 g 十二烷基磺酸钠。

8. 点样缓冲液：将 12.5 mL 1.0 mol/L Tris pH＝7、10 mL 甘油和 5 mL β-巯基乙醇。加水定容至 40 mL。再加入 10 mL 20% 十二烷基磺酸钠和 25 mg 溴酚蓝。

9. 10×转移缓冲液：将 121 g Tris ba se 和 576 g 甘氨酸溶解于 4 L 蒸馏水。搅拌至完全溶解。

10. 1×转移缓冲液：将 400 mL 10×转移缓冲液和 2800 mL 蒸馏水混合，再加入 800 mL

甲醇。

11. 封闭缓冲液：将 116 g 氯化钠和 3 L 蒸馏水混合。再加入 40 mL 1.0 mol/L Tris pH＝8搅拌至完全溶解。加入 20 mL 吐温-20 轻轻地搅拌，加水定容至 4 L。

12. 1 mol/L Tris pH＝7：将 121.1 g Tris ba se 溶解于 750 mL 蒸馏水。用 6 mol/L 盐酸调至 pH 值为 7.0(约 160 mL)，加水定容至 1 L。

13. Tris 溶液(1 mol/L，pH＝8)：将 121.1 g Tris ba se 溶解于 750 mL 蒸馏水。用 6 mol/L盐酸调至 pH 值至 8.0(约 90 mL)，加水 5 定容至 1 L。

14. 分离胶(12.5％)：缓冲液 I 2.8 mL，蒸馏水 1.5 mL，十二烷基磺酸钠(20％质量浓度)50 μL，过硫酸铵(10％质量浓度)30 μL，TEMED30 μL，聚丙烯酰胺凝胶贮液 3.1 mL。将各成分均匀混合，最后加入聚丙烯酰胺凝胶贮液。分离胶溶液中过硫酸铵和 TEMED 的比例越低，凝固时间越长。其使用量可根据实际需要调整。

15. 浓缩胶：缓冲液 II 0.625 mL，蒸馏水 1.5 mL，20％(质量浓度)十二烷基磺酸钠30 μL，10％(质量浓度)过硫酸铵 20 μL，TEMED20 μL，聚丙烯酰胺凝胶贮液 0.375 mL。将各成分均匀混合，最后加入聚丙烯酰胺凝胶贮液。

四、仪器

垂直凝胶系统、转移系统、电泳仪、离心机(适用 1.5 mL 离心管，转速不低于10000 r/min)、均质器、硝酸纤维膜、涡旋振荡器、扫描仪(辨析率不低于 600 DPI)、离心管(1.5 mL)等。

五、操作步骤

1. 检验程序

金黄色葡萄球菌肠毒素 A 检验程序如图 7-6 所示。

2. 样品制备和对照设置

(1)检样：以无菌操作取液体检样 300 μL，加入等体积点样缓冲液，90 ℃加热 2 min，离心 1 min。以无菌操作取固体检样 1 g 进行均质，加入 1 mL 生理盐水再均质。吸取 300 μL均质液，黏稠样品则可称取 300 mg，加入等体积点样缓冲液成为样品制备液，90 ℃加热2 min，离心 1 min。

(2)阳性对照：将 SEA 标准物质用蒸馏水溶解制成 1 μg/mL 贮藏液。取 1 μL 贮藏液，用蒸馏水稀释至 20 μL，使终浓度为 0.05 μg/mL，加入等体积点样缓冲液。90 ℃加热2 min，离心 1 min。

(3)空白对照：取 20 μL 蒸馏水加入等体积点样缓冲液，90 ℃加热 2 min，离心 1 min。

3. 制胶

(1)安装制胶配件。快速向配件内灌注分离胶溶液至三分之二处，立即用蒸馏水覆盖分离胶液面至配件顶端。静置大约 15 min，待凝胶凝固后与蒸馏水之间形成清晰的界线，吸干蒸馏水。

(2)向配件内凝固的分离胶上灌注浓缩胶溶液至配件顶端，插入 1.5 mm 样梳。凝固后小心地移除样梳，用水冲洗齿孔并快速排干。

4. 电泳

(1)组装电泳槽，向电泳槽内注入电泳缓冲液。分别取 40 μL 样品制备液、阳性对照和空白对照,点样。每个样品之间以及与阳性对照之间尽量分开以减少交叉污染。在阳性对照邻近的齿孔加入 5 μL Marker。

（2）选择合适的电压（100～150 V）进行电泳,电泳时间为 1.4～2.2 h 或电泳至溴酚蓝到达分离胶底部。

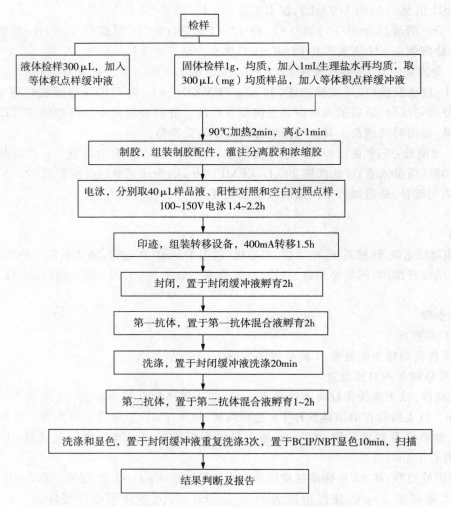

图 7 - 6　金黄色葡萄球菌肠毒素 A 检验程序示意图

5. 印迹

（1）组装转移设备。将硝酸纤维膜置于 1×转移缓冲液中预处理不少于 5 min。将电泳凝胶和硝酸纤维膜组装于转移槽。组装应在转移缓冲液中操作,以免产生气泡。

（2）向冷却槽加入冰块,检查电极方向并连接电线。400 mA 恒流转移,转移时间为 1.5 h。确认 Marker 转移成功后弃去凝胶。

6. 免疫反应

（1）封闭:将纤维膜置于 20 mL 封闭缓冲液中轻轻摇动孵育 20 min。

（2）第一抗体:将抗 SEA 血清与封闭缓冲液按照 1：1000 比例混合。将纤维膜置于 10 mL 该混合液中轻轻摇动孵育 2 h。

　　(3)洗涤:将纤维膜置于 20 mL 封闭缓冲液轻轻摇动洗涤 20 min。

　　(4)第二抗体:将抗血清碱性磷酸酶与封闭缓冲液按照 1:1000 比例混合。将纤维膜置于 10 mL 该混合液中轻轻摇动孵育 1~2 h。

　　(5)洗涤和显色:将纤维膜置于 20 mL 封闭缓冲液轻轻摇动洗涤 20 min,重复洗涤3 次。加入 10 mL BCIP/NBT 显色剂,显色时间为 10 min 左右,也可视具体情况而定。干燥纤维膜,扫描并保存图片。

六、结果分析

　　1. 阳性对照出现预期条带,空白对照未出现条带,待测样品未出现相应大小的条带,则报告阴性结果。

　　2. 阳性对照出现预期条带,空白对照未出现条带,待测样品出现相应大小的条带,则需要按 GB/T 4789.10—2003 A.4.4 对 SEA 的检验要求进行确认试验。确认试验结果是最终报告结果的依据。

　　3. 本试验检验灵敏度为 $0.05\ \mu g/mL$。

七、注意事项

　　1. 实验室应按照 GB 19489 对生物安全 2 级(BS L-2)实验室的生物安全要求执行。

　　2. 当进行可能产生气溶胶或液体溅出的操作时,或者可能产生大量毒素的实验时,应同时按照 GB 19489 对 BS L-3 安全设备和个体防护的要求执行。

　　3. 使用过的实验用品应按照 GB19489 对废弃物进行无害化处理。

八、思考题

　　1. 简述金黄色葡萄球菌肠毒素的种类及其致毒机理。

　　2. 免疫印迹法的工作原理是什么?

实验 7-8　食品中肉毒梭菌毒素的检验

一、实验目的

1. 掌握以动物实验法检测食品中是否存在肉毒梭菌毒素的原理及方法。
2. 掌握观察微生物生长形状、染色镜检等操作技能。
3. 掌握小鼠腹腔注射及解剖等操作技能。

二、实验原理

肉毒梭菌毒素(botuinus toxin,BT)是由厌氧的肉毒梭菌在生长繁殖过程中产生的一种细菌外毒素,它能引起死亡率极高的肉毒中毒。它是一种神经毒素,主要侵犯中枢神经系统,提高阻断乙酰胆碱的释放而导致死亡。肉毒梭菌及其毒素根据毒素抗原性的不同,将其分为 A、B、C、D、E、F 和 G7 种。其中 A、B、E、F 为人中毒型类别,C、D 型为动物和家禽的中毒型类别。C 型肉毒梭菌在自然界广泛分布。饮食污染有 C 型肉毒梭菌特别是 C 型肉毒毒素的水源或草料的动物有可能发生 C 型肉毒中毒。动物中毒后,20 小时左右甚至几小时内即可致死,死亡率极高,常常来不及用抗毒素进行特异性治疗。BT 是目前已知的化学毒物中毒性最强的一种,对人的致死量推测为 10^{-9} mg/(kg 体重)。肉毒毒素不耐热,90 ℃ 2 min钟可完全破坏;不耐碱,溶解在 pH=11 的碱性溶液中 3 分钟就可灭活。

食品中的 BT 经提取后,将提取液直接和胰蛋白酶处理后腹腔注射小鼠,如果小鼠出现死亡,采用经抗 BT 抗体中和后或加热处理的提取液,进一步注射小鼠,如果小鼠得到保护而存活,则表明食品中存在 BT。

本方法参考国家标准——食品卫生微生物学检验(肉毒梭菌及肉毒毒素检验 GB/T 4789.12—2003),适用于各类食品和食物中毒样品中肉毒梭菌及肉毒毒素的检验。

三、试剂和材料

1. 庖肉培养基:牛肉浸液 1000 mL,蛋白胨 30 g,酵母膏 5 g,磷酸二氢钠 5 g,葡萄糖 3 g,可溶性淀粉 2 g,碎肉渣适量,pH=7.8。称取新鲜除脂肪和筋膜的碎牛肉500 g,加蒸馏水 1000 mL 和 1 mol/L 氢氧化钠溶液 25 mL,搅拌煮沸 15 min,充分冷却,除去表层脂肪,澄清,过滤,加水补足至 1000 mL。加入除碎肉渣外的各种成分,校正 pH。

碎肉渣经水洗后晾至半干,分装 15 mm×150 mm 试管 2~3 cm 高,每管加入还原铁粉 0.1~0.2 g 或铁屑少许。将上述液体培养基分装至每管内超过肉渣表面约 1 cm。上面覆盖溶化的凡士林或液体石蜡 0.2~0.4 cm。121 ℃高压灭菌 15 min。

2. 卵黄琼脂培养基:肉浸液 1000 mL,蛋白胨 15 g,氯化钠 5 g,琼脂 24~30 g,pH=7.5。50%葡萄糖水溶液,50%卵黄盐水悬液。制备基础培养基,分装每瓶 100 mL,121 ℃高压灭菌 15 min。临用时加热溶化琼脂,冷至 50 ℃,每瓶内加入 50%葡萄糖水溶液 2 mL 和 50%卵黄盐水悬液 9~15 mL,摇匀,倾注平板。

3. 明胶磷酸盐缓冲液:明胶 2 g,磷酸氢二钠 4 g,蒸馏水 1000 mL,pH=6.2。加热溶解,校正 pH,121 ℃高压灭菌 15 min。

4. 肉毒分型抗毒诊断血清。

5. 胰酶:活力 1∶250。

6. 革兰氏染色液。

(1)结晶紫染色液:结晶紫 1 g,95％乙醇 20 mL,1％草酸铵水溶液 80 mL。将结晶紫溶解于乙醇中,然后与草酸铵溶液混合。

(2)革兰氏碘液:碘 1 g,碘化钾 2 g,蒸馏水 300 mL。将碘与碘化钾先进行混合,加入蒸馏水少许,充分振摇,待完全溶解后,再加蒸馏水至 300 mL。

(3)沙黄复染液:沙黄 0.25 g,95％乙醇 10 mL,蒸馏水 90 mL。将沙黄溶解于乙醇中,然后用蒸馏水稀释。

(4)染色法:将涂片在火焰上固定,滴加结晶紫染色液,染 1 min,水洗。滴加革兰氏碘液,作用 1 min,水洗。滴加 95％乙醇脱色,约 30 s;或将乙醇滴满整个涂片,立即倾去,再用乙醇滴满整个涂片,脱色 10 s。水洗,滴加复染液,复染 1 min。水洗,待干,镜检。

(5)革兰氏阳性菌呈紫色。革兰氏阴性菌呈红色。亦可用 10 倍稀释石炭酸复红染色液作复染液,复染时间仅需 10 s。

7. 小白鼠:12～15 g。

四、仪器

冰箱、恒温培养箱、离心机、显微镜(10×～100×)、相差显微镜、均质器或灭菌乳钵、架盘药物天平(0～500 g,精确至 0.5 g)、厌氧培养装置(常温催化除氧式或碱性焦性没石子酸除氧式)、灭菌吸管(1 mL 及 10 mL,具 0.1 mL 刻度)、灭菌平皿(直径 90 mm)、灭菌锥形瓶(500 mL)、灭菌注射器(1 mL)。

五、操作步骤

1. 检验程序(肉毒梭菌及肉毒毒素检验程序如图 7-8 所示)

注 1:报告(1):检样含有某型肉毒毒素;报告(2):检样含有某型肉毒梭菌;报告(3):由样品分离的菌株为某型肉毒梭菌。

如上所示,检样经均质处理后及时接种培养,进行增菌、产毒,同时进行毒素检测试验。毒素检测试验结果可证明检样中有无肉毒毒素以及有何型肉毒毒素存在。对增菌产毒培养物,一方面做一般的生长特性观察,另一方面检测肉毒毒素的产生情况。所得结果可证明检样中有无肉毒梭菌以及有何型肉毒梭菌存在。为其他特殊目的而欲获纯菌株,可用增菌产毒培养物进行分离培养,对所得纯菌株进行形态、培养特性等观察及毒素检测,其结果可证明所得纯菌为何型肉毒梭菌。

2. 肉毒毒素检测

液状检样可直接离心,固体或半流动检样须加适量(例如等量、倍量或 5 倍量、10 倍量)明胶磷酸盐缓冲液,浸泡、研碎,然后离心,取上清液进行检测。

另取一部分上清液,调 pH=6.2,每 9 份加 10％胰酶(活力 1∶250)水溶液 1 份,混匀,不断轻轻搅动,37 ℃作用 60 min,进行检测。肉毒毒素检测以小白鼠腹腔注射法为标准方法。

(1)检出试验:取上述离心上清液及其胰酶激活处理液分别注射小白鼠三只,每只

0.5 mL,观察 4 d。注射液中若有肉毒毒素存在,小白鼠一般多在注射后 24 h 内发病、死亡。主要症状为竖毛、四肢瘫软,呼吸困难,呼吸呈风箱式,腰部凹陷,宛若蜂腰,最终死于呼吸麻痹。如遇小鼠猝死以至症状不明显时,则可将注射液做适当稀释,重做试验。

(2)确证试验:不论上清液或其胰酶激活处理液,凡能致小鼠发病、死亡者,取样分成三份进行试验,一份加等量多型混合肉毒抗毒诊断血清,混匀,37 ℃作用 30 min,一份加等量明胶磷酸盐缓冲液,混匀,煮沸 10 min;一份加等量明胶磷酸盐缓冲液,混匀即可,不做其他处理。三份混合液分别注射小白鼠各两只,每只 0.5 mL,观察 4 d,若注射加诊断血清与煮沸加热的两份混合液的小白鼠均获保护存活,而唯有注射未经其他处理的混合液的小白鼠以特有的症状死亡,则可判定检样中的肉毒毒素存在,必要时要进行毒力测定及定型试验。

(3)毒力测定:取已判定含有肉毒毒素的检样离心上清液,用明胶磷酸盐缓冲液做成 50、500 及 5000 倍的稀释液,分别注射小白鼠各两只,每只 0.5 mL,观察 4 d。根据动物死亡情况,计算检样所含肉毒毒素的大体毒力(MLD/mL 或 MLD/g)。例如:5、50 及 500 倍稀释致动物全部死亡,而注射 5000 倍稀释液的动物全部存活,则可大体判定检样上清液所含毒素的毒力为 1000～10000 MLD/mL。

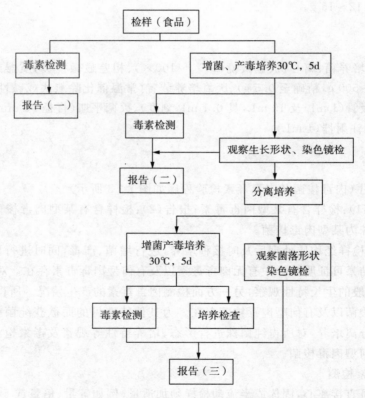

图 7-7　肉毒梭菌及肉毒毒素检验程序

(4)定型试验:按毒力测定结果,用明胶磷酸盐缓冲液将检样上清液稀释至所含毒素的毒力大体在 9～1000 MLD/mL 的范围,分别与各单型肉毒抗诊断血清等量混匀,37 ℃作用 30 min,各注射小鼠两只,每只 0.5 mL,观察 4 d。同时以明胶磷酸盐缓冲液代替诊断血清,与稀释毒素液等量混合作为对照。能保护动物免于发病、死亡的诊断血清型即为检样所含肉毒毒素的型别。

注 2：未经胰酶激活处理的检样的毒素检出试验或确证试验若为阳性结果，则胰酶激活处理液可省略毒力测定及定型试验。为争取时间尽快得出结果，毒素检测的各项试验也可同时进行。根据具体条件和可能性，定型试验可酌情先省略 C、D、F 及 G 型。进行确证及定型等中和试验时，检样的稀释应参照所用肉毒诊断血清的效价。试验物的观察可按阳性结果的出现随时结束，以缩短观察时间。唯有出现阴性结果时，应保留充分的观察时间。

3. 肉毒梭菌检出（增菌产毒培养试验）

取庖肉培养基三支，煮沸 10～15 min，做如下处理。

（1）第一支：急速冷却，接种检样均质液 1～2 mL；

（2）第二支：冷却至 60 ℃，接种检样，继续于 60 ℃保温 10 min，急速冷却；

（3）第三支：接种检样，继续煮沸加热 10 min，急速冷却。

以上接种物于 30 ℃培养 5 d，若无生长，可再培养 10 d。培养到期，若有生长，取培养液离心，以其上清液进行毒素检测试验，方法同肉毒毒素检测，阳性结果证明检样中有肉毒梭菌存在。

4. 分离培养

选取经毒素检测试验证实含有肉毒梭菌的前述增菌产毒培养物（必要时可重复一次适宜的加热处理）接种卵黄琼脂平板，35 ℃厌氧培养 48 h。肉毒梭菌在卵黄琼脂平板上生长时，菌落及周围培养基表面覆盖着特有的虹彩样（或珍珠层样）薄层，但 G 型菌无此现象。

根据菌落形态及菌体形态挑取可疑菌落，接种庖肉培养基，于 30 ℃培养 5 d，进行毒素检测及培养特性检查确证试验。

（1）毒素检测：试验方法同肉毒毒素检测。

（2）培养特性检查：接种卵黄琼脂平板，分成两份，分别在 35 ℃的需氧和厌氧条件下培养 48 h，观察生长情况及菌落形态。肉毒梭菌只有在厌氧条件下才能在卵黄琼脂平板上生长并形成具有上述特征的菌落，而在需氧条件下则不生长。

注：为检出蜂蜜中存在的肉毒梭菌，蜂蜜检样需预温 37 ℃（流质蜂蜜），或 52 ℃～53 ℃（晶质蜂蜜），充分搅拌后立即称取 20 g，溶于 100 mL 灭菌蒸馏水（37 ℃或 52 ℃～53 ℃），搅拌稀释，以 8000～10000 r/min，离心 30 min（20 ℃），沉淀，加灭菌蒸馏水 1 mL，充分摇匀，等分各半，接种庖肉培养基（7～10 mL）各一支，分别在 30 ℃及 37 ℃下厌氧培养 7 d，按肉毒梭菌检出方法进行肉毒毒素检测。

六、注意事项

本实验测得的 BT 阳性样品，仅表明样品中存在 BT，必要时可以采用不同血清型的 BT 抗体分别对样品提取液中和后，再进行动物实验，从而实现 BT 的定型。也可以进一步对样品提取液适当稀释后，测定 BT 毒力的大小。

七、思考题

简述胰酶蛋白酶处理样品提取液的目的。

（李从虎　叶应旺）

第8章　食品中非法添加物的检测

实验8-1　食品中甲醛的测定(液相色谱法)

一、实验目的
1. 掌握液相色谱法测定食品中甲醛的原理及方法。
2. 熟练掌握液相色谱仪的操作技能。

二、实验原理
用衍生液提取试样中的甲醛,反应生成甲醛衍生物。液液萃取净化后,在365 nm波长处,液相色谱法测定,外标法定量。

本方法参照国家出入境检验检疫行业标准——进出口食品中甲醛的测定(液相色谱法SN/T 1547—2011),适用于银鱼、香菇、面粉、奶粉、奶糖、奶油、乳饮料、啤酒中甲醛的测定。

三、试剂和材料
1. 乙腈(色谱级)、己烷(色谱级)、硫酸铵、乙酸钠、冰乙酸、2,4-二硝基苯肼(纯度≥99%)、微孔滤膜(0.45 μm,有机相)。

2. 乙腈饱和的正己烷:100 mL乙腈中加入100 mL正己烷。充分振荡后,静置分层,取上层液体。

3. 缓冲溶液(pH=5):称取2.64 g乙酸钠,以适量水溶解,加入1.0 mL冰乙酸,用水定容至50 mL。

4. 2,4-二硝基苯肼溶液(0.6 g/L):称取2,4-二硝基苯肼300 mg,用乙腈溶解定容至500 mL。

5. 衍生液:量取100 mL缓冲溶液和100 mL 2,4-二硝基苯肼溶液,混匀。

6. 甲醛标准溶液:100 μg/mL。安培瓶封装。置于10 ℃以上保存使用前与室温(20 ℃±3 ℃)平衡,摇动均匀,打开后推荐一次性使用,或者将标准溶液转移至棕色瓶密封。

四、仪器
高效液相色谱仪(配有二极管阵列检测器或者紫外检测器)、捣碎机、具塞塑料离心管(聚丙烯,50 mL,或相当者)、具塞比色管或者刻度试管(10 mL和20 mL)、涡旋仪、恒温振荡器等。

五、操作步骤
1. 试样制备与保存
(1)固体类试样:从所取全部样品中取出有代表性样品约500 g,取可食部分经捣碎机充分捣碎均匀,匀分成两份,分别装入洁净容器内作为试样,密封并标明标记。银鱼试样于 −18 ℃以下冷冻保存。香菇、面粉、奶粉、奶糖、奶油试样在 0 ℃～4 ℃冷藏。

(2)液态类试样:从所取全部样品中取出有代表性样品约 500 g,匀分成两份,分别装入洁净容器内作为试样,密封并标明标记。试样在 0 ℃～4 ℃冷藏。注:在抽样和制样的操作过程中,应防止样品受到污染或发生残留量的变化。

2. 提取

(1)固体类试样:称取试样 2.0 g 试样(准确至 0.01 g),置于 50 mL 具塞塑料离心管中,准确加入 20.0 mL 衍生液。旋紧塞子,涡旋混匀后置于 60 ℃恒温振荡器中,150 r/min 振摇。间隔 20 min 取出混匀 1 次,振摇 1 h 后取出冷却至室温。

(2)液体类试样:移取试样 1.0 mL,置于 10 mL 具塞比色管或刻度试管中,补加缓冲溶液至 5.0 mL,再用 2,4 -二硝基苯肼溶液定容至 10.0 mL,盖上塞后混匀,60 ℃水浴加热 1 h 取出冷却至室温。

3. 净化

(1)固体类试样:将提取液,以不低于 4000 r/min 离心 5 min。如离心后溶液澄清,过微孔滤膜后,直接供 HPLC 测定。如离心后溶液浑浊或分层,在提取液中加入 8 g 硫酸铵,混匀,以不低于 4000 r/min 离心 5 min。移取上清液于 20 mL。具塞比色管或刻度试管中,下层溶液用 10 mL。乙腈重复萃取 1 次,合并上清液,用乙腈定容至 20.0 mL,混匀后过微孔滤膜,滤液供 HPLC 测定。注:若试样中脂肪含量较高,在提取液中加入 5 mL 乙腈饱和的正己烷。涡旋混合,离心,弃去上层正己烷,再进一步净化处理。

(2)液体类试样:提取液的净化参见(1)固体类试样,所用试剂量减半。

4. 甲醛衍生物标准溶液的制备

移取 20 mL、50 mL、100 mL、200 mL 及 500 μL 甲醛标准溶液,置于 10 mL 具塞比色管或刻度试管中,补加缓冲溶液至 5.0 mL,再用 2,4 -二硝基苯肼溶液定容至 10.0 mL,盖上塞后混匀,60 ℃水浴加热 1 h,取出冷却至室温。过微孔滤膜,滤液供 HPLC。

5. 液相色谱条件

色潜柱:C_{18}柱,250 mm×4.6 mm(内径),5 μm,或相当者;流动相:甲醇-水(70＋30,V_1＋V_2);流速:1.0 mL/min;柱温:40 ℃;检测波长:365 nm;进样量:20 μL。

6. 色谱测定

根据样液中甲醛衍生物浓度的情况选定峰面积相近的标准溶液系列。标准溶液和样液中甲醛衍生物的响应值均应在仪器检测的线性范围内。标准溶液和样液等体积参插进样测定。以峰面积为纵坐标,甲醛衍生物标准溶液对应的甲醛浓度为横坐标,绘制标准工作曲线。用保留时间定性,外标法定量。在上述色谱条件下甲醛衍生物的保留时间为 6.5 min,色谱图如图 8-1 所示。

7. 空白试验

除不加试样外,均按上述操作步骤进行。

六、结果计算

按式(8-1)计算试样中甲醛的残留量或采用色谱数据处理系统计算。计算结果需扣除空白值。

$$X = \frac{c \times V}{m} \tag{8-1}$$

式中,X 为试样中甲醛的残留量,mg/L;c 为从标准工作曲线得到的样液对应的甲醛浓度,mg/L;V 为样液最终定容体积,mL;m 为样液所代表的试样质量或体积,g 或 mL。

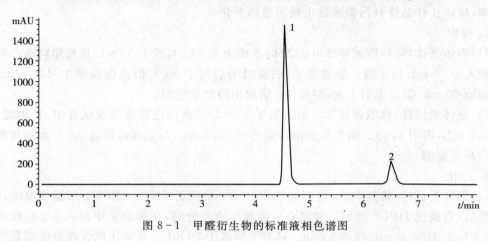

图 8-1 甲醛衍生物的标准液相色谱图

七、注意事项

1. 除另有说明外,所有试剂均为分析纯。所用水为 GB/T 6682 规定的一级水,使用前煮沸 10 min 后冷却,所用器皿用水洗净后,再于 100 ℃ 烘箱中烘 1~2 h。

2. 本方法对液体类试样中甲醛的测定低限为 5.0 mg/kg。

3. 银鱼、香菇、面粉、奶粉、奶糖、奶油的回收率数据见表 8-1 所列。乳饮料和啤酒的回收率数据见表 8-2 所列。

表 8-1 银鱼、香菇、面粉、奶粉、奶糖和奶油回收数数据

添加水平 (mg/kg)	回收率(%)					
	银鱼	香菇	面粉	奶粉	奶糖	奶油
5.0	71.3~75.0	84.5~95.4	90.2~102.2	72.5~83.4	82.7~90.4	73.2~76.6
10.0	72.1~74.4	88.0~95.5	89.8~100.2	78.3~88.2	81.3~95.0	72.4~77.2
20.0	73.2~78.6	88.1~93.3	94.4~100	79.2~89.1	83.2~93.1	73.4~77.0

表 8-2 乳饮料和啤酒的网收率数据

添加水平 (mg/L)	回收率(%)	
	乳饮料	啤酒
2.0	97.0~100.5	96.0~103.0
5.0	95.7~98.6	95.0~98.8
10.0	95.8~98.7	96.6~99.8

八、思考题

简述液相色谱法测定食品中甲醛的工作原理。

实验 8 - 2 水发食品中甲醛的快速定性检测(变色酸法)

一、实验目的

1. 掌握变色酸法快速定性测定食品中甲醛的原理。
2. 熟练掌握甲醛浓度的标定。

二、实验原理

水发食品一般是指为了使产品食用方便或外观美观等原因,经水浸泡加工而成的食品原材料,如水发虾仁、水发海参、水发牛百叶、水发鸭掌、水发海带等。若在浸泡水中加入甲醛则可以使水发出来的产品形态饱满、色泽鲜亮、体积增大且持水性好。但甲醛是一种化学试剂,其毒性约是甲醇的 30 倍,对人的神经系统、肺、肝脏都有损害,还会引起人体内分泌功能紊乱,引发过敏性皮炎、过敏性哮喘等,因此国家规定食品中禁止加入甲醛。对含甲醛的水发食品必须进行严格检测并清出市场,以维护人们的饮食安全。本实验要求掌握变色酸快速定性检测甲醛的原理及技术,能够灵活应用于水发食品中甲醛含量的检测;同时了解添加甲醛的水发食品与正常水发食品的外观差异及对人体潜在的可能危害。

在加热及浓硫酸存在的条件下甲醛可以和 1,7 -二羟基萘- 3,5 -二磺酸(即变色酸)发生灵敏的反应,生产紫红色的物质。

三、试剂和材料

1. 浓硫酸、甲醛(35%~38%)。
2. 变色酸溶液(0.1 g/mL):用蒸馏水配制 50 mL。
3. 甲醛标准应用液(10 mg/L)。
4. 干虾仁、干海带各约 650 g。

四、仪器

恒温水浴、试管、微量取样器、匀浆器或研钵等。

五、操作步骤

1. 称取干虾仁、干海带各 600 g,均匀分成 6 等份,分别用适量的含甲醛为 0 mg/L、0.1 mg/L、1.0 mg/L、5.0 mg/L、10.0 mg/L 及 50 mg/L 的自来水浸泡过夜。观察所得水发食品在外观上的不同。取除去多余水分的各水发食品 10 g,加 100 mL 水浸泡,于匀浆器或研钵中均一化。取适量进行离心,取上清液于干净的试管中备用。由于市场上出售的水发食品大多浸在浸泡液中,因此也可直接取适量浸泡液离心或澄清后,取上清液备用。

2. 取上清液 1 mL 于试管中,加变色酸溶液 0.5 mL、浓硫酸 6 mL,混匀后沸水浴 30 min,冷却后观察颜色的变化及深浅程度。

六、结果分析

取甲醛标准应用液 0 mL、1 mL、5 mL、10 mL、50 mL、100 mL 及 500 mL,分别放入试管中,用蒸馏水补足至 1 mL,加入变色酸溶液 0.5 mL、浓硫酸 6 mL,混匀,沸水浴 30 min,冷却后观察该变色反应灵敏度,确定检测下限。

七、注意事项

1. 如变色酸有沉淀,应过滤去除沉淀后再用。

2. 本法检测限为 100 ng 甲醛。适用于现场快速检测,若采用梯度稀释法,则根据最低检测限,可以粗略估计水发食品或浸泡液中甲醛的浓度。

3. 该变色反应也可用于比色法定量测定甲醛的含量,比色波长为 565 nm。

4. 甲醛浓度的标定:市售甲醛的质量百分浓度一般在 2%～40%,为了确切知道甲醛溶液的质量浓度,必须对甲醛溶液进行标定。标定的方法如下:取 35%～40% 甲醛 1.40 mL,用水稀释至 500 mL,取 20 mL 放到碘量瓶中,加 0.100 mol/L 碘液 20 mL、1.00 mol/L NaOH 溶液 15 mL,混匀。15 min 后,加 1.00 mol/L H_2SO_4 溶液 20 mL,再过 15 min 后用 0.100 mol/L $Na_2S_2O_3$ 液滴至呈浅黄色,加 0.5% 淀粉液 1 mL,继续滴至无色,记录 $Na_2S_2O_3$ 液消耗体积(mL)。用水做空白对照试验。按公式 8-2 计算甲醛的体积浓度(mg/mL)。

$$甲醛体积浓度(mg/mL) = \frac{(V - V_0) \times c_0 \times 15.0}{20.0} \qquad (8-2)$$

式中,V_0 为空白消耗 $Na_2S_2O_3$ 体积,mg/mL;V 为滴定消耗 $Na_2S_2O_3$ 体积,mL;c_0 为 $Na_2S_2O_3$ 标准溶液浓度,mol/L;15.0 为与 1.0 mL 的 1 mol/L $Na_2S_2O_3$ 标准溶液相当的甲醛质量,mg。

八、思考题

1. 什么是水发产品?

2. 根据该实验原理,制备水发产品甲醛快速检验试剂盒或检测试纸。

实验 8-3　食品中吊白块的检测

一、实验目的

掌握高效液相色谱法测定食品中吊白块(次硫酸氢钠甲醛)的原理和方法。

二、实验原理

在酸性溶液中,样品中残留的次硫酸氢钠甲醛分解释放出的甲醛被水提取,提取后的甲醛与 2,4-二硝基苯肼发生加成反应,生成黄色的 2,4-二硝基苯腙,用正己烷萃取后,经高效液相色谱仪分离,与标准甲醛衍生物的保留时间对照定性,用标准曲线法定量。

三、试剂

1. 盐酸-氯化钠溶液:称取 20 g NaCl 溶解后加 60 mL 37%HCl,定容至 1000 mL。

2. 磷酸氢二钠溶液:称取 18 g $Na_2HPO_4 \cdot 12H_2O$,加水溶解并定容至 100 mL。

3. 甲醛标准使用液:由 35%～38%甲醛配制成 40 $\mu g/mL$ 标准储备液,使用时稀释成所需浓度。

4. 2,4-二硝基苯肼:经纯化后称取 0.2 g 加乙腈溶解定容至 100 mL,配置成 2 g/L 的衍生试剂。

5. 正己烷。

除特别注明外,实验中所用水为去离子水或蒸馏水,试剂均为分析纯。

四、仪器

高效液相色谱仪(配备紫外-可见波长检测器)、高速离心机、恒温水浴锅、振荡器、分析天平等。

五、操作步骤

1. 样品提取

称取 5.0 g 样品加 50 mL HCl-NaCl 溶液,振荡提取 40 min 后,4000 r/min 离心 30 min,取上清液待用。

2. 标准曲线绘制

(1)分别取 2 $\mu g/mL$ 甲醛溶液 0.00 mL、0.25 mL、0.50 mL、1.00 mL、2.00 mL 及 4.00 mL 于比色管中(相当于 0.0 μg、0.5 μg、1.0 μg、2.0 μg、4.0 μg 及 8.0 μg 甲醛),分别加入 2 mL HCl-NaCl 溶液,1 mL Na_2HPO_4 溶液,0.5 mL 2,4-二硝基苯肼衍生剂,定容至 10 mL,摇匀。置于 50 ℃水浴中加热 40 min 后,取出用流水冷却至室温。

(2)准确加入 5.0 mL 正己烷萃取,振荡后静置 30 min,取 10 μL 正己烷进样。

(3)以所取甲醛标准使用液中甲醛的质量(μg)为横坐标,甲醛衍生物苯腙的峰面积为纵坐标,绘制标准工作曲线。

3. 样品测定

取 2.0 mL 样品处理所得上清液,加入 1 mL Na_2HPO_4,0.5 mL 2,4-二硝基苯肼衍生剂,定容至 10 mL,摇匀。以下步骤,同标准曲线操作。

4. HPLC 色谱分析

色谱柱:C_{18},150 mm × 4.6 mm × 5 μm;流动相,乙腈:水 = 60:40(V/V);流速:0.8 mL/min;检测波长:355 nm;柱温,25 ℃;进样量,10 μL;运行时间,7 min。

六、结果计算

$$X=\frac{m_1 \times 50}{m \times 2} \qquad (8-3)$$

式中,X 为样品中甲醛含量,mg/kg;m_1 为按甲醛衍生物苯腙峰面积,从标准工作曲线查得甲醛的质量,μg;50 为样品加提取液体积,mL;2 为测定用提取液体积,mL;m 为样品质量,g。计算结果需扣除空白值。

七、注意事项

1. 在用标准曲线对样品进行定量时,样品溶液中次硫酸氢钠甲醛含量均应在仪器测定的线性范围内,否则应对样品溶液进行稀释或浓缩。
2. 计算结果应扣除空白值。
3. 实验步骤中的高效液相色谱条件仅供参考,实际分析过程中应根据仪器的型号和实验条件,依据说明书,通过预备实验进行调整。

八、思考题

1. 简述食品中次硫酸氢钠甲醛对人体的危害。
2. 简述高效液相色谱法测定食品中吊白块(次硫酸氢钠甲醛)的工作原理。

实验 8-4　食品中苏丹红染料的测定

一、实验目的

掌握高效液相色谱法检测食品中苏丹红含量的原理和方法。

二、实验原理

样品中苏丹红经溶剂提取后,用高效液相色谱-紫外可见光检测器进行分析,外标法定量。

三、试剂和材料

苏丹红Ⅰ～Ⅳ标准溶液(称取标准品,用乙腈配置成浓度 $0.5\sim10\ \mu g/mL$ 混合标准系列溶液)、正己烷、丙酮、乙腈、甲酸、中性氧化铝等。

四、仪器

高效液相色谱仪(带紫外-可见波长检测器)、高速离心机、旋转蒸发仪、分析天平等。

五、操作步骤

1. 样品前处理

称取 2.0 g 样品加 10 mL 正己烷溶解、过滤,将全部滤液加入到手动填充的约 3 cm 高的氧化铝层析柱中(预先用 5 mL 正己烷淋洗),用 9～30 mL 正己烷淋洗,直至流出液无色。弃去全部正己烷淋洗液,用丙酮 4～10 mL 洗脱、收集,浓缩至 5 mL,过 0.45 μm 的有机滤膜,备用。

2. 色谱条件

色谱柱,Z0 rBAX SB-C_{18},4.6×150 mm,5 μm;柱温,30 ℃;流动相 A(85+15)0.1%甲酸的水溶液+乙腈,流动相 B(80+20)0.1%甲酸的乙腈溶液+丙酮;梯度洗脱;检测波长,苏丹红Ⅰ478 nm、苏丹红Ⅱ500 nm、苏丹红Ⅲ510 nm、苏丹红Ⅳ520 nm;进样量,10 μL;梯度条件见表 8-3 所列。

表 8-3　梯度条件表

时间(min)	流动相 A(%)	流动相 B(%)	流速(mL/min)	曲线
0	25	75	1	曲线
10	25	75	1	曲线
17	0	100	1	曲线
23	75	75	1	曲线

3. 标准曲线绘制

取苏丹红标准系列溶液,根据以上色谱条件,以峰面积为 y 值,标准溶液的浓度为 x

值,绘制标准曲线,求得方法的线性方程。

　　4. 样品测定

　　将 10 μL 样品纯化液,注入 HPLC 仪,进行色谱的分析测定。

六、结果计算

$$X = \frac{C \times V}{m} \qquad\qquad (8-4)$$

式中,X 为样品中苏丹红 I～IV 残留含量,mg/kg;C 为样品中苏丹红 I～IV 的浓度,μg/mL;V 为样品的定容体积,mL;m 为样品质量,g。

七、注意事项

　　1. 在样品的提取过程中,如果样品含有较高浓度的增稠剂,可以适当增加水量。

　　2. 不同厂家和不同批号的氧化铝的吸附能力存在差异,应根据产品的特性略作调整。

　　3. 实验步骤中的色谱条件仅供参考,实际分析过程中应根据仪器的型号和实验条件,依据说明书,通过预备实验进行调整。

　　4. 计算结果需扣除空白值。

八、思考题

　　1. 简述氧化铝的除杂能力。

　　2. 简述食品中苏丹红染料对人体的危害。

实验 8-5　奶制品中三聚氰胺的检测

一、实验目的

掌握高效液相色谱法检测食品中三聚氰胺含量的原理和方法。

二、实验原理

样品中三聚氰胺经三氯乙酸-乙腈提取,阳离子交换固相萃取柱净化后,用高效液相色谱-紫外可见光检测器进行分析,外标法定量。

三、试剂

1. 常规试剂:甲醇、乙腈、氨水、三氯乙酸、柠檬酸、辛烷磺酸钠。

2. 常规水溶液:甲醇水溶液(1+1,V/V)、三氯乙酸溶液(1%)、5%氨水-甲醇(1+19,V/V)、离子对试剂缓冲液(取 2.10 g 柠檬酸和 2.16 g 辛烷磺酸钠,加水 980 mL 溶解,调节 pH 至 3.0 后,定容 1 L)、三聚氰胺标准储备液(1 mg/mL,称取 10.0 mg 三聚氰胺标准品溶于 10.0 mL 甲醇水溶液)。

3. 阳离子交换固相萃取柱:混合型阳离子交换萃取柱,基质为苯磺酸酸化的聚苯乙烯二乙烯基苯高聚物,60 mg,3 mL。使用前依次用 3 mL 甲醇、5 mL 水活化。

四、仪器

高效液相色谱仪(配备紫外-可见波长检测器)、高速离心机、超声波水浴、分析天平、固相萃取装置、氮气吹干仪、涡旋混合器等。

五、操作步骤

1. 样品处理

称取 2.0 g 样品加 15 mL 三氯乙酸溶液和 5 mL 乙腈,超声提取 20 min,以 4000 r/min 离心 10 min。过滤,以三氯乙酸定容至 25 mL。取 5 mL 滤液,加入 5 mL 水混匀,加入至固相萃取柱中,依次用 3 mL 水和 3 mL 甲醇洗涤,收集洗脱液,在 50 ℃下用氮气吹干,残留物用流动相溶解,过 0.45 μm 有机滤膜,备用。

2. 色谱条件

色谱柱:C$_{18}$,4.6 mm×250 mm,5 μm;柱温,40 ℃;流动相采用离子对试剂缓冲液-乙腈(90+10,V/V);进样量,20 μL;流速为 1.0 mL/min;检测波长为 240 nm。

3. 标准曲线绘制

取三聚氰胺标准系列溶液(0 μg/mL、10 μg/mL、20 μg/mL、30 μg/mL、40 μg/mL 及 50 μg/mL),以峰面积为 y 值,标准溶液的浓度为 x 值,绘制标准曲线,求得方法的线性方程。

4. 样品测定

将 20 μL 样品注入 HPLC 仪,进行色谱的分析测定,根据峰面积求得三聚氰胺的含量。

六、结果计算

$$X = \frac{C \times V}{m} \tag{8-5}$$

式中,X 为样品中三聚氰胺残留含量,mg/kg;C 为样品中三聚氰胺的浓度,μg/mL;V 为样品的定容体积,mL;m 为样品质量,g。计算结果需扣除空白值。

七、注意事项

1. 本方法的最低检出限量为 2.0 mg/kg。
2. 实验步骤中的色谱条件仅供参考,实际分析过程中应根据仪器的型号和实验条件,依据说明书,通过预备实验进行调整。

八、思考题

1. 简述三聚氰胺的来源与危害。
2. 简述现代仪器分析中,样品前处理的研究进展。

实验 8－6　食品中双氧水的检测

一、实验目的

掌握钛盐法检测食品中双氧水的原理和方法。

二、实验原理

过氧化氢在酸性溶液中，与钛离子生成稳定的橙色络合物，在 430 nm 下，吸光度与样品中过氧化氢成正比，用比色法测定样品中过氧化氢的含量。

三、试剂

高锰酸钾标准溶液（0.1 mol/L）、过氧化氢标准使用液（20 μg/mL）、钛溶液（称取 1.0 g 二氧化钛、4.0 g 硫酸铵，加入 100 mL 浓硫酸，置于可控温电热套 150 ℃保温 14～16 h，冷却后以 400 mL 水稀释，最后滤纸过滤，备用）、盐酸（1 mol/L）。

四、仪器

分光光度计、分析天平、高速捣碎机等。

五、操作步骤

1. 样品处理

称取 10.0 g 样品，加适量水溶解，对蛋白质、脂肪含量较高的样品可加入乙酸锌溶液 5 mL，亚铁氰化钾溶液 5 mL，加水定容至 100 mL，摇匀。浸泡 30 min，用滤纸过滤，备用。

2. 标准曲线绘制

取 0.00 mL、0.25 mL、0.50 mL、1.00 mL、2.50 mL、5.00 mL、7.50 mL 及 10.00 mL 过氧化氢标准系列溶液（相当于 0 μg、5 μg、10 μg、20 μg、50 μg、100 μg、150 μg 及 200 μg 过氧化氢），置于 25 mL 带塞比色管中，加入钛溶液 5.0 mL，用水定容至 25 mL，摇匀，放置 10 min。用 5 cm 比色皿，以空白管调节零点，于 430 nm 波长处测吸光度。以标准系列的过氧化氢浓度（μg/mL）对吸光度绘制标准曲线。

3. 样品测定

吸取 10.0 mL 样品液于 25 mL 带塞比色管中，以下步骤同标准曲线绘制，同时做试剂空白。

六、结果计算

$$X = \frac{C \times V_1 \times B}{m \times V_2} \tag{8-6}$$

式中，X 为样品中过氧化氢残留含量，mg/kg；C 为样品液中过氧化氢的质量，μg；V_1 为样品处理液总体积，mL；V_2 为测定用样液体积，mL；B 为样品稀释倍数；m 为样品质量，g。

七、注意事项

　　1. 钛盐比色法定量检出限为 1.6 mg/kg,定性检出限为 0.5 mg/kg。

　　2. 在重复性条件下获得的两次独立测定结果的绝对差值不得超过算术平均值的 10%。

八、思考题

　　1. 简述钛盐法检测食品中双氧水的工作原理。

　　2. 与碘量法相比,钛盐法检测食品中双氧水的优缺点有哪些?

实验 8-7　火锅食品中罂粟碱、吗啡、那可丁、可待因和蒂巴因的测定（液相色谱-串联质谱法）

一、实验目的

1. 掌握液相色谱-串联质谱法测定火锅食品中罂粟碱、吗啡、那可丁、可待因和蒂巴因的原理和方法。

2. 掌握液相色谱-串联质谱仪的操作技能。

二、实验原理

样品用水或盐酸溶液分散均匀、乙腈提取后，经盐析分层，乙腈提取液用键合硅固相萃取吸附剂净化，离心，液相色谱-串联质谱仪检测，罂粟碱、那可丁和蒂巴因采用外标法定量，吗啡和可待因采用内标法定量。

本方法参照上海市地方标准——火锅食品中罂粟碱、吗啡、那可丁、可待因和蒂巴因的测定（液相色谱-串联质谱法，DB31/2010—2012）。本方法适用于火锅酱料、汤料、调味油和固体类调味粉等火锅食品中罂粟碱、吗啡、那可丁、可待因、蒂巴因的测定。

三、试剂和材料

1. 甲醇（色谱纯）、乙腈（色谱纯）、甲酸（色谱纯）、盐酸、甲酸铵、氢氧化钠、无水醋酸钠。

2. 无水硫酸镁：研磨后在 500 ℃马弗炉内烘 5 h，200 ℃时取出装瓶，贮于干燥器中，冷却后备用。

3. 乙二胺-N-丙基硅烷（PSA）填料：粒度 40～70 μm。

4. C_{18} 填料：粒度 40～50 μm。

5. 盐酸溶液（0.1 mol/L）：量取盐酸 9 mL，加水至 1 L，摇匀备用。

6. 甲酸铵溶液（10 mmol/L）：准确称取 1.26 g 甲酸铵溶解于适量水中，定容至 2 L，混匀后备用。

7. 甲酸甲醇溶液（0.5%）：量取甲酸 1 mL，置于 200 mL 容量瓶中，用甲醇稀释并定容至刻度，摇匀备用。

8. 氢氧化钠溶液（1 mol/L）：准确称取 40 g 氢氧化钠溶解于适量水中，定容至 1 L，混匀后备用。

9. 盐酸罂粟碱、吗啡、那可丁、磷酸可待因和蒂巴因标准品：纯度不少于 98%。

10. 内标物质：吗啡-D3，可待因-D3。

11. 标准储备液（1.0 mg/mL）：精密称取盐酸罂粟碱、那可丁、蒂巴因、吗啡和磷酸可待因标准品适量，用甲酸-甲醇溶液配制成罂粟碱、那可丁、蒂巴因、吗啡和可待因的浓度均为 1.0 mg/mL 的溶液，作为标准储备液。4 ℃避光保存，有效期三个月。

12. 混合标准品溶液：精密吸取浓度为 1.0 mg/mL 的罂粟碱、那可丁、蒂巴因储备液各 1.0 mL 和浓度为 1.0 mg/mL 的吗啡、可待因储备溶液各 5 mL 于 20 mL 容量瓶中，用乙腈定容至刻度，摇匀，即得含罂粟碱、那可丁、蒂巴因浓度为 50 μg/mL 和吗啡、可待因浓度为

250 μg/mL 的混合标准品溶液。4 ℃避光保存,有效期三个月。

13. 同位素内标工作溶液(5.0 μg/mL):分别精密吸取内标物质适量,用甲醇配制成吗啡-D3,可待因-D3 的浓度均为 5.0 μg/mL 的溶液。4 ℃避光保存,有效期三个月。

14. 标准工作溶液的配制:分别精密吸取上述混合标准品溶液和同位素内标工作溶液适量,用乙腈稀释成罂粟碱、那可丁、蒂巴因浓度为 1.0 ng/mL、2.0 ng/mL、5.0 ng/mL、10.0 ng/mL、20.0 ng/mL 及 50.0 ng/mL,吗啡、可待因浓度为 5.0 ng/mL、10.0 ng/mL、25.0 ng/mL、50.0 ng/mL、100 ng/mL 及 250 ng/mL 的系列标准工作溶液,内标溶液浓度均为 50.0 ng/mL。临用新配。

15. 甲酸乙腈溶液(0.1%):量取甲酸 1 mL,加乙腈稀释至 1 L,摇匀,过滤。

16. 甲酸甲酸铵溶液(0.1%):量取甲酸 1 mL,加甲酸铵溶液稀释至 1 L,摇匀,过滤。

17. 滤膜:0.22 μm。

18. pH 试纸:pH 1~14。

除非另有规定,本方法所用试剂均为分析纯或以上规格,水为 GB/T 6682 规定的一级水。

四、仪器

液相色谱-串联质谱仪(带电喷雾离子源 ESI)、分析天平(感量为 0.00001 g 和 0.01 g)、离心机(≥10000 r/min)、超声波清洗器、涡旋混合器等。

五、操作步骤

1. 提取

(1)火锅酱料、汤料、调味油:称取 2 g 试样(精确至 0.01 g)于 50 mL 聚四氟乙烯具塞离心管中,加入 150 μL 同位素内标工作液,再加入 5 mL 水,振摇使分散均匀(酱类样品必要时可加 10 mL 水),加入 15 mL 乙腈,涡旋振荡 1 min,加入 6 g 无水硫酸镁和 1.5 g 无水醋酸钠的混合粉末(或相当的市售商品),迅速振摇,涡旋振荡 1 min,以 4000 r/min 离心 5 min,取上清液待净化。

(2)固体类调味粉:称取 2 g 试样(精确至 0.01 g)于 50 mL 聚四氟乙烯具塞离心管中,加入 150 μL 同位素内标工作液,再加入 5 mL 盐酸溶液,超声处理 30 分钟,用氢氧化钠溶液调节 pH 值呈中性,加入 15 mL 乙腈,涡旋振荡 1 min,加入 6 g 无水硫酸镁和 1.5 g 无水醋酸钠的混合粉末(或以相当的市售商品代替),迅速振摇,涡旋振荡 1 min,以 4000 r/min 离心 5 min,取上清液待净化。

2. 净化

称取 50 mg(±5 mg)PSA,100 mg(±5 mg)无水硫酸镁,100 mg(±5 mg)C18 粉末置于 2 mL 聚四氟乙烯具塞离心管中(或以相当的市售商品代替),移取 1.5 mL 上清液至此离心管中,涡旋混合 1 min,以 10000 r/min 离心 2 min,移取上清液,0.22 μm 滤膜过滤,取滤液待测。

3. 测定

(1)参考液相色谱条件

色谱柱:BEH HILIC(粒径 1.7 μm,2.1 mm×100 mm),或相当者;进样量:5 μL;柱温:

40 ℃;流速:0.3 mL/min;流动相:A 相:含 0.1％甲酸的乙腈,B 相:含 0.1％甲酸的
10 mmol/L甲酸铵溶液,按表8-4进行梯度洗脱。

表 8-4　梯度洗脱程序

时间/min	A 相/％	B 相/％
0.00	90	10
0.30	90	10
1.00	80	20
2.50	80	20
3.00	90	10
6.00	90	10

(2)参考质谱条件

离子化方式:电喷雾电离;扫描方式:正离子扫描;检测方式:多反应监测(MRM);雾化
气、气帘气、辅助气、碰撞气均为高纯氮气;使用前应调节各参数使质谱灵敏度达到检测
要求。

4. 定性测定

在相同实验条件下测定标准溶液和样品溶液,如果样品溶液中检出的色谱峰的保留时
间与标准溶液中的某种组分色谱峰的保留时间一致,样品溶液的定性离子相对丰度比与浓
度相当标准溶液的定性离子相对丰度比进行比较时,相对偏差不超过表8-5规定的范围,
则可判定样品中存在该组分。

表 8-5　定性确定时相对离子丰度的最大允许偏差

相对离子丰度/％	＞50	20～50	9～20	＜10
允许的相对偏差/％	±20	±25	±30	±50

5. 定量测定在仪器最佳状态下,对标准工作液进样,以罂粟碱、那可丁和蒂巴因的色谱
峰面积为纵坐标,罂粟碱、那可丁和蒂巴因的浓度为横坐标绘制标准工作曲线,外标法定量;
以吗啡和可待因的峰面积与相应内标物峰面积的比值为纵坐标,吗啡和可待因的浓度为横
坐标绘制标准工作曲线,内标法定量。

在上述色谱和质谱条件下,7 种化合物的标准物质提取离子(定量)质谱图如图 8-2
所示。

6. 空白试验

除不称取样品外,按提取及净化步骤进行后测定。

六、结果计算

样品中罂粟碱、吗啡、那可丁、可待因和蒂巴因的含量按下式计算:

$$X=\frac{c\times V}{m}\qquad\qquad(8-7)$$

式中，X 为试样中各待测物的含量，$(\mu g/kg)$；c 为从标准曲线中读出的供试品溶液中各待测物的浓度，$(\mu g/L)$；V 为样液的提取体积，此处为 15，(mL)；m 为试样的质量，(g)。计算结果保留三位有效数字。

七、注意事项

1. 方法精密度：在重复性条件下获得的两次独立测定结果的绝对差值不得超过算术平均值的 20%。

2. 方法检出限和定量限：本方法罂粟碱、吗啡、那可丁、可待因和蒂巴因的检出限分别为 8 $\mu g/kg$、40 $\mu g/kg$、8 $\mu g/kg$、40 $\mu g/kg$、80 $\mu g/kg$，定量限分别为 25 $\mu g/kg$、125 $\mu g/kg$、25 $\mu g/kg$、125 $\mu g/kg$ 及 25 $\mu g/kg$。

3. 方法准确度：罂粟碱、那可丁和蒂巴因添加浓度范围为 24～250 $\mu g/kg$，吗啡、可待因添加浓度范围为 124～1250 $\mu g/kg$ 时，回收率为 70%～110%。

4. 5 种生物碱及 2 个内标化合物的定性离子对、定量离子对、去簇电压(DP)及碰撞气能量(CE)见表 8-6 所列。

表 8-6 7 种化合物的定性离子对、定量离子对、去簇电压和碰撞气能量

组分名称	定性离子对 （m/z）	定量离子对 （m/z）	去簇电压(DP)/V	碰撞气能量 （CE）/eV
罂粟碱	340.4/202.2	340.4/202.2	92	38
	340.4/171.1			49
吗啡	286.0/181.3	286.0/181.3	97	50
	289.4/165.2			50
那可丁	303.5/215.3	414.4/220.5	95	30
	303.5/165.2			34
可待因	300.4/215.2	300.4/215.2	90	34
	300.4/165.4			55
蒂巴因	312.3/58.3	312.3/58.3	52	38
	312.3/249.1			22
吗啡-D3	289.4/185.2	289.4/185.2	95	40
	289.4/165.2			53
可待因-D3	303.5/215.3	303.5/215.3	80	35
	303.5/165.2			60

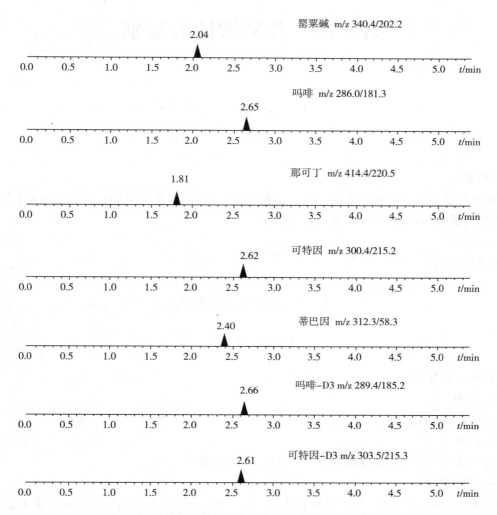

图 8-2　7 种化合物标准物质的提取离子(定量)质谱图

(罂粟碱:20 ng/mL、吗啡:100 ng/mL、那可丁:20 ng/mL、可待因:100 ng/mL、
蒂巴因:20 ng/mL、吗啡-D3:50 ng/mL、可待因-D3:50 ng/mL)

(吴永祥　刘生杰　刘艳红　谢秀玲)

第9章　食品掺伪的鉴别

实验 9-1　食用油脂掺伪检查

一、实验目的

通过理化方法检验鉴别食用油脂中是否含有矿物油、桐油、巴豆油、青油和亚麻仁油等有害物质，了解、掌握食用油脂掺伪的检测方法。

二、检验方法

Ⅰ　掺入矿物油的检验

方法一　皂化法

1. 实验原理

矿物油不会皂化。

2. 试剂

60％氢氧化钾溶液、无水乙醇。

3. 仪器

125 mL 磨口锥形瓶、冷凝管、1 mL 吸管、水浴锅等。

4. 测定方法

取油样 1 mL 置于 125 mL 锥形瓶中，加入 1 mL 60％KOH 溶液和 25 mL 无水乙醇。瓶口插 1 根长玻璃管作为空气冷凝管，于水浴上回流皂化 5 min，皂化时加以振荡。取下锥形瓶，加水 25 mL，摇匀。溶液如呈混浊状或有油状物析出，即表示掺（混）有不皂化的矿物油。

注：本法可检验出含量在 0.5％以上的矿物油。如是挥发性矿物油，在皂化时即可嗅出气味。

方法二　荧光反应法

1. 实验原理

矿物油在荧光灯的照射下，出现天蓝色荧光。

2. 仪器和材料

荧光灯、滤纸等。

3. 测定方法

取油样和已知的矿物油各 1 滴，分别滴在滤纸上，然后放在荧光灯下照射，如有天蓝色荧光出现，说明有矿物油存在。

Ⅱ　掺入桐油的检验

方法一　亚硝酸法

1. 试剂

石油醚、亚硝酸钠、5 mol/L 硫酸。

2. 操作步骤

取油样 4～10 mL 滴于试管中,加 2 mL 石油醚,使油溶解,加亚硝酸钠,加 1 mL 5 mol/L硫酸,振摇后放置 1～2 h,如为纯净食用油,仅发生红褐色氮氧化物气体,油液仍然澄清,如果食用油中混有约 1%桐油时,油液呈白色浑浊;约含 2.5%桐油时,出现白色絮状物;含量大于 5%时,白色絮状团块,初呈白色,放置后变为黄色。

方法二　苦味酸法

取 1 mL 油样于试管中,加入 3 mL 饱和苦味酸溶液。若油呈红色,表示有桐油存在。本检验法按桐油掺杂量的增加,颜色从黄橙到深红,色调明显。

Ⅲ　掺入巴豆油的检验

巴豆油为淡黄色液体,含有极毒的巴豆毒素,对人致死量为 1 g。

1. 试剂

无水乙醇、饱和 KOH 溶液。

2. 操作步骤

取 1 mL 油样加 5 mL 无水乙醇,充分混匀,将此溶液沿着试管壁慢慢加到盛有 3 mL 的饱和 KOH 溶液的试管中,在水浴上加热 30 min,其界面处能缓缓生成红褐色或红紫色环。食油中掺杂 2.5%巴豆油即可检出。

棉籽油、豆油及菜油,用本法检验时,可产生淡红色环,应注意区别。随着掺巴豆油量的变化,环的颜色自淡红至棕黑色变化。

Ⅳ　掺入青油和亚麻仁油的检验

青油和亚麻仁油中含有不饱和脂肪酸,能与溴生成不溶化合物沉淀。

1. 试剂

乙醚、溴。

2. 操作步骤

取 1 mL 油样加 5 mL 乙醚溶解,缓慢滴加溴溶液至混合液保持明显红色为止,摇匀后至冷水中静置 15 min,观察是否有沉淀产生。

实验 9－2　　肉制品中淀粉含量的测定(酸水解-碘量法)

一、实验目的

使学生了解肉制品中淀粉含量的测定方法,并掌握碘量法的操作。

二、实验原理

在试样中加入氢氧化钾-乙醇溶液,在沸水浴上加热后,滤去上清液,用热乙醇洗涤沉淀,除去脂肪和可溶性糖。沉淀经盐酸水解后,淀粉水解生成葡萄糖,然后用碘量法测定形成的葡萄糖,计算淀粉含量。

三、试剂

1. 氢氧化钾-乙醇溶液:将氢氧化钾 50 g 溶于 95％乙醇溶液中,稀释至 1000 mL;

2. 乙醇溶液(80％);

3. 盐酸溶液(1.0 mol/L);

4. 溴百里酚蓝乙醇溶液(10 g/L);

5. 氢氧化钠溶液(300 g/L);

6. 蛋白沉淀剂溶液 I:将铁氰化钾 106 g 用水溶解,并定容到 1000 mL 蛋白质沉淀剂。溶液 II:将乙酸锌 220 g 用水溶解,加入冰乙酸 30 mL,用水定容到 1000 mL。

7. 碱性铜试剂:(1)将硫酸铜($CuSO_4 \cdot 5H_2O$)25 g 溶于 100 mL 水中。(2)将碳酸钠 144 g 溶于 300～400 mL 50 ℃的水中。(3)将柠檬酸($C_6H_8O_7 \cdot H_2O$)50 g 溶于 50 mL 水中。将溶液(3)缓慢加入到溶液(2)中,边加边搅拌,直到气泡停止产生。将溶液(1)加到此混合液中并连续搅拌,冷却至室温后,转移到 1000 mL 容量瓶中,定容至刻度。放置 24 h 后使用,若出现沉淀要过滤。取 1 份此溶液加入到 49 份新煮沸的冷蒸馏水,pH 为 10.0±0.1。

8. 淀粉指示剂:将可溶性淀粉 1 g、碘化汞(保护剂)1 g 和 30 mL 水混合加热溶解,再加入沸水至 100 mL,连续煮沸 3 min,冷却后放入冰箱备用。

9. 硫代硫酸钠标准溶液(0.1 mol/L)。

(1)配制:将硫代硫酸钠($Na_2S_2O_3 \cdot 5H_2O$)25 g 溶于 1000 mL 煮沸并冷却到室温的蒸馏水中,再加入碳酸钠($Na_2CO_3 \cdot 10H_2O$)0.2 g。该溶液应静置一天后标定。

(2)标定:精密称取约 0.18 g 在 120 ℃干燥至恒量的基准试剂重铬酸钾,置于 250 mL 碘量瓶中,加入 25 mL 水使之溶解。加入 2 g 碘化钾及 20 mL 硫酸溶液(20％),摇匀。于暗处放置 10 min,加 150 mL 水(14 ℃～20 ℃),用配制好的硫代硫酸钠溶液滴定至溶液呈浅黄绿色,加入淀粉指示剂 2 mL,继续滴定至蓝色消失而显亮绿色。反应液及稀释用水的温度不应高于 20 ℃。同时,做试剂空白试验。

$$C = \frac{m \times 1000}{(V_1 - V_2) \times M} \tag{9-1}$$

式中,C 为硫代硫酸钠标准溶液的浓度,mol/L;m 为基准试剂重铬酸钾的质量,g;V_1 为硫代硫酸钠标准滴定溶液用量,mL;V_2 为试剂空白试验中硫代硫酸钠溶液用量,mL;M 为基准试剂重铬酸钾(1/6 $K_2Cr_2O_7$)摩尔质量,g/mol,为 49.031。

　　10. 碘化钾溶液(10%)。

　　11. 盐酸(25%):取 100 mL 浓盐酸稀释至 160 mL。

　　所用试剂均为分析纯,水为蒸馏水或相当纯度的水。

四、仪器设备

　　粉碎机及实验室常用设备。

五、操作步骤

　　1. 淀粉的分离

　　称取试样 25 g(精确到 0.01 g)于 500 mL 烧杯中(如果估计试样中淀粉含量超过 1 g 应适当减少试样量),加入热氢氧化钾-乙醇溶液 300 mL,用玻璃棒搅匀后盖上表面皿,在沸水浴上加热 1 h,不时搅拌。然后完全转移到漏斗中过滤,用 80% 乙醇溶液洗涤沉淀数次。

　　2. 水解

　　将滤纸钻个孔,用 1.0 mol/L 热盐酸溶液 100 mL 将沉淀完全洗入 250 mL 烧杯中,盖上表面皿,在沸水浴中水解 2.5 h,不时搅拌。溶液冷却到室温后,用氢氧化钠溶液中和,pH 值不超过 6.5。将溶液移入 200 mL 容量瓶中,加入蛋白沉淀剂溶液 I 3 mL,混合后再加入蛋白沉淀剂溶液 II 3 mL,定容到刻度,混匀,再经不含淀粉的扇形滤纸过滤。向滤液中加入 300 g/L 氢氧化钠溶液 1~2 滴,使之对溴百里酚蓝呈碱性。

　　3. 测定

　　取一定量滤液(V_2)稀释到一定体积(V_3),然后取 25.0 mL(含葡萄糖 40~50 mg)移入碘量瓶中,加入 25.0 mL 碱性铜试剂,装上冷凝管,在电炉上于 2 min 内煮沸。随后改用温火继续煮沸 10 min,迅速冷却到室温,取下冷却管,加入碘化钾溶液 30 mL,再小心加入 25% 盐酸溶液 25.0 mL,盖好盖待滴定。用硫代硫酸钠标准溶液滴定上述溶液中释放出来的碘。滴定至溶液变成浅黄色时,加入淀粉指示剂 1 mL,继续滴定至蓝色消失,记下所消耗硫代硫酸钠溶液的体积。同一试样进行两次测定并做空白试验。

六、计算

　　1. 葡萄糖量(m_1)计算

　　按下式计算消耗硫代硫酸钠的物质的量(X_1,mmol):

$$X_1 = 10 \times C \times (V_0 - V_1) \qquad\qquad (9-2)$$

式中,X_1 为消耗硫代硫酸钠的物质的量,mmol;C 为硫代硫酸钠溶液的浓度,mol/L;V_0 为空白试验消耗硫代硫酸钠溶液的体积,mL;V_1 为试样消耗硫代硫酸钠的体积,mL。根据 X_1 从表中查出相应的葡萄糖量(m_1/mg)。

表 9-1　硫代硫酸钠的物质的量（X_1）与葡萄糖量（m_1）的换算关系

X_1(mmol)	相应的葡萄糖量		X_1(mmol)	相应的葡萄糖量	
	m_1(mg)	Δm_1(mg)		m_1(mg)	Δm_1(mg)
1	2.4		13	33.0	2.7
2	4.8	2.4	14	35.7	2.7
3	7.2	2.4	15	38.5	2.8
4	9.7	2.5	16	41.3	2.8
5	12.2	2.5	17	44.2	2.9
6	14.7	2.5	18	47.1	2.9
7	17.2	2.5	19	50.0	2.9
8	19.8	2.6	20	53.0	3.0
9	22.4	2.6	21	56.0	3.0
10	25.0	2.6	22	59.1	3.1
11	27.6	2.6	23	62.2	3.1
12	30.3	2.7			

2. 淀粉含量的计算

$$X_2(\%) = \frac{m_1}{1000} \times 0.9 \times \frac{V_3}{25} \times \frac{200}{V_2} \times \frac{100}{m_0}$$

$$= 0.72 \times \frac{V_3}{V_2} \times \frac{m_1}{m_0} \qquad (9-3)$$

式中，X_2 为淀粉含量，%；m_1 为葡萄糖含量，mg；V_2 为原液的体积，mL；V_3 为稀释后的体积，mL；m_0 为试样的质量，g；0.9 为葡萄糖折算成淀粉的换算系数。当符合允许差要求时，则取两次测定的算术平均值作为结果，数值精确到 0.1%。

七、注意事项

1. 肉制品富含脂肪和蛋白质，加入 KOH-乙醇溶液，是利用碱与淀粉作用生成醇不溶性的络合物，以分离淀粉与非淀粉物质。

2. 滴定时，应在接近终点时才加入淀粉指示剂。如淀粉指示剂加入太早，则大量的碘与淀粉结合生成蓝色物质，这一部分碘就不容易与硫代硫酸钠反应，而产生误差。

3. 本方法为 GB/T 9695.14—2008 规定的测定方法。

4. 同一分析人员同时或相继两次测定允许差不超过 0.2%。

实验 9-3　牛乳掺伪检验

一、实验目的

通过对牛奶新鲜度、密度、滴定酸度等指标进行检测，并对牛乳常见掺假形式进行鉴别，使学生进一步掌握密度计、酸度计的使用和酸碱滴定操作，了解牛奶掺假的可能形式和检测方法。

二、实验内容

1. 牛奶新鲜度检验（酒精试验）。
2. 牛奶密度检测。
3. 牛奶滴定酸度测定。
4. 牛乳掺淀粉、掺豆浆、掺食用碱、掺食盐、掺芒硝、掺尿素的鉴别实验。

三、检验方法

Ⅰ　牛奶新鲜度检验（酒精试验）

1. 实验目的

掌握酒精试验测定牛乳的酸度是否超标的原理及操作方法。

2. 实验原理

允许销售的牛乳，其酸度不大于 20 °T。酸度大于 20 °T 的牛乳中的酪蛋白，在遇到 68％的酒精时，将会形成絮状沉淀，因此，可用 68％的中性酒精检验牛乳的酸度是否超标。

3. 试剂

(1)酚酞指示剂(1％)。

(2)氢氧化钠溶液(40％)：称取 20 g 氢氧化钠溶于 500 mL 蒸馏水中。

(3)中性酒精(68％)：用吸量管精确吸取 17 mL 95％酒精于干燥、洁净的 50 mL 锥形瓶中，加入 1～2 滴 1％酚酞。摇匀后，用氢氧化钠溶液滴定至酚酞指示剂刚显粉红色，记下所用氢氧化钠溶液的体积。然后用吸量管向锥形瓶中精确加入 V(mL)($V=6.25$，中和酒精所用的氢氧化钠体积)新煮沸过并冷却的蒸馏水，摇匀，即得 68％的中性酒精。用橡皮塞塞住锥形瓶口备用(现配现用)。

4. 仪器

碱式滴定管、试管、吸管等。

5. 操作步骤

在干燥、洁净的试管中，加入 3 mL 待检乳，再加入等体积的 68％的中性酒精，摇匀，观察其反应现象。若出现絮状沉淀，则说明乳的酸度超过 20 °T；若未出现絮状沉淀，则说明乳的酸度不高于 20 °T。

Ⅱ　牛奶密度检测

1. 实验原理

相对密度计法。牛乳的相对密度应在 20 ℃下测定。正常牛乳的相对密度在 20 ℃时应

为 1.027～1.032。如果不是在 20 ℃下测定,则不须加以校正,校正值的计算方法为:

$$校正值＝(实测温度－20)×0.0002$$

但此种校正方法只限于实测温度在 20 ℃±5 ℃。牛乳在 20 ℃下的相对密度应为实测密度与校正值的代数和。

2. 仪器

乳稠计、量筒。

注:乳稠计有 20 ℃/4 ℃和 15 ℃/15 ℃两种。

$$a+2°=b \tag{9-4}$$

式中,a 为 20 ℃/4 ℃测得的度数;b 为 15 ℃/15 ℃测得的度数。

3. 操作步骤

将样品混匀后,小心倒入干燥、洁净的 250 mL 量筒中。注意不要产生泡沫(若有泡沫,则用滤纸把泡沫吸掉)。将乳稠计小心地放入样品中,至刻度 30°处,放开手,令其自由浮动,但不要与量筒壁接触。待乳稠计平稳后,读取数据。

4. 牛乳相对密度的计算

(1)用 15 ℃/15 ℃乳稠计测定时,计算公式为:

$$牛乳相对密度＝1+0.001×乳稠计读数＋(实测温度－20)×0.0002$$

(2)用 20 ℃/4 ℃乳稠计测定时,计算公式为:

$$牛乳相对密度＝1+0.001×(乳稠计读数＋2)＋(实测温度－20)×0.0002$$

说明:①读取数据时,眼睛应与筒内牛乳的液面在同一水平面上,否则读取的数据将偏低或偏高。②掺水会降低牛乳的相对密度,抽出脂肪会提高牛乳的相对密度。如果同时抽出脂肪又掺水,则不能发现牛乳相对密度的显著变化,这种情况必须结合乳脂肪的测定进行检验。

Ⅲ　牛奶滴定酸度测定(氢氧化钠滴定法)

1. 实验原理

以酚酞为指示剂,用 0.1 mol/L NaOH 标准溶液滴定 100 mL 乳样中的酸,至终点时所消耗氢氧化钠溶液的体积即为牛乳的酸度。

2. 试剂

1%酚酞指示剂、0.1 mol/L NaOH 标准溶液。

3. 仪器

碱式滴定管、250 mL 锥形瓶、吸管等。

4. 操作步骤

用移液管精确吸取 10 mL 待检乳于 250 mL 锥形瓶中,加入 20 mL 新煮沸过又冷却的蒸馏水和 2～3 滴酚酞指示剂,摇匀后,用标准氢氧化钠溶液滴定至酚酞刚显粉红色,并在 1 min 内不褪色为止,记下所消耗的 NaOH 溶液体积。重复测定 1 次。两次滴定之差不得大于 0.05 mL,否则需要重复滴定。取 2 次所消耗的 NaOH 溶液体积的平均值 V(mL),按下式计算样品乳的酸度：

$$乳的酸度(°T) = \frac{C}{0.1} \times V \times 10 = C \times V \qquad (9-5)$$

式中，C 为实际测定中所用的氢氧化钠溶液的浓度，mol/L；V 为 2 次所消耗的氢氧化钠溶液体积的平均值，mL。

若测定的酸度小于 16 °T，可认为牛乳掺有中和剂（如碳酸钠），或者是乳腺炎乳；若在 15 °T～18 °T，可认为是正常新鲜乳；若大于 20 °T，则为陈旧发酵乳。

Ⅳ　牛乳掺米汤（淀粉）的检验

一、实验原理

米汤中含有淀粉，淀粉与碘反应变蓝色。

二、试剂

1% 碘溶液（用蒸馏水溶解 KI 4 g，I_2 2 g，移入 100 mL 容量瓶中，加蒸馏水至刻度制成）。

三、操作步骤

取被检牛乳 5 mL 于试管中，稍煮沸，冷却后加入 2～3 滴碘液。如出现蓝色或蓝青色，则表明乳样中掺有淀粉或米汤。

Ⅴ　牛乳掺豆浆的检验（脲酶检验法）

一、实验原理

豆浆含有脲酶，脲酶催化水解碱-镍缩二脲试剂后，与二甲基乙二肟的酒精溶液反应，生成红色沉淀。

二、试剂

1. 碱-镍缩二脲试剂：取 1 g 硫酸镍溶于 50 mL 蒸馏水后，加入 1 g 缩二脲，微热溶解后加入 15 mL 1 mol/L NaOH，滤去生成的氢氧化镍沉淀，置于棕色瓶中保存。本试剂存放时间过长会出现浑浊，经再次过滤后仍可使用。

2. 二甲基乙二肟的酒精溶液（1%）。

三、操作步骤

在白瓷点滴板上的 2 个凹槽处各加入 2 滴碱-镍缩二脲试剂澄清液，再向 1 个凹槽滴加 1 滴调成中性或弱碱性的待检乳样，另一个中滴加 1 滴水。在室温下放置 9～15 min，然后往每个凹槽中再各加入 1 滴二甲基乙二肟的酒精溶液。若有二甲基乙二肟络镍的红色沉淀生成，则说明牛乳中掺有豆浆。作为对照的空白试剂，应仍维持黄色或仅有趋于变成橙色的微弱变化。

Ⅵ 牛乳掺生豆浆的检验(加碱检验法)

一、实验原理

生豆浆中含有皂角素,可与浓 NaOH(或 KOH)溶液反应生成黄色物质。

二、试剂

乙醇-乙醚(1∶1)混合液、25％NaOH 溶液。

三、操作步骤

1. 取 2 个 50 mL 锥形瓶,1 个加入乳样 20 mL,另一个加入 20 mL 新鲜、正常的牛乳作为对比。向 2 个锥形瓶中各加入乙醇-乙醚(1∶1)混合液 3 mL,25％ NaOH 溶液 5 mL,摇匀后放置 4～10 min。

2. 对照瓶中牛乳应呈暗白色。待检乳样呈微黄色,表示有生豆浆掺入。本法灵敏度不高,当生豆浆掺入量大于 10％时才能检出。

Ⅶ 牛乳掺食用碱的检验(玫瑰红酸法)

一、实验原理

玫瑰红酸与碱性物质呈现玫瑰红色。

二、试剂

0.05％玫瑰红酸的酒精溶液(溶解 0.05 克玫瑰红酸于 100 mL 95％酒精中制成)。

三、操作步骤

取被检牛乳 5 mL 于试管中,加入 5 mL 0.05％玫瑰红酸酒精溶液,摇匀,观察其颜色反应。若出现玫瑰红色,表示牛乳中掺有像碳酸钠这样的碱性物质。天然乳呈淡褐黄色。

Ⅷ 牛乳掺食盐的检验

一、实验原理

牛乳中加入一定量的铬酸钾溶液和硝酸银溶液,由于正常、新鲜牛乳中氯离子含量很低(0.08％～0.12％),硝酸银主要与铬酸钾反应,生成红色铬酸银沉淀。如果牛乳中掺有 NaCl,由于氯离子浓度很大,硝酸银则主要与氯离子反应,生成 AgCl 沉淀,并且被铬酸钾染成黄色。

二、试剂

1. 铬酸钾溶液(10％)。

2. AgNO$_3$溶液(0.01 mol/L):精确称取 1.700 g AgNO$_3$于烧杯中,用少量去离子水溶

解后,定量转移至 1000 mL 容量瓶中,定容,保存于棕色瓶中。

三、操作步骤

取 5 mL 0.01 mol/L 硝酸银溶液和 2 滴 10％铬酸钾溶液于洁净试管中混匀,此时可出现红色铬酸银沉淀。再加入待检乳样 1 mL,充分混匀。如果牛乳呈黄色,说明乳中 Cl^- 的含量大于 0.14％,可能掺有食盐;若仍为红色,则说明没有掺入氯化钠。

Ⅸ　牛乳掺芒硝($Na_2SO_4 \cdot 10H_2O$)的检验

一、实验原理

牛乳中掺有芒硝,可通过对 SO_4^{2-} 的鉴定来检验,而 SO_4^{2-} 的鉴定又可通过它干扰钡离子(Ba^{2+})与玫瑰红酸钠溶液的反应得到确认。钡离子可与玫瑰红酸溶液反应生成红棕色沉淀。若有 SO_4^{2-} 存在,则钡离子首先与 SO_4^{2-} 反应生成硫酸钡白色沉淀。

二、试剂

氯化钡(1％)、醋酸(20％)、玫瑰红酸钠(1％,此试剂最多保存 2 天)。

三、操作步骤

1. 在试管中加入 5 mL 待检乳样,1～2 滴 20％醋酸,3～5 滴 1％氯化钡溶液和 2 滴玫瑰红酸钠溶液,摇匀,静置。

2. 正常新鲜牛乳由于生成玫瑰红酸钡沉淀而呈粉红色。掺有芒硝的牛乳,因大量 SO_4^{2-} 存在,使钡离子首先与 SO_4^{2-} 反应生成硫酸钡白色沉淀,并被玫瑰红酸钠溶液染色而呈现黄色。

Ⅹ　牛乳掺尿素的检验

一、实验原理

尿中含有肌酐,肌酐与苦味酸在 pH＝12 条件下,反应生成红色或橙红色苦味酸肌酐复合物。可检验是否掺尿。

二、试剂

1. 饱和苦味酸溶液:取 2 g 苦味酸,加入蒸馏水 100 mL,加热煮沸,静置冷却,取上层清液置于棕色滴瓶中保存。

2. NaOH 溶液(10％)。

三、操作步骤

取 5 毫升待检牛乳于试管中,加入 3～5 滴 NaOH 溶液,混匀,再加入 0.5 mL 饱和苦味酸溶液,摇匀,放置 9～15 min。正常牛乳呈现苦味酸固有的黄色,若呈现明显的红褐色,则说明乳中掺有尿素或被牛尿污染了。

实验 9 - 4　调味品掺假检查

一、实验目的

通过旋光法测定味精的谷氨酸钠含量以确定味精的纯度,并进一步熟悉学习旋光法测定的操作。

二、实验原理

谷氨酸钠分子结构中含 1 个不对称碳原子,具有旋转偏光振动平面的能力,旋转通过其间的偏振光线的偏光平面的能力,以角度表示,叫作旋光度。可用旋光仪测定其旋光度。

三、仪器及设备

旋光仪、分析天平、干燥箱、100 mL 容量瓶、温度计。

四、操作步骤

称取于 98 ℃±1 ℃干燥 5 h 之样品 10 g(称准至 0.0001 g),加 50 mL 水溶解并移入 100 mL 容量瓶中,加 20 mL 盐酸,混匀,待冷却至室温,补加水至刻度,摇匀。在恒温室(20 ℃)里,将上述样液倒入旋光管(2 dm)中,按一般旋光法操作,测定其旋光度,同时记录样液温度。用旋光法测定含量时,比旋光度应在 +24.91°～+25.29°。

五、结果计算

1. 若样液温度为 20 ℃时,直接按下式计算:

$$X = \frac{\alpha \times 50 \times 187.13}{5 \times 2 \times 32 \times 147.13} \times 100 \tag{9-6}$$

式中,X 为样品中谷氨酸钠的含量(含 1 个分子结晶水),g/100 g;α 为 20 ℃时观察样品所得的旋光度;32 为纯谷氨酸钠在 20 ℃下的旋光度;187.13 为含 1 个分子结晶水的谷氨酸钠的相对分子质量;147.13 为谷氨酸的相对分子质量;2 为旋光管长度。

2. 如果样液温度低于或高于 20 ℃,需要校正后计算。谷氨酸钠的校正值为 0.06。

$$d = [32 + 0.06(20-t)] \times 147.13/187.13 = 25.16 + 0.047(20-t)$$

$$X = \frac{\alpha \times 50 \times 100}{5 \times 2 \times [25.16 + 0.047(20-t)]} \tag{9-7}$$

式中,X 为样品中谷氨酸钠的含量(含 1 个分子结晶水),g/100 g;α 为 t ℃时观察样品所得的旋光度;t 为测定时的温度;25.16 为谷氨酸钠的比旋光度 $[a]$。0.047 为温度校正系数。

注:同一样品进行两次测定,取平均值,结果保留一位小数。

实验 9-5　蜂蜜掺假的快速鉴别

一、实验目的

了解掌握蜂蜜掺假的快速、简易的鉴别方法。

二、试剂和材料

95%乙醇、间苯二酚、1%硝酸银溶液、1%碘化钾溶液、盐酸、1%硫酸铜溶液。

三、仪器

烧杯、波美计、量筒、试管、滤纸等。

四、检验方法

1. 感官检验

量取 30 mL 样品，倒入 50 mL 清洁、干燥的无色玻璃烧杯中，观察其颜色（以白底为背景）。然后嗅、尝样品之味。气味和滋味的测定应在常温下进行，并在开瓶倒出后 10 min 内完成。同时比较标准样品与待检样品的色泽、气味、滋味和结晶状况。

（1）看色泽：每一种蜂蜜都有固定的颜色，如刺槐蜜、紫云英蜜为水白色或浅琥珀色，芝麻蜜呈浅黄色，枣花蜜、油菜花蜜为黄色琥珀色。纯正的蜂蜜一般色淡、透明度好，如掺有糖类或淀粉，则色泽昏暗，液体混浊并有沉淀物。

（2）品味道：质量好的蜂蜜，嗅、尝均有花香；掺糖加水的蜂蜜，花香皆无，且有糖水味；好蜂蜜吃起来有清甜的葡萄糖风味，而劣质的蜂蜜蔗糖味浓。

（3）试性能：纯正的蜂蜜用筷子挑起来可拉起柔韧的长丝，断后断头回缩并形成下粗上细的塔头并慢慢消失；低劣的蜂蜜挑起后呈糊状并自然下沉，不会形成塔状物。

（4）查结晶：纯蜂蜜结晶呈黄白色，细腻、柔软；假蜂蜜结晶粗糙，透明。

下面介绍几种常见的蜂蜜色香味及结晶，据此可初步判断是哪种蜂蜜。

紫云英蜜：呈淡白微现青色，有清香气，味鲜洁，甜而不腻，不易结晶，结晶后呈粒状。

苕子蜜：色味均与紫云英蜜相似，但不如紫云英味鲜洁，甜味也略差。

油菜蜜：浅白黄色，有油菜花清香味，稍有混浊，味甜润，最易结晶，浅黄色，呈油状结晶。

棉花蜜：呈浅黄色，味甜而稍涩，结晶颗粒较粗。

乌桕蜜：呈浅黄，具轻微酵酸甜味，回味较重，润喉较差，易结晶，呈粗粒状。

芝麻蜜：呈浅黄色，味甜，一般清香。

枣花蜜：呈中等琥珀色，深于乌桕蜜，蜜汁透明，味甜，具有特殊浓烈气味，结晶粗粒。

荞麦蜜：呈金黄色，味甜细腻，吃口重，有强烈荞麦气味，颇有刺激性，结晶呈粒状。

柑橘蜜：品种繁多，色泽不一，一般呈浅黄色，具有柑橘香甜味，食之微有酸味，结晶粒粗呈油脂状结晶。

槐花蜜：色淡白，香气浓郁，带有杏仁味，甜味鲜洁，结晶后呈细粒状。

枇杷蜜：微黄或淡黄色，具有荔枝香气，有刺喉粗浊的味道。

龙眼蜜:淡黄色,具有龙眼花香气味,纯甜,没有刺喉味道。

橙树蜜:浅黄或金黄色,具有令人悦口的特殊香味,带有薄荷般的清香味道。

葵花蜜:浅琥珀色,味芳香甜润,易结晶。

荆条蜜:白色,气味芳香,甜润,结晶后细腻色白。

草木犀蜜:浅琥珀色或乳白色,浓稠透明,气鼓掌芳香,味甜润。

甘露蜜:暗褐色或暗绿色,没有芳香气味,味甜。

山花椒蜜:深琥珀色或深棕色,半透明黏液体,味甜,有刺喉异味。

桉树蜜:深琥珀色或深棕色,味甜有桉树异臭,有刺激味。

百花蜜:颜色深,是多种花蜜的混合蜂蜜,味甜,具有天然蜜的香气,花粉组成复杂,一般有 4～6 种以上花粉。

结晶蜂蜜:此种蜜多称为春蜜或冬蜜,透明性差,放置日久多有结晶沉淀,结晶多呈膏状,花粉组成复杂,风味不一,味甜。

2. 掺水检验

方法一(定性检验法):取蜂蜜数滴,滴在滤纸上,观察滴落后是否很快湿润滤纸。同时比较标准样品与待检样品的现象。优质的蜂蜜含水量低,滴落后不会很快浸渗入滤纸中;掺水的蜂蜜滴落后很快浸透、消散。

方法二(波美计检验法):将蜂蜜放入口径 3～5 cm 的 500 mL 玻璃量筒内,待气泡消失后,将清洁、干燥的波美计较轻放入,让其自然下降,待波美计停留在某一刻度上不再下降时,即指示蜂蜜的浓度。测定时蜂蜜的温度保持在 15 ℃,纯蜂蜜浓度在 42 °Bé以上。若蜂蜜的温度高于 15 ℃,则要以增加的度数乘以 0.05,再加上所测得的数值,即为蜂蜜的实际浓度。例如蜂蜜温度为 25 ℃时,波美计度数为 41 °Bé,则实际浓度为:41＋(24－15)×0.05＝41.5 °Bé。温度低于 15 ℃时则相反。例如蜜温为 10 ℃时,波美计读数为 41 °Bé,则蜂蜜实际浓度为:41－(24－10)×0.05＝40.75 °Bé。

3. 掺饴糖检验

(1)原理:饴糖不溶于95％乙醇溶液,出现白色絮状物。

(2)操作步骤:取蜂蜜 2 mL 于试管中加 5 mL 蒸馏水,混匀,然后缓缓加入 95％乙醇溶液数滴,观察是否出现白色絮状物。若呈现白色絮状物,则说明有饴糖掺入;若呈混浊则说明正常。另外,掺有饴糖的蜂蜜甜度一般会降低。

4. 掺蔗糖检验

(1)物理检验

将样蜜少许置于玻璃板上,用强烈日光曝晒(或用电吹风吹),掺有蔗糖的蜜会因为糖浆结晶而成为坚硬的板结块;纯蜂蜜仍呈黏稠状。

(2)理化检验

①原理:蔗糖与间苯二酚反应,产物呈红色;与硝酸银反应,产物不溶于水。

方法 1:取蜂蜜 1 mL 加 4 mL 水,充分振荡搅拌。若有混浊或沉淀,滴加数滴(2 滴)1％的硝酸银溶液,出现絮状物者,证明掺入了蔗糖。

方法 2:取蜂蜜 2 mL 于试管中,加入间苯二酚 0.1 g。若呈现红色则说明掺入了蔗糖。同时做空白对照。

5. 蜂蜜中掺淀粉的检验方法

（1）感官检验

向蜂蜜中掺淀粉时，一般是将淀粉熬成糊并加些蔗糖后，再掺入蜂蜜中。因此这种掺伪蜜混浊而不透明，蜜味淡薄，用水稀释后仍然混浊。

（2）理化检验

① 原理：淀粉遇碘液呈蓝、紫色。

② 操作步骤：取样蜜 5 mL，加 20 mL 蒸馏水，煮沸后放冷，加入碘试剂（取 1～2 粒碘溶于 1％碘化钾溶液 20 mL 中制成）2 滴，如出现蓝色、紫色，则说明掺入了淀粉类物质；如呈现红色，则说明掺有糊精；若保持黄褐色不变，则说明蜂蜜纯净。

6. 蜂蜜中掺羧甲纤维素钠的检验方法

（1）感官检验

掺有羧甲基纤维素钠的蜂蜜，一般都颜色深黄、黏稠度大，近似于饱和胶状溶液；蜜中有块状脆性物悬浮且底部有白色胶状颗粒。

（2）理化检验

① 原理：羧甲基纤维素钠不溶于乙醇，与盐酸反应生成白色羧甲基纤维素沉淀；与硫酸铜反应产生绒毛状浅蓝色羧甲基纤维素沉淀。

② 操作步骤：取样蜜 10 g，加 20 mL 95％乙醇溶液，充分搅拌（10 min），即析出白色絮状沉淀物。取白色沉淀物 2 g，置于 100 mL 温热蒸馏水中，搅拌均匀，放冷备检。

取上清液 30 mL，加入 3 mL 盐酸后产生白色沉淀为阳性。

取上清液 50 mL，加入 100 mL 1％硫酸铜溶液后产生绒毛状浅蓝色沉淀为阳性。

若上述两项试验皆呈现阳性结果，则说明有羧甲基纤维素钠掺入。

实验 9-6　饮料掺假检查

Ⅰ　汽水中掺洗衣粉的检验

一、实验目的

通过亚甲蓝、果胶试验可定性判断产品中的掺杂物质的存在,了解真果汁中的必含成分,可以为果汁真假的进一步鉴别做一定的准备。

二、实验原理

洗衣粉是含十二烷基苯磺酸钠阴离子的合成洗涤剂。十二烷基苯磺酸钠与亚甲基蓝试剂反应,产物在三氯甲烷层呈现蓝色。

三、试剂

亚甲基蓝溶液:称取亚甲蓝 30 mg,溶于 500 mL 蒸馏水中,再加入浓硫酸 68 mL 和磷酸二氢钠 50 g,溶解后用蒸馏水稀释至 100 mL。

四、仪器

带塞比色管(50 mL)、吸管等。

五、操作步骤

取饮料 2 mL 置于 50 mL 的带塞比色管中,加水至 25 mL,再加入亚甲基蓝溶液 5 mL,剧烈振摇 1 min,静置分层。如果三氯甲烷层呈现蓝色,则为阳性,说明其中掺入了洗衣粉。

Ⅱ　果胶质的检验

一、实验目的

通过亚甲蓝、果胶试验可定性判断产品中果胶的存在,了解真果汁中的必含成分,可以为果汁真假的进一步鉴别做一定的准备。

二、实验原理

成熟果实中果胶质主要以可溶性果胶形式存在。果胶质可以从其水溶液中被酒精沉淀出来,由此可检验果胶质的存在。假果汁中没有果胶质存在。

三、试剂

5 mol/L H_2SO_4 溶液、95% 乙醇溶液。

四、仪器

100 mL 烧杯、吸管、量筒等。

五、操作步骤

取待检果汁 10 mL 于 100 mL 烧杯中,加入蒸馏水 10 mL,5 mol/L H_2SO_4 溶液 1 mL 及 95％乙醇溶液 40 mL,搅拌均匀后放置 10 min。如无絮状沉淀析出,则证明没有果胶质存在,即疑为伪造果汁饮料。同时用真果汁饮料做对照。

<h2 style="text-align:center">Ⅲ　还原糖的检验</h2>

一、实验目的

通过亚甲蓝、果胶试验可定性判断产品中的还原糖的存在,了解真果汁中的必含成分,可以为果汁真假的进一步鉴别做一定的准备。

二、实验原理

果汁中的还原糖与费林试剂反应,生成 Cu_2O 砖红色沉淀。

三、试剂

硫酸铜、酒石酸钠、氢氧化钠。

四、仪器

试管、电炉等。

五、操作步骤

1. 取样品 3 mL,置于试管中,加费林试剂甲液(取硫酸铜 7 g,溶于水成 100 mL 制成)、乙液(取酒石酸钠 35 g、氢氧化钠 10 g,溶于水成 100 mL 制成)各 2 mL,加热观察。如含有真果汁就呈砖红色沉淀。如无砖红色沉淀则疑为假果汁。

2. 本法可查证真假果汁水、真假含果汁汽酒等。真的果汁中应含有还原糖,因而可以通过检验还原糖的有无来识别真假果汁。但以蜂蜜代替果汁的则出现假阳性,此时可用镜检法来检查其沉淀物中的花粉。

附:"三精水"的检验方法

"三精水",也称"颜色水",系指以糖精、香精、色素代替蔗糖和果汁调配而成的假饮料。可以通过检验饮料中是否含有蔗糖来简便鉴别是不是"三精水"。

操作步骤:取驱除二氧化碳后的样品 50 mL 于 250 mL 容量瓶内加水稀释至刻度,摇匀。取稀释液约 10 mL,置于 50 mL 锥形瓶中,加入浓盐酸 0.6 mL,置于水浴加热 15 min,取出放冷,滴加 30％氢氧化钠溶液,调至中性,加费林试剂甲、乙液各 5 mL,加热观察。如呈砖红色沉淀则含有蔗糖;如无砖红色沉淀则疑为"三精水"。

(桑宏庆)

第 10 章　保健食品中功能成分的检测

实验 10－1　大豆寡肽的含量测定（HPLC 法）

一、实验目的

1. 掌握高效液相色谱法（HPLC）测定大豆寡肽的原理。
2. 学习 HPLC 基本操作。

二、实验原理

大豆寡肽由小分子的活性微肽组成，可由大豆蛋白经水解酶的酶解反应获取。以寡肽标准品为对照，经高效液相色谱分析，可根据保留时间来定性，通过标准曲线方程，采用外标法以色谱峰面积进行定量。进一步可计算出待测样品中大豆寡肽的含量。本法适用于含大豆寡肽类食品中的含量测定。

三、试剂

1. 流动相。A 液：0.1％（W/V）的三氯乙酸-超纯水；B 液：0.1％（W/V）的三氯乙酸-乙腈。上机前进行脱气处理。
2. 大豆寡肽标准品溶液。精确称取双甘肽、还原型谷胱甘肽、氧化型谷胱甘肽（纯度≥98.0％）各 20 mg，依次溶于一定量的超纯水中，超声处理 30 min 后，转入容量瓶中加超纯水定容至 10 mL，摇匀，用作标准工作溶液，各标准品的浓度均为 2 mg/mL。
3. 其他。三氟乙酸（TFA）：色谱纯；乙腈：色谱纯；超纯水：室温条件下，电阻率达到 18.2 mΩ·cm。

四、仪器

高效液相色谱仪（HPLC，带紫外检测器及二元梯度泵系统）、数控超声波振荡器、微孔滤膜过滤器、真空泵、0.45 μm 水系微孔滤膜过滤器、80 目筛、玻璃仪器等。

五、操作步骤

1. 待测样品制备

（1）固体或半固体样品：固体样品经粉碎、磨细后（过 80 目筛）混匀；半固体样品混匀后，称取 0.04～0.5 g 样品于烧杯中，加适量超纯水溶解，转入容量瓶中加超纯水定容至 50 mL；超声处理 20 min 后，10000 r/min、离心 15 min，取上清液，用 0.45 μm 微孔滤膜过滤，取滤液作为待测样品溶液。

（2）液体样品：量取 0.4～5 mL 样品于容量瓶中，加超纯水稀释定容至 50 mL，超声处理 20 min 后，10000 r/min、离心 15 min，取上清液，用 0.45 μm 水系微孔滤膜过滤，取滤液作为待测样品溶液。

2. HPLC 检测色谱条件

色谱柱:Spherisorb ODS 柱,5 cm×250 cm,粒径 3 μm 或其等效柱;流动相:流动相 A 液,流动相 B 液;检测波长:225 nm;流速:1.0 mL/min;柱温:36 ℃;梯度洗脱条件参考如下。

时间/min	0	10	20	30	35
流动相 A/%	100	30	40	80	100
流动相 B/%	0	70	60	20	0

3. 标准曲线绘制

精确量取大豆寡肽标准品溶液 0.2 mL、0.4 mL、0.6 mL、0.8 mL 及 1.0 mL,对应于标准品质量分别为 0.4 mg、0.8 mg、1.2 mg、1.6 mg 及 2.0 mg,分别加入 0.8 mL、0.6 mL、0.4 mL、0.2 mL 及 0.00 mL 超纯水,充分混匀,作为标准检测溶液进行 HPLC 分析,进样量 10 μL,以峰面积—浓度作图,绘制标准曲线。

4. 待测样品测定

将 10 μL 待测样品溶液注入高效液相色谱仪,同样参数条件下进行 HPLC 分析,获取峰面积值,根据标准曲线回归方程,计算待测样品中双甘肽、还原型谷胱甘肽、氧化型谷胱甘肽对应的浓度(mg/mL)。

六、结果计算

$$X=\frac{C\times V\times 1000}{m} \qquad (10-1)$$

式中,X 为待测样品中大豆寡肽单一组分的含量,mg/kg 或 mg/L;C 为待测样品中大豆寡肽单一组分的浓度,mg/L;V 为待测样品溶液的总体积,mL;m 为待测样品的质量,g 或 mL。

七、思考题

1. 色谱柱的选择应考虑哪些因素?
2. 测定结果的准确性与实验过程中的哪些细节有关?

实验 10－2　赖氨酸的测定（FDBN 反应法）

一、实验目的

掌握 FDBN 反应法检测食品中赖氨酸的原理与关键步骤。

二、实验原理

赖氨酸（Lysine）是人体八种必需氨基酸之一，具有促进机体发育、增强免疫力等多种生理功效。谷物食品中的赖氨酸含量甚低，在加工过程中易被破坏而导致缺乏，故赖氨酸被称为第一限制性氨基酸。赖氨酸是肉碱生物合成的重要原料，而肉碱负责将一些不饱和脂肪酸转化为能量，有助于降低胆固醇水平。同时，赖氨酸也有助于机体对钙的吸收。蛋白质（如鱼类、豆类）摄入量过低，则可能导致赖氨酸摄入量低而缺乏。

在水溶液中，铜离子能够阻碍游离氨基酸 α-氨基的反应活性，赖氨酸同时具有 α-氨基和 ε-氨基，其 ε-氨基可以自由地与 1-氟-2,3-二硝基苯（FDBN）反应，生成 ε-DNP-赖氨酸。反应液经酸化、二乙基醚提取，提取物在 390 nm 波长处有吸收峰，据此可通过标准曲线计算出待测样品中游离赖氨酸的含量。

三、试剂

1. 氯化铜溶液（28 g/L）：精确称取 28 g 无水氯化铜于烧杯中，加适量蒸馏水溶解，转入容量瓶中加蒸馏水定容至 1000 mL，摇匀备用。

2. 磷酸三钠溶液（68.5 g/L）：精确称取 68.5 g 无水磷酸钠于烧杯中，加适量蒸馏水溶解，转入容量瓶中加蒸馏水定容至 1000 mL，摇匀备用。

3. 硼酸-硼砂缓冲液（pH＝9.0）：精确称取硼酸（H_3BO_3）12.37 g 于烧杯中，加适量蒸馏水溶解，转入容量瓶中加蒸馏水定容至 1000 mL，用作 A 液。精确称取硼砂（$Na_2B_4O_7$）19.07 g 于烧杯中，加适量蒸馏水溶解，转入容量瓶中加蒸馏水定容至 1000 mL，用作 B 液。将 A 液与 B 液按体积比 1∶4 混合均匀，即得硼酸-硼砂缓冲液（pH＝9.0）。

4. 磷酸铜悬浮液：低速搅拌下，将 200 mL 氯化铜溶液缓慢加入到 400 mL 磷酸三钠溶液中，反应悬浮液在 2000 r/min 下，离心 5 min，弃上清，用硼酸-硼砂缓冲液（pH＝9.0）悬浮沉淀，洗涤离心 3 次后，将沉淀悬浮在硼酸-硼砂缓冲液中，并用缓冲液稀释定容至 1000 mL，摇匀备用。

5. 1-氟-2,3-二硝基苯（FDBN）溶液：精确量取 FDBN 10 mL 于容量瓶中，用甲醇稀释定容至 100 mL，摇匀备用。

6. 赖氨酸-HCl 标准溶液：精确称取 20 mg 赖氨酸溶于 100 mL 盐酸中，配制成 0.2 mg/mL 的标准溶液。

7. 丙氨酸溶液（100 mg/mL）：精确称取 10 g 丙氨酸于烧杯中，加适量蒸馏水溶解，转入容量瓶中加蒸馏水定容至 100 mL，得到 100 mg/mL 丙氨酸溶液，摇匀备用。

四、仪器

分析天平（精度为 0.001 g）、分光光度计（带 1 cm 石英比色皿）、磁力搅拌器、离心机、水浴锅、40 目筛、玻璃仪器等。

五、操作步骤

1. 精确称取过 40 目筛的待测样品 1.00 g，置于 100 mL 烧瓶中；吸取赖氨酸-HCl 标准溶液 5 mL 置于另一 100 mL 烧瓶中；同时，再取另一 100 mL 烧瓶作为空白对照。

2. 分别向各烧瓶中加入 25 mL 磷酸铜悬浮液，再加入 1 mL 100 mg/mL 丙氨酸溶液，振摇 15 min 后，再加入 10% FDNB 溶液 0.5 mL，最后将烧瓶置于沸水浴中加热 15 min。

3. 反应结束后取出烧瓶，立刻向其中加入 25 mL 的 HCl 溶液（1 mol/L），并不断摇匀使之酸化和分散均匀。

4. 将烧瓶中的溶液冷却至室温，加蒸馏水稀释至 100 mL，分别取 40 mL 悬浮液进行离心（3500 r/min、5 min）；取上清，并用 25 mL 二乙基醚提取上清液 3 次，除去醚；然后分别将水相溶液收集于带刻度的试管中，并置于 65 ℃水浴中加热 15 min，除去残留的醚，以得到处理液，记录溶液体积（mL）。

5. 吸取处理液各 10 mL，分别与 95%（V/V）乙醇溶液等体积混合，用滤纸过滤，取滤液待测。

6. 用试剂作空白对照，在 390 nm 波长下，分别测定待测样品溶液、赖氨酸-HCl 标准溶液、空白对照溶液的吸光度值，即 OD_1、OD_2、OD_3，根据公式计算出待测样品中赖氨酸-HCl 的含量。

六、结果计算

$$X = \frac{OD_1 - OD_3}{OD_2 - OD_3} \times \frac{C \times 1000}{m} \qquad (10-2)$$

式中，X 为待测样品中赖氨酸的含量，mg/kg；OD_1 为待测样品溶液在 390 nm 波长下的吸光度值；OD_2 为赖氨酸-HCl 标准溶液在 390 nm 波长下的吸光度值；OD_3 为空白对照溶液在 390 nm 波长下的吸光度值；C 为赖氨酸-HCl 标准溶液的浓度，mg/mL；m 为待测样品的质量，g。

七、思考题

1. 10% 的丙氨酸溶液的添加有什么作用？

2. 选择二乙基醚提取上清液有什么优点？

实验 10-3   牛磺酸的测定(邻苯二甲醛柱后衍生法)

一、实验目的

学习采用邻苯二甲醛(OPA)柱后衍生法检测婴幼儿食品和乳品中牛磺酸的实验原理,掌握 OPA 柱后衍生法的关键步骤。

二、实验原理

牛磺酸(Taurine)又称 β-氨基乙磺酸,是一种含硫的非蛋白氨基酸,在体内以游离状态存在。牛磺酸不参与蛋白质合成,但与胱氨酸、半胱氨酸的代谢密切相关。人体合成牛磺酸的半胱氨酸亚硫酸羧酶(CSAD)活性较低,主要依靠摄取食物中的牛磺酸来满足机体需要。研究表明,牛磺酸具有促进婴幼儿脑组织和智力发育,提高神经传导和视觉机能,防止心血管疾病,改善内分泌状态,增强机体免疫力等多种生理功效。我国于 1993 年批准牛磺酸在乳制品、婴幼儿食品及谷类制品、强化饮料中使用。

待测样品用偏磷酸水溶液溶解,经超声波振荡提取、离心、微孔滤膜过滤后,通过钠离子色谱柱分离,所得分离物与邻苯二甲醛(OPA)在一定条件下进行衍生化反应,反应物采用高效液相色谱法(HPLC)分析,外标法定量。本方法参照食品安全国家标准——食品中牛磺酸的测定(邻苯二甲醛柱后衍生法 GB 5009.196—2016),适用于婴幼儿配方食品、乳粉、豆粉、豆浆、含乳饮料、特殊用途饮料、风味饮料、固体饮料、果冻中牛磺酸的测定。

三、试剂

1. 偏磷酸溶液(10 g/L):精确称取 10.0 g 偏磷酸(HPO_3)于烧杯中,加适量蒸馏水溶解,转入容量瓶中加蒸馏水定容至 1000 mL,摇匀,得到 10 g/L 偏磷酸溶液,备用。

2. 柠檬酸缓冲液(pH=3.10~3.25):精确称取 19.6 g 柠檬酸三钠($Na_3C_6H_5O_7 \cdot 2H_2O$)于烧杯中,加 950 mL 蒸馏水溶解,加入 1 mL 苯酚(C_6H_6O),用硝酸(HNO_3)调 pH 值至 3.10~3.25,经 0.45 μm 水系微孔滤膜过滤,取滤液备用。

3. 硼酸钾溶液(0.5 mol/L):精确称取 30.9 g 硼酸(H_3BO_3)于烧杯中,加适量蒸馏水溶解;再精确称取 26.3 g 氢氧化钾,于上述溶液中溶解,转入容量瓶中加蒸馏水定容至 1000 mL,摇匀,得到 0.5 mol/L 硼酸钾溶液,备用。

4. 邻苯二甲醛衍生溶液:精确称取 0.60 g 邻苯二甲醛于烧杯中,加入 10 mL 甲醇溶解后,再依次加入 0.5 mL 2-巯基乙醇和 0.35 g 聚氧乙烯月桂酸醚搅拌溶解,转入容量瓶中用 0.5 mol/L 的硼酸钾溶液定容至 1000 mL,经 0.45 μm 有机系微孔滤膜过滤,取滤液备用。该溶液临用前配制。

5. 亚铁氰化钾(150 g/L):室温下可稳定 3 个月。

6. 乙酸锌(300 g/L):室温下可稳定 3 个月。

7. 牛磺酸标准储备溶液(1 mg/mL):精确称取 0.1000 g 牛磺酸标准品(纯度≥99%)于烧杯中,加适量蒸馏水溶解,转入容量瓶中加蒸馏水定容至 100 mL,摇匀,得到 1 mg/mL 牛磺酸标准储备溶液,备用。该储备液在 4 ℃下可保存 7 天。

8. 牛磺酸标准工作液:将牛磺酸标准储备溶液(1 mg/mL)用蒸馏水梯度稀释,制备一系列标准检测溶液,标准溶液浓度依次为:0 μg/mL、5 μg/mL、10 μg/mL、15 μg/mL、20 μg/mL、25 μg/mL 及 30 μg/mL,临用前配制。

四、仪器

高效液相色谱仪(HPLC,带有荧光检测器)、柱后反应器、荧光衍生溶剂输液泵、超声波振荡器、pH 计(精度为 0.01)、离心机(转速≥5000 r/min)、分析天平(精度为 1 或 0.1 mg)、0.45 μm 水系/有机系微孔滤膜过滤器、玻璃仪器等。

五、操作步骤

1. 待测样品制备

(1)固体试样:准确称取 1～5 g(精确至 0.01 g)于锥形瓶中,加入 40 ℃左右温水 20 mL,摇匀使试样溶解,放入超声波振荡器中超声提取 10 min。

谷类制品:称取试样 5 g(精确至 0.01 g)于锥形瓶中,加入 40 ℃左右温水 40 mL,加入淀粉酶(酶活力≥1.5U/mg)0.5 g,混匀后向锥形瓶中充入氮气,盖上瓶塞,置 50 ℃～60 ℃培养箱中 30 min,取出冷却至室温。

液体试样(乳饮料除外):准确称取 5～30 g(精确至 0.01 g)于锥形瓶中。

牛磺酸含量高的饮料类:准确称取一定量的样品,用水稀释到适当浓度。

果冻类试样:称取试样 5 g(精确至 0.01 g)于锥形瓶中,加入 20 mL 水,50 ℃～60 ℃水浴 20 min 使之溶解,待冷却。

(2)加 50 mL 偏磷酸溶液,充分摇匀。放入超声波振荡器中超声提取 10～15 min,取出冷却至室温后,移入 100 mL 容量瓶中,用水定容至刻度并摇匀。样液在 5000 r/min 条件下离心 10 min,取上清液经 0.45 μm 微孔膜过滤,接取中间滤液以备进样。

(3)乳饮料试样:称取 5～30 g 试样(精确至 0.01 g)于锥形瓶中,加入 40 ℃左右温水 30 mL,充分混匀,置超声波振荡器上超声提取 10 min,冷却到室温。加 1.0 mL 亚铁氰化钾溶液,涡旋混合,1.0 mL 乙酸锌溶液,涡旋混合,转入 100 mL 容量瓶中用水定容至刻度,充分混匀。样液在 5000 r/min 条件下离心 10 min,取上清液经 0.45 μm 微孔膜过滤,接取中间滤液以备进样。

2. HPLC 检测色谱条件

色谱柱:钠离子氨基酸分析专用色谱柱(250 mm×4.6 mm),或同等性能的色谱柱;流动相:柠檬酸缓冲液(pH=3.10～3.25);流动相流速:0.30 mL/min;荧光衍生溶剂流速:0.30 mL/min;柱温:55 ℃;检测激发光波长:338 nm;检测发射光波长:425 nm。

3. 绘制标准曲线

将牛磺酸标准系列工作液依次经 OPA 柱后衍生,按上述色谱条件进样测定,进样量为 20 μL,记录标液浓度所对应的色谱峰面积,以峰面积为纵坐标,标液浓度为横坐标,绘制标准曲线,拟合得到回归方程。

4. 待测样品测定

将待测样品液经 OPA 柱后衍生,按上述色谱条件进样测定,进样量为 20 μL,记录待测溶液所对应的色谱峰面积,根据标准曲线回归方程计算待测样品中牛磺酸的浓度

（μg/mL）。每一待测样品均设置三组平行，计算平均值，结果保留三位有效数字。

六、结果计算

$$X = \frac{C \times V \times 1000}{m \times 1000} \qquad\qquad (10-3)$$

式中，X 为待测样品中牛磺酸的含量，mg/100 g；C 为待测样品的进样浓度，μg/mL；V 为待测样品定容体积，mL；m 为待测样品质量，g。

七、思考题

1. 影响 HPLC 测量精度的因素有哪些？
2. 为什么要对牛磺酸进行 OPA 柱后衍生？

实验 10-4　大豆低聚糖中水苏糖和棉籽糖的测定(HPLC 法)

一、实验目的

学习采用高效液相色谱法(HPLC)检测大豆低聚糖中水苏糖和棉籽糖含量的原理及关键步骤。

二、实验原理

低聚糖又称寡糖(oligosaccharides),是由 2~10 个单糖分子以糖苷键相连接而形成的糖类总称。作为一类"特定保健用食品",低聚糖具有特殊的生物学功能,特别有益于胃肠道健康,又被称为"功能性低聚糖"。大豆低聚糖是指大豆中所含可溶性碳水化合物的总称,其主要成分为水苏糖、棉籽糖和蔗糖。研究表明,大豆低聚糖对人体肠道的有益菌群如双歧杆菌有很好的增殖作用,能促进肠道蠕动防止便秘,同时能促进肠道内营养物质的生成和吸收,降低血清胆固醇含量,及保护肝脏等多种生理功效。

待测样品经 80% 乙醇溶解后,经 0.45 μm 有机系微孔滤膜过滤,滤液采用反相键合相色谱测定,根据色谱峰保留时间定性,色谱峰面积和峰高定量,可检测大豆低聚糖中水苏糖和棉籽糖各自的含量。本方法参照国家标准——大豆低聚糖(HPLC 法 GB/T 22491—2008),适用于以大豆及其加工副产品为原料生产的商品低聚糖中水苏糖和棉籽糖的含量检测。本法对水苏糖或棉籽糖的检出限为 1.0 g/kg。

三、试剂

1. 乙醇溶液(80%):精确量取 800 mL 无水乙醇于容量瓶中,加蒸馏水稀释定容至 1000 mL,得到 80% 乙醇溶液,摇匀备用。

2. 低聚糖标准溶液:精确称取蔗糖、水苏糖和棉籽糖标准品(含量≥98%)各 1.000 g 于烧杯中,加适量 80% 乙醇溶液溶解,转入 100 mL 容量品中,加 80% 乙醇溶液稀释定容至刻度,摇匀,所得蔗糖、水苏糖、棉籽糖溶液的浓度为 10 mg/mL。经 0.45 μm 有机系微孔滤膜过滤,收集滤液供 HPLC 测定。

3. 其他:乙腈(色谱纯)。

四、仪器

高效液相色谱仪(HPLC,带示差折光检测器)、分析天平(精度为 1 或 0.1 mg)、0.45 μm 有机系微孔滤膜过滤器、玻璃仪器等。

五、操作步骤

1. 待测样品制备

精确称取待测样品 1.000 g 于烧杯中,加适量 80% 乙醇溶液溶解,转入容量瓶中加 80% 乙醇溶液稀释定容至 100 mL,得到浓度为 10 mg/mL 的待测样液,摇匀,经 0.45 μm 有机系微孔滤膜过滤,收集滤液供 HPLC 测定。

2. HPLC 检测色谱条件

色谱柱：Kromasil 100 氨基柱，25 cm×4.6 mm，或具有同等性能的填充柱；系统平衡时间，一般要求 5 h 以上；流动相：乙腈-水（体积比 80∶20）；检测器：示差折光检测器；流速：1.0 mL/min；色谱柱温度：30 ℃；检测器温度：30 ℃。

3. 标准曲线绘制

精确吸取低聚糖标准溶液 1 μL、2 μL、3 μL、4 μL、5 及 6 μL，对应于低聚糖的质量为 10 μg、20 μg、30 μg、40 μg、50 μg 及 60 μg，分别吸取 10 μL 标准溶液，注入高效液相色谱仪分析，测定各组分色谱峰面积（或峰高），以标准溶液所含的低聚糖质量与对应的色谱峰面积（或峰高）作图，绘制标准曲线，拟合得到回归方程。

4. 待测样品测定

在相同的色谱分析条件下，吸取 10 μL 待测样品溶液，进样分析，测定并记录各组分色谱峰面积（或峰高），根据标准曲线回归方程，计算待测溶液中蔗糖、水苏糖、棉籽糖各自的含量。待测样品均设置三组平行，计算平均值，结果保留三位有效数字。

六、结果计算

$$X = \frac{\sum m_1 \times V \times 100}{V_1 \times m \times 1000 \times (1000 - \omega)} \times 100 \tag{10-4}$$

式中，X 为待测样品中低聚糖的含量，%；m_1 为待测样品中各组分的质量，根据标准曲线回归方程计算得到，mg；V 为待测样品溶液体积，μL；V_1 为待测样品的进样体积，μL；m 为待测样品质量，g；ω 为待测样品的水分，%。

七、思考题

1. 用 HPLC 分离低聚糖时，使用较多的是氨基柱，分析其优缺点？

2. 除了氨基柱之外，还可以使用什么柱子对低聚糖进行分离检测？

实验 10 - 5　海水鱼中功能性油脂成分 EPA 和 DHA 的测定（GC 法）

一、实验目的

学习气相色谱法（GC）测定海洋鱼油中 EPA 和 DHA 的方法和原理，掌握鱼油的提取、皂化及甲酯化的操作技术。

二、实验原理

油脂、碳水化合物、蛋白质被称为人体必需的三大基本营养成分。油脂能贮存与释放能量，并提供必需脂肪酸；作为机体结构成分，可以促进其他营养素的高效吸收。功能性油脂则具有降低血脂、降低胆固醇含量、抑制脂肪的沉积以及提高机体免疫力等生理功效。功能性油脂既包括油脂类物质，如甘油三酯，也包括其他营养素，如 VE、磷脂等类脂物。目前，使用广泛的功能性油脂主要有亚油酸、亚麻酸、花生四烯酸、二十碳五烯酸（EPA）、二十二碳六烯酸（DHA）以及卵磷脂、脑磷脂、肌醇磷脂等。深海鱼油、海狗油中主要以长碳链的多不饱和脂肪酸如 EPA、DHA 为主，其开发和利用对人体健康意义重大。

待测样品经氯仿-甲醇混合液抽提，得到样品中所含的脂肪成分，在碱性条件下经甲酯化反应后，以气相色谱、火焰离子化检测器定量测定样品中所含的 DHA 及 EPA 含量。

本方法参照国家出入境检验检疫行业标准——出口食品中 EPA 和 DHA 的测定（气相色谱法，SN/T 2922—2011），适合食品中 EPA 和 DHA 的测定。EPA、DHA 的测定低限均为 1.0 mg/g。

三、试剂

1. 异辛烷、甲醇、氢氧化钠、氯化钠、三氟化硼甲醇溶液、二十三酸甲酯（纯度≥99%）。

2. 三氟化硼甲醇溶液（12%）。

3. 氢氧化钠甲醇溶液（0.5 mmol/L）。

4. 饱和氯化钠溶液：36 g 氯化钠溶于 100 mL 蒸馏水中。

5. 顺式- 5,8,11,14,16 -二十碳五烯酸甲酯：纯度≥99%。

6. 顺式- 4,7,10,13,16,18 -二十二碳六烯酸甲酯：纯度≥99%。

7. 二十三酸甲酯储备液：精确称取适量二十三酸甲酯（精确到 0.0001 g），用异辛烷溶解，配制成浓度为 1.00 mg/mL 的内标储备液。

8. EPA 甲酯储备液：精确称取适量 EPA 甲酯（精确到 0.0001 g），用异辛烷配制成浓度为 10.0 mg/mL 的标准储备液。

9. DHA 甲酯储备液：精确称取适量 DHA 甲酯（精确到 0.0001 g），用异辛烷配制成浓度为 10.0 mg/mL 的标准储备液。

四、仪器

气相色谱仪（GC，配有火焰离子化（FID）检测器）、分析天平（精度为 0.0001 g）、涡旋振荡器、恒温箱、氮气吹干仪、顶空进样瓶或玻璃试管（25 mL，带聚四氟乙烯垫旋盖）、玻璃刻度试管（5.0 mL，具塞）等。

五、操作步骤

1. 精确移取 2.0 mL 二十三酸甲酯内标液(相当于内标物 2.0 mg)于顶空进样瓶中,用氮气吹干,待用。如果不及时使用,应冷冻储存。

2. 称取试样 0.02 g(精确至 0.0001 g)于含有内标的顶空进样瓶中,加 1.5 mL 0.5 mol/L氢氧化钠甲醇溶液,充入氮气,加盖密封,涡旋振荡混匀,100 ℃下加热 5 min,冷却,加 2 mL 三氟化硼甲醇溶液,充入氮气,加盖密封,涡旋振荡混匀,100 ℃下加热 30 min,冷却至 30 ℃～40 ℃,注入 1 mL 异辛烷,趁热涡旋振荡 30 s,再注入 5 mL 饱和氯化钠溶液,涡旋振荡,冷却至室温,静置分层,将异辛烷层移入玻璃刻度试管,充入氮气,加盖。在水相中再加入 1 mL 异辛烷,重复萃取一次,合并异辛烷提取液,通氮气浓缩并定容至 1.0 mL,用作待测样品溶液。

3. 标准系列工作液配制:精确移取 EPA 甲酯储备液、DHA 甲酯储备液适量(分别相当于EPA 甲酯和 DHA 甲酯 0.02 mg、0.5 mg、1.0 mg、2.0 mg、4.0 mg 及 10 mg),按步骤 2 操作,配制成标准系列工作液,EPA 甲酯和 DHA 甲酯的浓度依次为 0.02 mg/mL、0.5 mg/mL、1.0 mg/mL、2.0 mg/mL、4.0 mg/mL 及 10.0 mg/mL,内标浓度为 2.0 mg/mL。

4. 气相色谱条件

色谱柱:DB - 23 毛细管柱,60 m×0.25 mm(内径)×0.15 μm,或性能相当的色谱柱;升温程序:150 ℃(2 min) $\xrightarrow{3\ ℃/min}$ 200 ℃ $\xrightarrow{2\ ℃/min}$ 220 ℃(2 min) $\xrightarrow{25\ ℃/min}$ 230 ℃(2 min);进样口温度:250 ℃;检测器温度:280 ℃;载气:氢气(纯度 99.999%),流量 2.0 mL/min;进样模式:分流进样,分流比 30∶1;进样量:1.0 μL。

5. 气相色谱测定

内标法定量:标准工作溶液和待测样品溶液等体积参插进样测定。以标准溶液中被测组分的峰面积和二十三酸甲酯峰面积的比值为纵坐标,标准溶液中被测组分的浓度与二十三酸甲酯浓度的比值为横坐标绘制标准工作曲线,用标准工作曲线对样品进行定量,标准工作溶液和待测样液中待测物响应值均应在仪器检测线性范围内。在上述色谱条件下,EPA甲酯的保留时间约为 22.4 min,DHA 甲酯的保留时间约为 27.9 min。

六、结果计算

$$X_i = \frac{c_i \times V}{m \times k} \tag{10-5}$$

式中,X_i 为待测样品中 EPA 或 DHA 含量,mg/g;c_i 为根据标准曲线计算得到的 EPA 甲酯或 DHA 甲酯溶液浓度,mg/mL;V 为最终待测样液的定容体积,mL;m 为最终待测样液所代表试样量,g;换算因子 k 为 1.04 或 1.05,1.04 为 DHA 甲酯换算为 DHA 的换算因子,1.05 为 EPA 甲酯换算为 EPA 的换算因子。

七、思考题

1. 脂肪酸的提取有哪些方法? 有何优缺点?
2. 脂肪酸甲酯化的方法有哪些? 有何优缺点?

实验 10-6　大豆异黄酮的测定（HPLC 法）

一、实验目的

掌握高效液相色谱法（HPLC）检测食品中大豆异黄酮含量的原理和方法。

二、实验原理

大豆异黄酮（Soy isoflavone）是黄酮类化合物，是大豆生长中形成的一类次级代谢产物，是一种生物活性物质，又称植物雌激素。大豆异黄酮含有大豆苷（Daidzin）、大豆黄苷（Glycitin）、染料木苷（Genistin）、大豆素（Daidzein）、大豆黄素（Glycitein）和染料木素（Genistein）等成分。研究表明，大豆异黄酮具有抗氧化作用，同时具有雌激素样作用，能防癌和抗癌，预防老年性痴呆及心血管疾病，及预防乳腺癌等生理功效。

待测样品经制备、提取、过滤后，经高效液相色谱仪检测分析，与标准品做对比，根据保留时间可作定性分析，通过标准曲线拟合方程可做定量分析。该法对固体、半固体样品中的大豆苷、大豆黄苷、染料木苷、大豆素、大豆黄素和染料木素组分的检出限均为 5 mg/kg；对液体样品中的大豆苷、大豆黄苷、染料木苷、大豆素、大豆黄素和染料木素组分的检出限均为 0.2 mg/L。

三、试剂

1. 磷酸溶液：取适量磷酸于烧杯中，加蒸馏水稀释，调节 pH 至 3.0，经 0.45 μm 水系微孔滤膜过滤，取滤液备用。

2. 大豆异黄酮标准储备溶液：精确称取大豆苷、大豆黄苷、染料木苷、大豆素、大豆黄素和染料木素（纯度≥98.0%）各 4 mg 于烧杯中，加适量二甲基亚砜（DMSO）溶解，转入 10 mL 容量瓶中，加 DMSO 至刻度，超声处理 30 min，摇匀，得到 0.4 mg/mL 大豆异黄酮各标准物质储备溶液，备用。

3. 大豆异黄酮混合标准工作溶液：精确吸取大豆苷、大豆黄苷、染料木苷、大豆素、大豆黄素和染料木素 6 种标准储备溶液各 0.2 mL、0.4 mL、0.6 mL、0.8 mL、1.0 mL 及 1.2 mL 于六个 10 mL 容量瓶中，分别加入 1.2 mL、2.4 mL、3.6 mL、4.8 mL、6.0 mL 及 7.2 mL 蒸馏水，用 50% DMSO 定容，分别得到 8.0 mg/L、16.0 mg/L、24.0 mg/L、32.0 mg/L、40.0 mg/L 及 48.0 mg/L 的混合标准工作溶液，摇匀备用。

4. 其他：二甲基亚砜（DMSO）；甲醇；乙腈。均为色谱纯。

四、仪器

高效液相色谱仪（HPLC，带紫外检测器）、离心机（转速≥8000 r/min）、超声波振荡器、分析天平（精度为 0.01 mg）、酸度计（精度为 0.02pH）、0.45 μm 水系微孔滤膜过滤器、0.45 μm 有机系微孔滤膜过滤器、粉碎机、80 目筛、玻璃仪器等。

五、操作步骤

1. 待测样品制备

(1)液体样品:精确吸取 0.4~5.0 mL 液体样品于烧杯中,加适量 80%甲醇溶液溶解,转入容量瓶中加 80%甲醇溶液稀释定容至 50 mL,摇匀备用。

(2)固体、半固体样品:固体样品经粉碎机粉碎、磨细后过 80 目筛、混匀;半固体样品直接混匀,精确称取 0.04~0.5 g 样品(精确至 0.1 mg)于烧杯中,加适量 80%甲醇溶液溶解,转入容量瓶中加 80%甲醇溶液稀释定容至 50 mL,摇匀备用。

(3)滤液处理:取适量上述样品溶液,用超声波水浴振荡器处理 20 min,用 80%甲醇溶液定容,摇匀。取样品溶液,在不小于 8000 r/min 下离心 15 min。取上清液,用 0.45 μm 有机系微孔滤膜过滤,收集滤液,作为待测样品溶液。

2. HPLC 检测色谱条件

色谱柱:C₁₈柱,4.6 mm×250 mm,5 μm,或具有同等性能的色谱柱;流动相(流动相 A:乙腈;流动相 B:磷酸水溶液(pH=3.0));检测波长:260 nm;流速:1.0 mL/min;柱温:30 ℃;梯度洗脱条件参考如下。

时间/min	0	10	23	30	50	55	56	60
流动相 A/%	12	18	24	30	30	80	12	12
流动相 B/%	88	82	76	70	70	20	88	88

3. 标准曲线绘制

将大豆异黄酮混合标准使用溶液,浓度分别为 8.0 mg/L、16.0 mg/L、24.0 mg/L、32.0 mg/L、40.0 mg/L 及 48.0 mg/L,在上述色谱条件下注入高效液相色谱仪进行 HPLC 分析,进样量为 10 μL,以色谱峰面积对标准浓度作图,绘制标准曲线,并拟合得到回归方程。

4. 待测样品测定

取待测样品溶液 10 μL,在上述同样色谱条件下注入高效液相色谱仪,确保样品溶液中大豆苷、大豆黄苷、染料木苷、大豆素、大豆黄素和染料木素的浓度值均在标准曲线的线性范围内,根据标准曲线回归方程计算得到样液中大豆苷、大豆黄苷、染料木苷、大豆素、大豆黄素和染料木素的浓度。

六、结果计算

1. 待测样品中大豆异黄酮单一组分的含量计算:

$$X_i = \frac{C_i \times V}{m} \tag{10-6}$$

式中,X_i 为待测样品中大豆异黄酮单一组分的含量,mg/L 或 mg/kg;C_i 为待测样品中大豆异黄酮单一组分的浓度,mg/L;V 为待测样品总的稀释体积,mL;m 为待测样品的体积或质量,mL 或 g。

2. 待测样品中大豆异黄酮总含量按照下式计算:

$$\sum = X_1 + X_2 + X_3 + X_4 + X_5 + X_6 \qquad\qquad (10-7)$$

式中，$\sum$ 为待测样品中大豆异黄酮的总含量，mg/kg 或 mg/L；X_1 为待测样品中大豆苷的含量，mg/kg 或 mg/L；X_2 为待测样品中大豆黄苷的含量，mg/kg 或 mg/L；X_3 为待测样品中染料木苷的含量，mg/kg 或 mg/L；X_4 为待测样品中大豆素的含量，mg/kg 或 mg/L；X_5 为待测样品中大豆黄素的含量，mg/kg 或 mg/L；X_6 为待测样品中染料木素的含量，mg/kg 或 mg/L。

七、思考题

1. 一般在什么情况下使用梯度洗脱？有何优点？
2. 流动相的酸碱度对目标物质的分离有何影响？如何优化？

实验 10 - 7　食用菌中多糖的测定(苯酚-硫酸法)

一、实验目的

1. 掌握采用苯酚-硫酸法进行多糖含量测定原理。
2. 学习使用苯酚-硫酸法测定食用菌金福菇多糖含量的方法与步骤。

二、实验原理

多糖(Polysaccharides)是指由 10 个以上单糖分子组成的聚合高分子碳水化合物,由糖苷键连接。近年来,从植物、微生物、食用菌中分离提取得到的天然多糖引起研究者的广泛兴趣,研究表明多糖具有多种生物药理活性,并且对身体无毒副作用。天然多糖是良好的抗氧化剂,同时具有抗肿瘤、抗病毒、抗凝血等生物活性,可以作为机体的免疫刺激剂。食用菌多糖如香菇多糖、灰树花多糖已进入临床试验阶段,证实具有良好的抗肿瘤功效,开发潜力巨大。

多糖在浓硫酸作用下,糖链结构会被断裂,多糖水解为单糖、单糖再脱水生成糠醛或糠醛衍生物,该类物质能与苯酚缩合生成橙红色化合物,在一定浓度范围内其颜色深浅与糖的含量成正比,可在 490 nm 波长下比色测定,外标法定量。该法简单易操作,并且灵敏度高,基本不受蛋白质影响,反应产生的颜色在 160 min 内性状稳定,可以用于测定总糖含量。不同糖的吸光度值大小不同,若已知样品中各种糖的比例,则可用混合糖作标准曲线,若不知样品中各种糖的比例,则常用葡萄糖作标准曲线。

三、试剂

1. 苯酚溶液(6%):精确称取 6 g 苯酚于烧杯中,加适量蒸馏水溶解,转入容量瓶中加蒸馏水定容至 100 mL,摇匀,得到 6% 苯酚溶液,备用。苯酚有毒及腐蚀性,需要戴手套和口罩小心操作!

2. 葡萄糖标准储备溶液(100 $\mu g/mL$):精确称取葡萄糖标准品 0.005 g 于烧杯中,加适量蒸馏水溶解,转入容量瓶中加蒸馏水定容至 50 mL,摇匀,得到 100 $\mu g/mL$ 葡萄糖标准储备溶液,备用。

3. 葡萄糖标准工作溶液:将葡萄糖标准储备溶液(100 $\mu g/mL$)用蒸馏水梯度稀释,制备一系列标准葡萄糖检测溶液,标准检测溶液浓度依次为:0 $\mu g/mL$、10 $\mu g/mL$、20 $\mu g/mL$、30 $\mu g/mL$、40 $\mu g/mL$、50 $\mu g/mL$ 及 60 $\mu g/mL$。

4. Sevage 试剂:将正丁醇与三氯甲烷按体积比 1∶4 混合,备用。

5. 其他:浓硫酸。浓硫酸具有严重的腐蚀性,需要戴手套和口罩在通风橱中小心操作!

四、仪器

分光光度计、水浴锅、磁力搅拌器、旋转蒸发仪、冷冻干燥机、移液器、分析天平(感量为 0.001 g)、玻璃仪器等。

五、操作步骤

1. 待测样品制备

(1)精确称取 20 g 干金福菇于烧杯中,以 1∶20 的料液比加入 400 mL 蒸馏水,于 90 ℃水浴中磁力搅拌下(30 r/min)加热 2 h,纱布过滤,取上清液。收集沉淀,重复一次上述步骤,取上清液。

(2)取收集到的全部上清液,经旋转蒸发浓缩至 50 mL,取浓缩液,加入 50 mL 的Sevage 试剂,磁力搅拌 2 h,离心,取上清液。弃去蛋白质沉淀以及下层有机试剂,重复以上步骤,直至没有蛋白质沉淀产生。

(3)将收集到的上清液装入透析袋中,蒸馏水中透析 3 d,去除无机盐离子及小分子杂质,得到金福菇多糖溶液。

(4)将提取的金福菇多糖溶液置于－20 ℃冰箱中冷冻过夜,置于冷冻干燥机中干燥,得到金福菇多糖粉末。

(5)精确称取金福菇多糖粉末 1.25 mg 于烧杯中,加适量蒸馏水溶解,转入容量瓶中加蒸馏水定容至 25 mL,摇匀,得到 50 μg/mL 金福菇多糖待测溶液。

2. 标准曲线绘制

(1)分别取 2 mL 葡糖糖标准工作溶液于试管中,标准浓度依次为 0 μg/mL、10 μg/mL、20 μg/mL、30 μg/mL、40 μg/mL、50 μg/mL 及 60 μg/mL,向每支试管加入 1 mL、6% 苯酚溶液,之后再加入 5 mL 浓硫酸,摇匀,室温反应 30 min。

(2)所得反应液于 490 nm 处、以零号管作空白对照,测定吸光度值,以多糖含量为横坐标、吸光度值为纵坐标,绘制标准曲线,拟合得到回归方程。

3. 待测样品测定

取金福菇多糖待测溶液 2 mL,按上述步骤进行操作,测定待测溶液的吸光度值,设置三组平行,求取平均值,根据标准曲线回归方程,计算得到待测金福菇多糖溶液的浓度。

六、计算结果

$$X = \frac{C \times V}{m} \qquad (10-8)$$

式中,X 为待测样品中金福菇多糖的含量,mg/g;C 为待测样品中金福菇多糖的浓度,μg/mL;V 为待测样品溶液的总体积,mL;m 为待测样品的质量,mg。

七、思考题

1. 多糖含量测定的影响因素有哪些?
2. 去除多糖中的蛋白质还有哪些方法可以使用?

实验 10-8　活性低聚糖的测定(HPLC 法)

一、实验目的

1. 掌握采用高效液相色谱法(HPLC)测定低聚糖含量的原理。
2. 学习通过 HPLC 法测定金福菇中活性低聚糖的含量。

二、实验原理

低聚糖又称寡糖(Oligosaccharides),是由若干个单糖分子通过糖苷键聚合而成的碳水化合物,可通过多糖水解制备。低聚糖能显著改善人体肠道内的微生态环境、有益于双歧杆菌和其他有益微生物的增殖,能改善血脂代谢、降低血液中胆固醇的含量,具有调节血脂、增强免疫等生理功效。近年来,食用菌中的活性低聚糖受到研究者的关注,如金福菇活性低聚糖,研究表明它能有效地清除氧自由基,并能抑制红细胞溶血及丙二醛的产生,低聚糖易溶于水,具有潜在的应用开发价值。

待测样品经适当的前处理后,将低聚糖水溶液注入凝胶色谱柱(TSK-Gel)中,用水作为流动相,低聚糖按其相对分子质量由小到大的顺序流出,经过示差折光检测器检测,根据色谱峰面积与含量对应关系,建立葡聚糖含量标准曲线,采用外标法定量。与化学法相比,HPLC 法能够测定糖的组成及各组分的含量。用 HPLC 法测定单糖和低聚糖有两种类型的色谱柱可供选择:一类是采用阳离子或阴离子交换柱,以水或稀酸作为流动相;另一类是用化学键合固定相,如氨基柱,流动相为乙腈水溶液。

三、试剂

1. 无水乙醇、正丁醇、三氯甲烷。
2. 葡聚糖标准工作溶液(T40):将 T40 葡聚糖标准储备溶液(10 mg/mL)用蒸馏水梯度稀释,制备一系列标准 T40 葡聚糖检测溶液,标准检测溶液浓度依次为:0 mg/mL、1 mg/mL、2 mg/mL、3 mg/mL、4 mg/mL、5 mg/mL 及 6 mg/mL。
3. Sevage 试剂:将正丁醇与三氯甲烷按体积比 1:4 混合,摇匀备用。
4. 葡聚糖标准储备溶液(10 mg/mL T40):精确称取 T40 葡聚糖标准品 0.5 g 于烧杯中,加适量蒸馏水溶解,转入容量瓶中加蒸馏水定容至 50 mL,摇匀,得到 10 mg/mL T40 葡聚糖标准溶液,备用。

四、仪器

高效液相色谱仪(HPLC,带蒸发光检测器)、离心机、离心瓶、分析天平(精度为 0.001 g)、0.45 μm 水系微孔滤膜过滤器、注射器、水浴锅、旋转蒸发仪、透析袋(截留量为 3500 Da)、超滤器(截留量为 5000 Da)、冷冻干燥机、玻璃仪器等。

五、操作步骤

1. 待测样品制备

(1)精确称取 20 g 干金福菇于烧杯中,以 1:20 的料液比加入 400 mL 蒸馏水,于 90 ℃

水浴中磁力搅拌下(30 r/min)加热 2 h,纱布过滤,取上清液。收集沉淀,重复一次上述步骤,取上清液。

（2）取收集到的全部上清液,经旋转蒸发浓缩至 50 mL,取浓缩液,加入 50 mL 的 Sevage 试剂,磁力搅拌 2 h,离心,取上清液。弃去蛋白质沉淀以及下层有机试剂,重复以上步骤,直至没有蛋白质沉淀产生。

（3）将收集到的上清液装入透析袋中,蒸馏水中透析 3 d,去除无机盐离子及小分子杂质,得到金福菇多糖溶液。

（4）将透析后的金福菇多糖溶液经过截留量为 5000 Da 的超滤器超滤,分子量为 4240 Da的活性低聚糖被截留分离出来,收集截留液置于 -20 ℃ 冰箱中冷冻过夜,置于冷冻干燥机中干燥,得到金福菇低聚糖粉末。

（5）精确称取金福菇低聚糖粉末 0.05 mg 于烧杯中,加适量蒸馏水溶解,转入容量瓶中加蒸馏水定容至 25 mL,摇匀,得到 2 mg/mL 金福菇低聚糖待测溶液,用 0.45 μm 水系微孔滤膜过滤,取滤液作为待测溶液。

2. HPLC 分析色谱条件

色谱柱:TSK - Gel,或具有同等性能的色谱柱;流动相:超纯水,室温条件下,电阻率达到 18.2 mΩ·cm;流速:1 mL/min;检测器:蒸发光检测器(ELSD);柱温:30 ℃。

3. 标准曲线绘制

分别取 2 mL 不同浓度的 T40 葡聚糖标准品溶液(1 mg/mL、2 mg/mL、3 mg/mL、4 mg/mL、5 mg/mL 及 6 mg/mL),经 0.45 μm 水系微孔滤膜过滤,取 10 μL 注入高效液相色谱仪中进行 HPLC 分析,以色谱峰面积对标液浓度作图,绘制标准曲线,拟合得到回归方程。

4. 待测样品测定

取金福菇低聚糖待测溶液 2 mL,按照上述步骤,测定得到色谱峰面积,设置三组平行,求取平均值,根据标准曲线回归方程,计算得到待测金福菇低聚糖溶液的浓度。

六、结果计算

$$X = \frac{C \times V}{m} \tag{10-9}$$

式中,X 为待测样品中金福菇低聚糖的含量,mg/g;C 为待测样品中金福菇低聚糖的浓度,μg/mL;V 为待测样品溶液的体积,mL;m 为待测样品的质量,mg。

七、思考题

1. 在低聚糖透析过程中,有机溶剂会对检测结果的准确性有何干扰?
2. 制备色谱流动相需用纯水,用超声波除气泡,为什么?

实验 10 - 9　自由基清除剂 SOD 活性的测定(邻苯三酚自氧化法)

一、实验目的

掌握采用邻苯三酚自氧化法测定 SOD 酶活性的原理与关键步骤。

二、实验原理

超氧化物歧化酶(Superoxide dismutase,SOD)是广泛存在于生物体内的抗氧化酶,含有 Cu、Zn、Mn、Fe 金属辅基。SOD 作为生物体内重要的自由基清除剂,可以清除体内多余的超氧阴离子(O_2^-),在防御生物体氧化损伤方面起着重要作用。O_2^- 是人体氧代谢产物,它在体内过量积累会引起炎症、肿瘤、色斑沉淀、衰老等疾病,O_2^- 与生物体内许多疾病的发生和形成有关。由于 SOD 能专一性消除 O_2^- 而起到保护细胞的作用,SOD 作为一种药用酶,具有广阔的应用前景,引起了国内外医药界、生物界和食品界的极大关注。

邻苯三酚在碱性条件下,能迅速自氧化,释放出 O_2^-,生成带色的中间产物,反应开始后反应液先变成黄棕色,几分钟后转绿色,几小时后又转变成黄色,这是因为生成的中间产物不断被氧化的结果。在邻苯三酚自氧化过程中的初始阶段,中间产物的积累在滞留 30～45 s 后,与时间呈线性关系,一般线性时间维持在 4 min 以内,中间产物在 420 nm 波长处有强烈光吸收。当有 SOD 存在时,由于它能催化 O_2^- 与 H^+ 结合生成 O_2 和 H_2O_2,从而阻止了中间产物的积累,因此,通过计算可求出 SOD 的酶活性,即每分钟反应液中 SOD 抑制 50% 反应速率时即为 SOD 活力单位。

三、试剂

1. Tris - HCl 缓冲液(pH＝8.2):精确称取三羟甲基氨基甲烷(Tris)0.61 g、乙二胺四乙酸二钠(EDTA - 2 na)0.037 g 于烧杯中,加入 80 mL 左右的双蒸水溶解,用 HCl 调节 pH 至 8.2,转入容量瓶中加双蒸水定容至 100 mL,摇匀,得到 50 mmol/L Tris - HCl 缓冲液(pH＝8.2),备用。

2. HCl 溶液(10 mmol/L):精确量取 3.83 mL 浓盐酸(37%,1.19 g/cm³)于烧杯中,加适量蒸馏水稀释,转入 1000 mL 容量瓶中,加蒸馏水定容至刻度,摇匀,得到 10 mmol/L HCl,备用。

3. 邻苯三酚溶液(45 mmol/L):精确称取邻苯三酚 0.567 g 于烧杯中,加适量 10 mmol/L HCl溶液溶解,转入容量瓶中定容至 10 mL,摇匀,得到 45 mmol/L 邻苯三酚溶液,避光保存备用。

四、仪器

恒温水浴槽、紫外分光光度计(带 1 cm 石英比色杯)、分析天平(感量为 0.0001 g)、pH 计、移液器、0.45 μm 水系微孔滤膜过滤器、玻璃仪器等。

五、操作步骤

1. 待测样品制备

精确称取待测样品 10 g(精确至 0.001 g)于烧杯中,加适量蒸馏水溶解,0.45 μm 水系微孔滤膜过滤,取滤液,转入容量瓶中加蒸馏水稀释定容至 100 mL,作为待测溶液。

2. 邻苯三酚自氧化速率测定

取洁净试管,分别按下表加入 Tris - HCl 缓冲液,于 25 ℃ 恒温 10 min,然后加入 25 ℃ 预热过的邻苯三酚溶液,空白管用 10 mmol/L HCl 溶液代替作对照,迅速摇匀,立即加入 1 cm 石英比色杯中,在 325 nm 波长处测定吸光度值,每隔 30 s 读数一次,测定 4 min 内每分钟吸光度值的变化,得到邻苯三酚的自氧化速率 OD_1/min。此步要求自氧化速率控制在每分钟的吸光度值为 0.07,可增减邻苯三酚的加入量进行调控。

试剂	空白管(mL)	自氧化管(mL)
Tris - HCl 缓冲液(pH＝8.2,50 mmol/L)	4.5	4.5
10 mmol/L HCl 溶液	0.01	—
45 mmol/L 邻苯三酚溶液	—	0.01

3. SOD 待测样品测定

用待测样品管取代自氧化管,按上述步骤中的顺序操作,待测样品管测定时,先加入预热的待测酶液(25 ℃水浴 20 min),再加预热的邻苯三酚溶液,其余步骤同邻苯三酚自氧化速率测定,得到待测样品的吸光度值变化速率 OD_2/min。

试剂	空白管(mL)	样品管(mL)
Tris - HCl 缓冲液(pH＝8.2,50 mmol/L)	4.5	4.5
10 mmol/L HCl 溶液	0.015	—
SOD 待测样液	—	0.005
45 mmol/L 邻苯三酚	—	0.01

六、结果计算

$$X = \frac{\dfrac{OD_1 - OD_2}{OD_1} \times 100}{50} \times V_1 \times \frac{n}{V_2} \qquad (10-10)$$

式中,X 为待测样品中 SOD 酶活性,U/mL;OD_1 为邻苯三酚的自氧化速率;OD_2 为待测样品的吸光度值变化速率;V_1 为反应液总体积,mL;V_2 为待测样品体积,mL;n 为待测样品稀释倍数。

七、思考题

1. 检测过程中,待测样品溶液中会产生少许颜色,有何影响?

2. SOD 酶活性检测的方法还有哪些? 有何优缺点?

实验 10 – 10　茶多酚的测定(高锰酸钾滴定法)

一、实验目的

掌握高锰酸钾直接滴定法测定茶叶中茶多酚含量的原理及关键步骤。

二、实验原理

茶多酚(Tea polyphenols)是茶叶中多酚类物质的总称,包括黄烷醇类、花色苷类、黄酮类等。茶多酚的主要成分为黄烷醇(儿茶素)类,约占 60%～80%。研究表明,茶多酚类活性物质具有较强的抗氧化作用,能有效清除有害自由基;具有解毒和抗辐射作用,能有效阻止放射性物质侵入骨髓,并能使锶 90 和钴 60 迅速排出体外,被医学界誉为"辐射克星";同时,茶多酚类活性物质具有抗肿瘤、抗血栓、增强机体免疫力等多种生理功效。

茶叶中所含的茶多酚易溶于热水,在茶多酚溶液中以靛红作指示剂,当向溶液中加入高锰酸钾时,被氧化的物质基本上都属于茶多酚物质。根据消耗 0.318 g 的高锰酸钾相当于 5.82 mg 茶多酚的换算系数,可计算待测溶液中茶多酚的含量。

三、试剂

1. 靛红溶液(0.1%):精确称取 1 g 靛红于烧杯中,加适量蒸馏水搅拌溶解,再缓慢加入浓硫酸(相对密度 1.84)50 mL,冷却后,转入容量瓶中加蒸馏水定容至 1000 mL,摇匀,得到 0.1%靛红溶液,备用。如靛红不纯,可通过以下磺化处理:精确称取 1 g 靛红于烧杯中,加入 50 mL 浓硫酸,置于 80 ℃烘箱中或水浴中加热磺化 3～6 h,磺化完成后转入容量瓶中加蒸馏水定容至 1000 mL,0.45 μm 水系微孔滤膜过滤后,储存于棕色玻璃瓶中备用。浓硫酸具有严重的腐蚀性,需要戴手套和口罩在通风橱中小心操作!

2. 草酸溶液(0.630%):精确称取草酸 6.3034 g 于烧杯中,加适量蒸馏水溶解,转入容量瓶中加蒸馏水定容至 1000 mL,摇匀,得到 0.630%草酸溶液,备用。

3. 高锰酸钾标准溶液:精确称取 1.27 g 高锰酸钾(分析纯)于烧杯中,加适量蒸馏水溶解,转入容量瓶中加蒸馏水定容至 1000 mL,摇匀。精确吸取 0.630%草酸溶液 10 mL,加入 250 mL 锥形瓶中,设置三组平行,向其中加入 50 mL 蒸馏水,再加入 10 mL 浓硫酸(相对密度 1.84),缓慢摇匀,置于 70 ℃～80 ℃水浴中保温 5 min,取出后用高锰酸钾进行滴定。开始慢滴,待红色消失后再滴第二滴,以后可逐渐加快,边滴边摇,待溶液出现淡红色保持 1 min 不变即为终点。按下式计算高锰酸钾溶液的浓度:ω(KMnO$_4$浓度,%)= 100.63/V(KMnO$_4$)。

四、仪器

分析天平(精度为 0.0001 g)、电动磁力搅拌器、电热水浴锅、粉碎机、烘箱、500 mL 白瓷皿、玻璃仪器等。

五、操作步骤

1. 待测样品制备

精确称取茶叶磨碎样品 1 g,放入 250 mL 锥形瓶中,加入沸蒸馏水 80 mL,置于沸水浴中浸提 30 min,然后抽滤、洗涤,收集滤液,冷却至室温,转入容量瓶中加蒸馏水定容至 100 mL,摇匀,用作待测溶液。

2. 待测样品测定

取 200 mL 蒸馏水放入白瓷皿中,加入 0.1% 靛红溶液 5 mL,再加入待测样品溶液 5 mL,磁力搅拌下,用已标定的高锰酸钾溶液边搅拌边滴定,滴定速度以 1 滴/s 为宜,接近终点时应慢滴。直到溶液由深蓝色转变为亮黄色为止,记下消耗的高锰酸钾毫升数。按照上述同样方法做空白对照测定。设置三组平行,求取平均值。

六、结果计算

$$X=\frac{(A-B)\times\omega\times\dfrac{0.00582}{0.318}}{m\times\dfrac{V_1}{V_2}} \tag{10-11}$$

式中,X 为待测样品中茶多酚的含量,%;A 为待测样品消耗的高锰酸钾毫升数,mL;B 为空白对照消耗的高锰酸钾毫升数,mL;ω 为高锰酸钾的浓度,%;m 为待测样品的质量,g;V_1 为测定用供测试液的体积,mL;V_2 为供测试液的体积,mL。

七、思考题

1. 试分析酚类物质与高锰酸钾的氧化反应过程?
2. 如何准确判断滴定反应终点?

实验 10 - 11　胆固醇含量的测定(比色法)

一、实验目的

掌握活性脂类物质——胆固醇含量测定的原理及关键步骤。

二、实验原理

活性脂又叫功能性脂类,除了给机体提供能量外,还参与机体细胞和组织的构成,同时具有多种生物活性,对机体健康非常重要。目前研究比较多的活性脂有胆固醇、磷脂和脂肪酸等。胆固醇存在于动物的所有组织中,是动物体维持正常生理活动所必需的。然而,人体内胆固醇含量过多将引起高血脂,并进而引发一系列心血管疾病,所以要控制饮食中胆固醇的摄入。因此,检测食品中胆固醇的含量十分必要。

当胆固醇类化合物与强酸作用时,可脱水并发生聚合反应,产生有颜色物质。因此,可对含胆固醇类食品样品先进行提取和皂化,以硫酸铁铵试剂作为显色剂,测定食品中胆固醇的含量。本方法参照国家标准——食品中胆固醇的测定(比色法 GB/T 5009.128—2003),适用于各类动物性食品中胆固醇的含量测定。

三、试剂

1. 石油醚、无水乙醇、浓硫酸、冰乙酸(优级纯)、磷酸、钢瓶氨气(纯度 99.99%)。

2. 铁矾储备溶液:精确称取 4.463 g 硫酸铁铵[$FeNH_4(SO_4)_2 \cdot H_2O$]于烧杯中,加入 100 mL 85%磷酸溶液,搅拌溶解,储存于干燥器内备用。该溶液在室温中稳定。

3. 铁矾显色液:精确吸取铁矾储备溶液 10 mL 于烧杯中,加入 80 mL 浓硫酸,缓慢搅拌均匀,冷却至室温后,转入容量瓶中加浓硫酸定容至 100 mL,摇匀,储存于干燥器内备用。浓硫酸具有严重的腐蚀性,需要戴手套和口罩在通风橱中小心操作!

4. 氢氧化钾溶液(500 g/L):精确称取 50 g 氢氧化钾于烧杯中,加适量蒸馏水溶解,转入容量瓶中加蒸馏水定容至 100 mL,摇匀,得到 500 g/L 氢氧化钾溶液,备用。

5. 氯化钠溶液(50 g/L):精确称取 5 g 氯化钠于烧杯中,加适量蒸馏水溶解,转入容量瓶中加蒸馏水定容至 100 mL,摇匀,得到 50 g/L 氯化钠溶液,备用。

6. 胆固醇标准储备溶液(1 mg/mL):精确称取 100 mg 胆固醇标准品(纯度≥98.0%)于烧杯中,加适量冰乙酸溶解,转入容量瓶中加冰乙酸定容至 100 mL,摇匀,得到 1 mg/mL 胆固醇标准储备溶液。该溶液在 2 个月内性质稳定。

7. 胆固醇标准工作溶液(100 μg/mL):精确吸取胆固醇标准储备溶液 10 mL 于容量瓶中,加冰乙酸定容至 100 mL,摇匀,得到 100 μg/mL 胆固醇标准工作溶液。该溶液使用时临时配制。

四、仪器

分光光度计、分析天平(感量为 0.001 g)、电热恒温水浴锅、电动振荡器、玻璃仪器等。

五、操作步骤

1. 标准曲线绘制

(1)精确吸取胆固醇标准工作溶液 0 mL、0.5 mL、1.0 mL、1.5 mL、2.0 mL 及 2.5 mL 分别置于 10 mL 试管内,分别向管内加入冰乙酸,使总体积均为 4 mL。

(2)沿管壁分别加入 2 mL 铁矾显色液,混匀,在 14～90 min 内,在 560～575 nm 波长下测定吸光度值。以胆固醇标准溶液浓度为横坐标,吸光度值为纵坐标绘制标准曲线,拟合得到回归方程。

2. 待测样品制备

根据食品类别的不同,分别用索氏提取法、研磨浸提法和罗高氏法提取脂肪,并计算出每 100 g 食品中的脂肪含量。

3. 待测样品测定

(1)将提取得到的油脂 2～4 滴(含胆固醇 300～500 μg),置于 25 mL 试管内,称量,准确记录其质量。

(2)向试管中加入 4 mL 无水乙醇,0.5 mL 500 g/L 氢氧化钾溶液,在 65 ℃ 水浴中皂化反应 1 h。皂化时每隔 20～30 min 振摇一次,使皂化完全。皂化完毕,取出试管,冷却。

(3)向皂化液中加入 3 mL 50 g/L 氯化钠溶液,10 mL 石油醚,盖紧玻璃塞,在电动振荡器上振摇 2 min,静置分层。一般需 1 h 以上。

(4)取上层石油醚 2 mL,置于 10 mL 具塞试管内,在 65 ℃ 水浴中用氮气吹干,加入 4 mL 冰乙酸,2 mL 铁矾显色液,混匀,放置 15 min 后,在 560～575 nm 波长下测定吸光度值,根据标准曲线回归方程计算得到胆固醇含量。

六、结果计算

$$X = \frac{A \times V_1 \times c}{V_2 \times m \times 1000} \qquad (10-12)$$

式中,X 为待测样品中胆固醇含量,mg/100 g;A 为测得的吸光度值通过标准曲线方程计算得到的胆固醇含量,μg;V_1 为石油醚总体积,mL;c 为待测样品中油脂含量,g/100 g;V_2 为取出的石油醚体积,mL;m 为称取的食品油脂试样的质量,g;1：1000 为折算成每 100 g 样品中胆固醇质量,mg。

七、思考题

1. 粗脂肪的提取方法有哪些? 各有何优缺点?
2. 分析皂化反应过程及原理?

实验 10－12　食品中硒的测定（氢化物原子荧光光谱法）

一、实验目的

学习掌握氢化物原子荧光光谱法检测食品中硒含量测定的原理与方法。

二、实验原理

硒元素（Se）是动物体必需的营养元素，也是植物有益的营养元素。硒以无机硒和植物活性硒存在于自然界中，植物活性硒通过生物转化与氨基酸结合而成，一般以硒蛋氨酸的形式存在，是人类和动物允许使用的硒源。研究表明：硒具有抗癌作用、抗氧化作用，能增强人体免疫力，有拮抗有害重金属作用，能调节维生素 A、维生素 C、维生素 E、维生素 K 的吸收与利用，调节蛋白质的合成及增强生殖能力等多种生理功效。

待测样品经酸加热消化后，在 6 mol/L 盐酸介质中，将样液中的六价硒还原成四价硒，用硼氢化钠（$NaBH_4$）或硼氢化钾（KBH_4）作还原剂，将四价硒在盐酸介质中还原成硒化氢（H_2Se），由载气（氩气）带入原子化器中进行原子化，在硒空心阴极灯照射下，基态硒原子被激发至高能态，在去活化回到基态时，发射出特征波长的荧光，其荧光强度与硒含量成正比。与标准系列比较定量。本方法参照国家标准——食品中硒的测定（氢化物原子荧光光谱法 GB 5009.93—2010），适用于食品中硒的测定。

三、试剂

1. 硝酸-高氯酸混合酸：将硝酸（优级纯）与高氯酸（优级纯）按体积比 9∶1 混合，备用。戴好防护装置，注意安全！

2. 氢氧化钠溶液（5 g/L）：精确称取 5 g 氢氧化钠（优级纯）于烧杯中，加适量蒸馏水溶解，转入容量瓶中加蒸馏水定容至 1000 mL，摇匀，得到 5 g/L 氢氧化钠溶液，备用。

3. 硼氢化钠溶液（8 g/L）：精确称取 8.0 g 硼氢化钠于烧杯中，加适量 5 g/L 氢氧化钠溶液溶解，转入容量瓶中加氢氧化钠溶液定容至 1000 mL，摇匀，得到 8 g/L 硼氢化钠溶液，备用。

4. 铁氰化钾溶液（100 g/L）：精确称取 10.0 g 铁氰化钾于烧杯中，加适量蒸馏水溶解，转入容量瓶中加蒸馏水定容至 100 mL，摇匀，得到 100 g/L 的铁氰化钾溶液，备用。

5. 盐酸溶液（6 mol/L）：精确量取 50 mL 盐酸（优级纯），缓慢加入盛有 40 mL 蒸馏水的烧杯中，搅拌均匀，待冷却后，转入容量瓶中加蒸馏水定容至 100 mL，摇匀，得到 6 mol/L 盐酸溶液，备用。

6. 硒标准储备溶液（100 μg/mL）：精确称取 100.0 mg 硒（光谱纯）于烧杯中，加适量硝酸溶解，再加 2 mL 高氯酸混匀，置于沸水浴中加热 2～4 h，冷却后再加 8.4 mL 盐酸，再置于沸水浴中加热 2 min，待冷却后，转入容量瓶中加盐酸稀释定容至 1000 mL，使盐酸终浓度为 0.1 mol/L，摇匀，得到 100 μg/mL 硒标准储备溶液，备用。

7. 硒标准工作溶液（1 μg/mL）：精确吸取 100 μg/mL 硒标准储备溶液 1.0 mL，定容至 100 mL，摇匀，得到 1 μg/mL 硒标准工作溶液备用。可购买商品化的硒标准溶液。

8. 过氧化氢(30%)。

四、仪器

原子荧光光谱仪(带硒空心阴极灯)、电热板、微波消解系统、分析天平(精度为 0.001 g)、粉碎机;匀浆机、烘箱、电热水浴锅、玻璃仪器等。

五、操作步骤

1. 待测样品制备

(1)粮食样品:取适量样品,用蒸馏水洗涤三次,于 60 ℃烘箱中烘干,粉碎,储于塑料瓶内,备用。

(2)蔬菜及其他植物性样品:取适量可食用部位,用蒸馏水洗涤三次,用纱布吸去水滴,打成匀浆后备用。

(3)其他固体样品:取适量样品,粉碎,混匀,备用。

(4)液体试样:取适量样品,混匀,备用。

2. 待测样品消解

(1)电热板加热消解

Stage	Power		Ramp	℃	Hold
1	1600W	100%	6:00	120	1:00
2	1600W	100%	3:00	150	5:00
3	1600W	100%	5:00	200	10:00

精确称取 0.4~2 g(精确至 0.001 g)待测样品(液体样品吸取 1.00~10.00 mL),置于消化瓶中,加 10.0 mL 硝酸-高氯酸混合酸及几粒玻璃珠,盖上表面皿冷消化过夜。次日于电热板上加热,并及时补加硝酸。当溶液变为清亮无色并伴有白烟时,再继续加热至体积剩余 2 mL 左右,切不可蒸干。冷却,再加 5.0 mL 盐酸,继续加热至溶液变为清亮无色并伴有白烟出现,将六价硒还原成四价硒。冷却,转移至 50 mL 容量瓶中定容,摇匀备用。同时做空白对照试验。

(2)微波消解

精确称取 0.4~2 g(精确至 0.001 g)待测样品于消化管中,加 10 mL 硝酸、2 mL 过氧化氢,振摇混合均匀,于微波消化仪中消化,参考条件如下(可根据仪器自行设定参数):

消化反应完成后,冷却,转入三角瓶中,加几粒玻璃珠,在电热板上继续加热至近干,切不可蒸干。再加 5.0 mL 盐酸,继续加热至溶液变为清亮无色并伴有白烟出现,将六价硒还原成四价硒。冷却,转移试样消化液于 25 mL 容量瓶中定容,混匀备用。同时做空白对照试验。精确吸取 10.0 mL 试样消化液于 15 mL 离心管中,加 2.0 mL 盐酸,加 1.0 mL 铁氰化钾溶液,混匀,作为待测溶液。

3. 标准曲线绘制

精确吸取 0 mL、0.10 mL、0.20 mL、0.30 mL、0.40 mL 及 0.50 mL 标准工作溶液于 15 mL离心管中,用去离子水定容至 10 mL,再分别加盐酸 2 mL,铁氰化钾溶液 1.0 mL,混

匀,作为标准检测溶液,绘制标准曲线,并拟合得到回归方程。

4. 待测样品测定

(1)仪器参数设置。负高压:340 V;灯电流:100 mA;原子化温度:800 ℃;炉高:8 mm;载气流速:500 mL/min;屏蔽气流速:1000 mL/min;测量方式:标准曲线法;读数方式:峰面积;延迟时间:1 s;读数时间:15 s;加液时间:8 s;进样体积:2 mL。

(2)测定方法:设定好仪器最佳条件后,逐步将炉温升至所需温度,稳定 9~20 min 后开始测量。连续用标准系列的零管进样,待读数稳定之后,转入标准系列测量,绘制标准曲线。再转入待测试样测量,分别测定试样空白和试样消化液,每测不同的试样前都应清洗进样器。设置三组平行,求取平均值。

六、结果计算

$$X = \frac{(C - C_0) \times V}{m \times 1000} \tag{10-13}$$

式中,X 为待测样品中硒的含量,mg/kg 或 mg/L;C 为试样消化液测定浓度,ng/mL;C_0 为试样空白消化液测定浓度,ng/mL;m 为试样质量(体积),g 或 mL;V 为试样消化液总体积,mL。

七、思考题

1. 对比分析电热板加热消解与微波消解的优缺点。
2. 消化反应过程中要注意哪些事项?

(吴庆喜　陈　彦　李　菁)

第11章 综合训练实验

实验 11-1 油脂的品质检验

一、实验目的

1. 学习实际样品的分析方法，通过对食用植物油脂主要特性的分析，包括试样的制备分离提纯、分析条件及方法的选择、标准溶液的配制及标定、标准曲线的制作以及数据处理等内容，掌握食品分析的基本技能。

2. 掌握鉴别食用植物油脂品质好坏的基本检验方法。

二、实验原理

食用植物油脂品质的好坏可通过测定其酸价、碘值、过氧化值、羰基价等理化特性来判断：

1. 油脂酸价：酸价(酸值)是指中和 1.0 g 油脂所含游离脂肪酸所需氢氧化钾的毫克数。酸价是反映油脂质量的主要技术指标之一，同一种植物油酸价越高，说明其质量越差、越不新鲜。测定酸价可以评定油脂品质的好坏和贮藏方法是否恰当。我国《食用植物油卫生标准》(GB 2716)、《食用植物油在煎炸过程中的卫生标准》(GB 7102.1)规定：植物原油≤4 mg/g，食用植物油≤3 mg/g，煎炸过程中食用植物油≤5 mg/g。

2. 碘值：100 g 油脂所吸收的氯化碘或溴化碘换算成碘的质量(g)。

测定碘值可以了解油脂脂肪酸的组成是否正常、有无掺杂等。最常用的是氯化碘-乙酸溶液法(韦氏法)。其原理：在溶剂中溶解试样并加入韦氏碘液，氯化碘则与油脂中的不饱和脂肪酸起加成反应，游离的碘可用硫代硫酸钠溶液滴定，从而计算出被测样品所吸收的氯化碘(以碘计)的克数，求出碘值。

常见油脂的碘值为：大豆油 120～141；棉子油 98～113；花生油 83～100；菜籽油 96～103；芝麻油 102～116；葵花子油 124～135；茶子油 80～90；核桃油 140～152；棕榈油 43～54；可可脂 34～40；牛脂 40～48；猪油 52～77。碘价大的油脂，说明其组成中不饱和脂肪酸含量高或不饱和程度高。

3. 过氧化值：一般以 100 g 油脂能使碘化钾析出碘的克数表示。

检测油脂中是否存在过氧化值，以及含量的大小，即可判断油脂新鲜或酸败的程度。常用滴定法，其原理：油脂氧化过程中产生过氧化物，与碘化钾作用，生成游离碘，以硫代硫酸钠溶液滴定，计算含量。我国《食用植物油卫生标准》(GB 2716)规定：植物原油和食用植物油≤0.25 g/100 g。

4. 羰基价：羰基价是指每千克样品中含醛类物质的毫克当量。用羰基价来评价油脂中氧化产物的含量和酸败劣度的程度，具有较好的灵敏度和准确性。我国已把羰基价列为油脂的一项食品卫生检测项目。大多数国家都采用羰基价作为评价油脂氧化酸败的一项指标。常用分光光度法测定羰基价,其原理:羰基化合物和 2,4-二硝基苯肼的反应产物,在碱性溶液中形成红褐色或酒红色,在 440 nm 波长下,测定吸光度,可计算出油样中的总羰基价。我国《食用植物油在煎炸过程中的卫生标准》(GB 7102.1)规定:煎炸过程中食用植物油≤50 meq/kg。

三、试剂

1. 试剂

(1)三氯甲烷、环己烷、冰乙酸、可溶性淀粉。

(2)酚酞指示剂(10 g/L):溶解 1 g 酚酞于 90 mL(95%)乙醇与 10 mL 水中。

(3)氢氧化钾标准溶液(0.05 mol/L)。

(4)碘化钾溶液(150 g/L):称取 15.0 g 碘化钾,加水溶解至 100 mL,贮于棕色瓶中。

(5)硫代硫酸钠标准溶液(0.1 mol/L):按 GB 601 配制与标定。

(6)韦氏碘液试剂:分别在两个烧杯内称入三氯化碘 7.9 g 和碘 8.9 g,加入冰醋酸,稍微加热,使其溶解,冷却后将两溶液充分混合,然后加冰醋酸并定容至 1000 mL。

(7)饱和碘化钾溶液:称取 14 g 碘化钾,加 10 mL 水溶解,必要时微热使其溶解,冷却后贮于棕色瓶中。

(8)精制乙醇溶液:取 1000 mL 无水乙醇,置于 2000 mL 圆底烧瓶中,加入 5 g 铝粉、10 g 氢氧化钾,接好标准磨口的回流冷凝管,水浴中加热回流 1 h,然后用全玻璃蒸馏装置,蒸馏收集馏液。

(9)精制苯溶液:取 500 mL 苯,置于 1000 mL 分液漏斗中,加入 50 mL 硫酸,小心振摇 5 min,开始振摇时注意放气。静置分层,弃除硫酸层,再加 50 mL 硫酸重复处理一次,将苯层移入另一分液漏斗,用水洗涤三次,然后经无水硫酸钠脱水,用全玻璃蒸馏装置蒸馏收集馏液。

(10)2,4-二硝基苯肼溶液:称取 50 mg 2,4-二硝基苯肼,溶于 100 mL 精制苯中。

(11)三氯乙酸溶液:称取 4.3 g 固体三氯乙酸,加 100 mL 精制苯溶解。

(12)氢氧化钾-乙醇溶液:称取 4 g 氢氧化钾,加 100 mL 精制乙醇使其溶解,置冷暗处过夜,取上部澄清液使用。溶液变黄褐色则应重新配制。

2. 学生自配及标定试剂

(1)氢氧化钾标准溶液的标定(0.05 mol/L):(按 GB 601 标定或用标准酸标定)。

(2)乙醚-异丙醇混合液:按乙醚-异丙醇(1+1)混合,500 mL 的乙醚与 500 mL 的异丙醇充分互溶混合,用时现配。

(3)三氯甲烷-冰乙酸混合液:量取 40 mL 三氯甲烷,加 60 mL 冰乙酸,混匀。

(4)淀粉指示剂(10 g/L)配制:称取可溶性淀粉 0.50 g,加少许水,调成糊状,倒入 50 mL 沸水中调匀,煮沸至透明,冷却。

(5)硫代硫酸钠标准溶液(0.0020 mol/L):用 0.1 mol/L 硫代硫酸钠标准溶液稀释。

四、仪器

碘量瓶(250 mL)、分析天平、分光光度计、具塞玻璃比色管(10 mL)、常用玻璃仪器等。

五、操作步骤

1. 酸价测定(参照 GB/T 5009.229—2016 第一法)

(1)分析步骤

根据预估的酸价,称取适量澄清试样(参照表 11-1)于 250 mL 锥形瓶中,加入 50 mL 中性乙醚-异丙醇混合液,振摇使油溶解,必要时可置于热水中,温热使其溶解。冷至室温,加入酚酞指示剂 3～4 滴,以氢氧化钾标准滴定溶液滴定,至初现微红色,且 15 s 内无褪色为终点。同时做空白试验。

表 11-1　试样称样表

预估酸价 (mg/g)	试样称样量 (g)	滴定剂浓度 (mol/L)	试样称量精度 (g)
0～1	20	0.1	0.05
1～4	10	0.1	0.02
4～15	2.5	0.1	0.01
15～75	0.5～3.0	0.1 或 0.5	0.001
>75	0.2～1.0	0.5	0.001

(2)结果计算

$$X = \frac{(V - V_0) \times C \times 56.1}{m} \tag{11-1}$$

式中,X 为试样的酸价(以氢氧化钾计),mg/g;V 为试样消耗氢氧化钾标准溶液体积,mL;V_0 为试样消耗氢氧化钾标准溶液体积,mL;C 为氢氧化钾标准溶液实际浓度,mol/L;m 为试样质量,g;56.1 为与 1.0 mL 氢氧化钾标准溶液(1.000 mol/L)相当的氢氧化钾毫克数。

酸价≤1 mg/g,计算结果保留 2 位小数;1 mg/g<酸价≤100 mg/g,计算结果保留 1 位小数;酸价>100 mg/g,计算结果保留至整数位。

2. 碘值测定(韦氏法,参照 GB/T 5532—2008)

(1)分析步骤

根据预估的碘值,称取适量澄清试样(碘价高,油样少;碘价低,油样多)于玻璃称量皿中,一般在 0.25 g 左右(精确至 0.001 g)。将其放入 500 mL 锥形瓶中,加入 20 mL 环己烷-冰乙酸等体积混合液,溶解试样,准确加入 25.00 mL 韦氏试剂,盖好塞子,摇匀后放于暗处(碘价低于 150 的样品,应放 1 h;碘价高于 150 的样品,应放 2 h)。反应时间到达后,加入 20 mL 碘化钾溶液(150 g/L)和 150 mL 水。用 0.1 mol/L 硫代硫酸钠滴定至浅黄色,加几滴淀粉指示剂继续滴定至剧烈摇动后蓝色刚好消失。在相同条件下,同时做一空白实验。

(2)结果计算

$$X_1 = \frac{(V_2 - V_1) \times C \times 0.1269}{m} \times 100 \tag{11-2}$$

式中,V_1 为试样消耗的硫代硫酸钠标准溶液的体积,mL;V_2 为空白试剂消耗硫代硫酸钠的体积,mL;C 为硫代硫酸钠的实际浓度,mol/L;M 为试样的质量,g;0.1269 为 1/2 的毫摩尔质量,g/mmol。

3. 过氧化值的测定(参考 GB/T 5009.227—2016 第一法)

(1)分析步骤

称取澄清试样 2～3 g(精确至 0.001 g),置于 250 mL 碘量瓶中,加入 30 mL 三氯甲烷-冰乙酸混合液,轻轻振摇使试样完全溶解。准确加入 1.00 mL 饱和碘化钾溶液,塞紧瓶盖,并轻轻振摇 0.5 min,在暗处放置 3 min。取出加 100 mL 水,摇匀后立即用硫代硫酸钠标准溶液(过氧化值估计值在 0.15 g/100 g 及以下时,用 0.002 mol/L 标准溶液;过氧化值估计值大于 0.15 g/100 g 时,用 0.01 mol/L 标准溶液)滴定,至淡黄色时,加 1 mL 淀粉指示剂,继续滴定并强烈振摇至溶液蓝色消失为终点。同时进行空白试验。空白试验所消耗 0.01 mol/L 硫代硫酸钠溶液体积 V_0 不得超过 0.1 mL。

(2)结果计算

试样的过氧化值按式(11-3)和式(11-4)进行计算:

$$X_1 = \frac{(V_2 - V_1) \times C \times 0.1269}{m} \times 100 \qquad (11-3)$$

$$X_2 = X_1 \times 39.4 \qquad (11-4)$$

式中,X_1 为试样的过氧化值,g/100 g;X_2 为试样的过氧化值(用 1 kg 样品中活性氧的毫摩尔数表示),mmol/kg;V_2 为试样消耗硫代硫酸钠标准滴定溶液体积,mL;V_1 为试剂空白消耗硫代硫酸钠标准滴定溶液体积毫升,mL;C 为硫代硫酸钠标准滴定溶液的浓度,mol/L;m 为试样质量,g;0.1269 为于 1.00 mL 硫代硫酸钠标准滴定溶液(1.000 mol/L)相当的碘的质量,g;39.4 为换算因子。

计算结果保留两位有效数字。

精密度:在重复性条件下获得的两次独立测定结果的绝对差值不得超过算术平均值的 10%。

4. 羰基价测定(参考 GB/T 5009.37—2003)

(1)分析步骤

精密称取约 0.024～0.5 g 试样,置于 25 mL 容量瓶中,加苯溶解试样并稀释至刻度。吸取 5.0 mL,置于 25 mL 具塞试管中,加 3 mL 三氯乙酸溶液及 5 mL 2,4-二硝基苯肼溶液,仔细振摇混匀,在 60 ℃ 水浴中加热 30 min,冷却后,沿试管壁慢慢加入 10 mL 氢氧化钾-乙醇溶液,使成为二液层,塞好,剧烈振摇混匀,放置 10 min。以 1 cm 比色杯,用试剂空白调节零点,于波长 440 nm 处测吸光度。

(2)计算

$$X = \frac{A}{854 \times m \times \dfrac{V_2}{V_1}} \times 1000 \qquad (11-5)$$

式中,X 为试样的羰基价,mmol/kg;A 为测定时样液吸光度;m 为试样质量,g;V_1 为试样稀释后的总体积,mL;V_2 为测定用试样稀释液的体积,mL;854 为各种醛的毫克当量吸光系数的平均值。结果保留三位有效数字。

（3）精密度

在重复性条件下获得的两次独立测定结果的绝对差值不得超过算术平均值的 5％。

六、结果分析

分析项目	分析方法	分析结果	结论
酸价			
碘价			
过氧化值			
羰基价			

七、注意事项

1. 测酸价，对于深色泽的油脂样品，用百里香酚酞指示剂或碱性蓝 6B 指示剂取代酚酞指示剂，滴定时，当颜色变为蓝色时为百里香酚酞的滴定终点，碱性蓝 6B 指示剂的滴定终点为红色。米糠油（稻米油）的只能用碱性蓝 6B 指示剂。

2. 测碘价时，光线和水分对氯化钾起作用，影响很大，要求所用仪器必须清洁，干燥，碘液试剂必须用棕色瓶盛装且放于暗处。

3. 测过氧化值时，饱和碘化钾溶液中不可存在游离碘和碘酸盐。

4. 光线会促进空气对试剂的氧化，应注意避光存放试剂。

5. 在过氧化值的测定中，三氯甲烷与乙酸的比例及加入碘化钾后径直时间的长短基价水量的多少等对测定结果均有影响，应严格控制试样与空白试验的测定条件一致性。

6. 羰基价测定时，所用仪器必须洁净、干燥，所用试剂若含有干扰试验的物质时，必须控制后才能用于试验，空白试验的吸收值（在波长 440 nm 处，以水对照）超过 0.20 时，试验所用试剂的纯度不够理想。

八、思考题

1. 油脂中游离脂肪酸与酸价有何关系？测定酸价时加入乙醇有何目的？

2. 哪些指标可以表明油脂的特点？它们表明了油脂哪方面的特点？

3. 本实验中用了哪几种滴定法，各有什么特点？影响准确度和精密度有哪些因素？

4. 你对本实验有什么体会（包括成功的经验及失败的教训）？

实验 11－2　果汁中理化指标的测定

Ⅰ　可溶性固形物的测定

一、实验目的

1. 学习折光仪测量待测样液的折光率,并用折射率换算可溶性固形物含量的实验原理。

2. 掌握阿贝折光仪的操作技能。

二、实验原理

在 20 ℃用折光仪测量待测样液的折光率并用折射率与可溶性固形物含量的换算表查得或折光仪上直接读出可溶性固形物含量。

本方法参照国家标准——饮料通用分析方法(GB/T 12143—2008)。适合饮料中可溶性固形物、总酸、氨基态氮、抗坏血酸和总糖的测定。

三、材料

果汁或者浓缩果汁。

四、仪器

阿贝折光仪(测量范围为 0～85％,精确度为±0.1％)、电动恒温水浴(恒定温度为20 ℃±0.5 ℃)等。

五、操作步骤

将折光仪置于干净桌面上,装上温度计和电动恒温水浴流水管道,调节水温至 20 ℃±0.5 ℃。分开折光仪的两面棱镜,先用脱脂棉蘸乙醚或乙醇拭净,然后用玻璃棒蘸取或用干净滴管吸取均匀样液 1～2 滴,滴于棱镜上,迅速闭合,静置数秒钟后,使试液均匀无气泡,并充满视野。对准光源,由目镜观察并转动补偿器螺旋,使明暗分界线明晰,转动标尺指针螺旋使其明暗分界线恰好在接物镜"X"线的交点上,读取目镜视野中的百分数或折光率。

六、结果计算

若目镜读数标尺刻度为百分数,即为可溶性固形物的百分含量;若目镜读数标尺为折光率,可换算成可溶性固形物的百分含量。注:①测定前按说明书校正折光仪;②若不用恒温水浴控制温度,将结果修正。

七、注意事项

同一样品两次测定值之差,不得大于 0.5％。取两次测定的算术平均值作为结果,精确到小数点后一位。

Ⅱ　总酸的测定

一、实验目的

1. 学习酸度计法及滴定法测定待测样液的总酸的实验原理。
2. 掌握酸度计及化学滴定法的实验操作技能。

二、实验原理

果汁中的有机酸,用氢氧化钠标准溶液滴定,以酸度计测定终点,用消耗的氢氧化钠标准溶液的体积计算总酸量。或者以酚酞作指示剂,应用中和法进行滴定,用消耗氢氧化钠标准溶液的体积计算总酸量。

三、化学试剂及材料

1. pH=6.86 缓冲溶液(用磷酸盐标准物质直接配制)。
2. 酚酞指示剂(1%):1 g 酚酞溶于 1000 mL 95% 乙醇溶液中,贮于滴瓶中。
3. 氢氧化钠标准溶液(0.1 mol/L):用感量 0.1 g 的天平,迅速称取分析纯氢氧化钠 4 g,溶于蒸馏水中稀释到 1000 mL,摇匀。
4. 氢氧化钠标准溶液的标定:精确称取经 120 ℃烘 2 h 以上的基准试剂邻苯二甲酸氢钾 0.2～0.4 g,精确至 0.0001 g,放入 250 mL 锥形瓶中加蒸馏水约 100 mL 溶解,加入 1% 酚酞指示剂 2～3 滴。用以上配制好的氢氧化钠溶液滴定,至显微红色 30 s 不褪色为终点。记录消耗氢氧化钠溶液的毫升数,平行试验 2～5 次,取平均值,同样条件下取 100 mL 蒸馏水作空白试验。记录消耗氢氧化钠的毫升数。

$$C=\frac{m}{(V_1-V_0)\times 0.2042} \tag{11-6}$$

式中,C 为氢氧化钠标准溶液的浓度,mol/L;V_0 为空白试验耗用氢氧化钠标准溶液的体积,mL;m 为邻苯二甲酸氢钾的质量,g;V_1 为滴定耗用氢氧化钠标准溶液的体积,mL;0.2042 为与 1.00 mL 氢氧化钠标准溶液(1.000 mol/L)相当的以克表示的邻苯二甲酸氢钾的质量。

5. 果汁或者浓缩果汁。

所用水应用经煮沸除去 CO_2 的蒸馏水。

四、仪器

酸度计(附磁力搅拌器)、复合电极、实验室常用玻璃仪器等。

五、操作步骤

1. 酸度计法

将酸度计接通电源,预热 30 min 后,用 pH=6.86 的缓冲溶液校正酸度计。称取均匀果汁 2～5 g(根据总酸含量定)于烧杯中,将烧杯置于电磁搅拌器上,电极插入烧杯内试样中适当位置。如需要加入适量蒸馏水。开动电磁搅拌器,用 0.1 mol/L 氢氧化钠慢慢中和试样中的有机酸,至酸度计指示 pH＝8.2 记录消耗 0.1 mol/L 氢氧化钠标准溶液的毫升数。平行试验两次,同时做空白试验。

2. 滴定法

称取均匀果汁 25 g 用蒸馏水稀释至 250 mL,摇匀。吸取此稀释果汁 24～50 mL(根据总酸含量定)于 250 mL 锥形瓶中,加入 1％酚酞 2～3 滴,用 0.1 mol/L 氢氧化钠标准溶液滴定至微红色 30 s 不褪色为终点。平行试验两次,同时做空白试验。

六、结果计算

1. 酸度计法按式(11-7)计算总酸的含量:

$$X=\frac{(V_1-V_0)\times C\times K}{m}\times 100 \qquad (11-7)$$

式中,X 为果汁中总酸的含量,g/100 g(或 g/100 mL);V_1 为样品滴定耗用氢氧化钠标准溶液的体积,mL;V_0 为空白试验耗用氢氧化钠标准溶液的体积,mL;C 为氢氧化钠标准溶液的浓度,mol/L;m 为样品的质量,g(或 mL);K 为换算果汁中适当酸的系数:苹果酸 0.067;柠檬酸 0.064;酒石酸 0.075。

2. 滴定法按式(11-8)计算总酸的含量:

$$X=\frac{(V_1-V_0)\times C\times K\times 250}{m\times G}\times 100 \qquad (11-8)$$

式中,X 为果汁中总酸的含量,g/100 g(或 g/100 mL);V_1 为样品滴定耗用氢氧化钠标准溶液的体积,mL;V_0 为空白试验耗用氢氧化钠标准溶液的体积,mL;C 为氢氧化钠标准溶液的浓度,mol/L;m 为样品的质量,g(或 mL);G 为吸取稀液的量,mL;250 为果汁样品定容后的总体积;K 为换算果汁中适当酸的系数。苹果酸 0.067;柠檬酸 0.064;酒石酸 0.075。

七、注意事项

同一样品同时或连续两次测定结果的相对误差≤±5％,取平均值作为结果,精确到小数点后两位。

Ⅲ　氨基态氮的测定(甲醛法)

一、实验目的

1. 学习酸度计法测定待测样液氨基态氮含量的实验原理。
2. 掌握酸度计及化学滴定法的实验操作技能。

二、实验原理

氨基酸分子中含有羧基,又含有氨基,加入甲醛以固定氨基,使溶液显示酸性,用氢氧化钠标准溶液滴定以酸度计测定终点,根据氢氧化钠溶液的消耗量,计算出氨基态氮的含量。

三、试剂和材料

1. 氢氧化钠标准溶液(0.1 mol/L):按照(二)总酸的测定,配制与标定。

2. 氢氧化钠标准溶液(0.05 mol/L):用感量 0.1 g 的天平,迅速称取分析纯氢氧化钠 2 g,溶于蒸馏水中,稀释到 1000 mL,摇匀,按照(二)总酸的测定,配制与标定。

3. 中性甲醛溶液:在使用前 1 h 量取 200 mL 甲醛溶液于 400 mL 烧杯中,置于电磁搅拌器上,边搅拌边用 1 mol/L 氢氧化钠溶液调至 pH=8.4。

4. pH=6.98 缓冲溶液(用磷酸盐标准物质直接配制)。

5. 果汁或者浓缩果汁。

四、仪器

酸度计(附磁力搅拌器)、复合电极、实验室常用玻璃仪器等。

五、操作步骤

1. 将酸度计接通电源,预热 30 min 后,用 pH=6.8 的缓冲溶液校正酸度计。

2. 吸取适量试样液(氨基态氮的含量为 1~5 mg)于烧杯中,加 5 滴 30% 过氧化氢。将烧杯置于电磁搅拌器上,电极插入烧杯内试样中适当位置。如需要加适量蒸馏水。开动磁力搅拌器,用 0.05 mol/L 氢氧化钠标准溶液滴定至酸度计指示 pH=8.1(记下消耗 0.05 mol/L 氢氧化钠标准溶液的毫升数,可计算总酸含量)。

3. 加入 10.0 mL 甲醛溶液,混匀。1 min 后再用 0.05 mol/L 氢氧化钠标准的溶液继续滴定至 pH=8.1,记下消耗 0.05 mol/L 氢氧化钠标准溶液的毫升数。

4. 同时,取 80 mL 水,先用 0.05 mol/L 氢氧化钠溶液调节至 pH 为 8.1,再加入 10.0 mL甲醛溶液,用 0.05 mol/L 氢氧化钠标准溶液滴定至 pH=8.1,做试剂空白试验。

六、结果计算

$$X=\frac{(V_1-V_0)\times C\times 14\times K\times 100}{m} \tag{11-9}$$

式中,X 为果汁中氨基态氮的含量,mg/100 g(或 mg/100 mL);V_0 为空白试验耗用 0.05 mol/L氢氧化钠标准溶液的体积,mL;C 为氢氧化钠标准溶液的浓度,mol/L;V_1 为加入中性甲醛溶液后,滴定试样消耗 0.05 mol/L 氢氧化钠标准溶液的体积,mL;m 为样品的质量,g(或 mL);14 为与 1 mL 氢氧化钠标准溶液(1.000 mol/L)相当的氮的质量,mg;K 为试样稀释倍数。

七、注意事项

同一样品同时或连续两次测定结果的相对误差:氨基态氮≥10 mg/100 g,≤±2%;氨基态氮<10 mg/100 g,≤±5%。取两次测定的算术平均值作为结果,精确到小数点后一位。

Ⅳ 抗坏血酸的测定(荧光法)

一、实验目的

1. 学习荧光法测定果汁中抗坏血酸含量的实验原理。

2. 掌握荧光法测定抗坏血酸含量的实验操作技能。

二、实验原理

样品中还原型抗坏血酸经活性炭氧化为脱氢抗坏血酸后,与邻苯二胺反应生成有荧光的化合物,其荧光强度与抗坏血酸浓度成正比,在激发波长 338 nm、发射波长 420 nm 处测定。样品中有其他荧光物质的干扰,通过加入硼酸,使脱氢抗坏血酸形成复合物,它不与邻苯二胺生成荧光化合物,而测出其他荧光杂质作为空白荧光强度加以校正。

三、试剂和材料

1. 邻苯二胺溶液:称取 20 mg 邻苯二胺,于临用前用水稀释至 100 mL。

2. 偏磷酸-乙酸溶液:称取 15 g 偏磷酸,加入 40 mL 冰乙酸及 250 mL 水,加温,搅拌,使之逐渐溶解,冷却后加水至 500 mL,于 4 ℃冰箱可保存 6～10 d。

3. 硫酸(0.15 mol/L):取 10 mL 硫酸,小心加入水中,再加水稀释至 1200 mL。

4. 偏磷酸-乙酸-硫酸溶液:以 0.15 mol/L 硫酸液为稀释液,其余同偏磷酸-乙酸溶液配制。

5. 乙酸钠溶液(50%):称取 500 g 乙酸钠,加水至 1000 mL。

6. 硼酸-乙酸钠溶液:称取 3 g 硼酸,溶于 100 mL 乙酸钠溶液中,临用前配制。

7. 抗坏血酸标准溶液(1 mg/mL,临用前配制):准确称取 50 mg 抗坏血酸,用偏磷酸-乙酸溶液溶于 50 mL 容量瓶中,并稀释至刻度。

8. 抗坏血酸标准使用液(100 μg/mL)。取 10 mL 抗坏血酸标准液,用偏磷酸-乙酸溶液稀释至 100 mL。定容前试 pH 值,如其 pH>2.2,则应用偏磷酸-乙酸-硫酸溶液释。

9. 百里酚蓝指示剂溶液(0.04%):称取 0.1 g 百里酚蓝,加 0.02 mol/L 氢氧化钠溶液,在玻璃研钵中研磨至溶解,氢氧化钠的用量约为 10.75 mL,磨溶后用水稀释至 250 mL。变色范围:pH=1.2 时,为红色;pH=2.8 时,为黄色;pH>4 时,为蓝色。

10. 活性炭的活化:取 200 g 活性炭(粉状),加入 1000 mL 10%盐酸溶液,加热回流 1～2 h 过滤,用水洗至滤液中无铁离子(用硫氰酸盐确证有无铁离子存在)为止,置于 19 ℃～120 ℃烘箱中干燥,备用。

11. 果汁或者浓缩果汁。

四、仪器

荧光分光光度计、实验室常用设备等。

五、操作步骤

1. 样品液的制备:称取适量匀样(试样中含抗坏血酸浓度在 40～100 μg/mL)于 100 mL 容量瓶中,加入等量的偏磷酸-乙酸溶液。用指示剂调试样品酸碱度。如呈红色,即可用偏磷酸-乙酸溶液稀释,若呈黄色或蓝色,则用偏磷酸-乙酸-硫酸稀释,使 pH 为 1.2。并用乙酸溶液稀释至 100 mL。

2. 氧化处理:分别取样品液及标准使用液各 100 mL 于 250 mL 带盖三角瓶中,加 2 g 活性炭,用力振摇 1 min,过滤,弃去最初几毫升,收集滤液。即样品氧化液和标准氧化液,待测定。

3. 各取 10 mL 标准氧化液于 2 个 100 mL 容量瓶中,分别标明标准及标准空白。

4. 各取 10 mL 样品氧化液于 2 个 100 mL 容量瓶中,分别标明样品及样品空白。

5. 在标准空白和样品空白溶液中各加 5 mL 硼酸-乙酸钠溶液混合摇动 15 min,用水稀释至 100 mL,在 4 ℃冰箱中放置 2～3 h,取出备用。

6. 于样品及标准溶液中各加入 5 mL 50％乙酸钠溶液,用水稀释至 100 mL,备用。

7. 标准曲线的制备:取上述标准溶液(抗坏血酸含量 10 μg/mL)0.5 mL、1.0 mL、1.5 mL 和 2.0 mL 标准系列,取双份分别置于 10 mL 带盖试管中,再用水补充至 2.0 mL。

8. 荧光反应:取标准空白和样品空白溶液及样品溶液各 2 mL,分别置于 10 mL 带盖试管中,在暗室迅速向各管中加入 5 mL 邻苯二胺溶液,振摇混合,在室温下反应 35 min,于激发波长 338 nm、发射波长 420 nm 处测定荧光强度,标准系列荧光强度分别减去标准空白荧光强度为纵坐标,对应的抗坏血酸含量为横坐标,绘制标准曲线,或进行相关计算,其直线回归方程供计算时使用。

六、结果计算

$$X = \frac{C \times V}{10 \times m} \times F \qquad (11-10)$$

式中,X 为果汁中抗坏血酸的含量,mg/100 g(或 mg/100 mL);m 为样品的质量,g(或 mL);C 为由标准曲线查得或由回归方程算得样品溶液的浓度,μg/mL;V 为荧光反应所用试样的体积,mL;F 为样品溶液的稀释倍数。

七、注意事项

同一样品同时或连续两次测定结果的相对误差≤±10％,取两次测定的平均值作为结果,精确到小数点后两位。

Ⅴ　总糖的测定(直接滴定法)

一、实验目的

1. 学习直接滴定法测定待测样液总糖含量的实验原理。

2. 掌握直接滴定法的实验操作技能。

二、实验原理

样品中原有的还原糖和水解后转化的还原糖,在加热条件下,直接滴定标定过的碱性酒石酸铜溶液,根据消耗样液量计算总糖。

三、试剂和材料

1. 浓盐酸(比重 1.18)、氢氧化钠(30％)、甲基红指示剂(0.1％)。

2. 葡萄糖标准溶液:精确称取 1.000 g 经过 105 ℃烘干至恒重的葡萄糖,加水溶解后加入 5 mL 盐酸,并用水稀释至 1000 mL 的容量瓶中,摇匀,备用。

3. 费林氏试剂

甲液:称取 15 g 硫酸铜及 0.05 g 亚甲基蓝,用蒸馏水溶解。移入 1000 mL 棕色容量瓶中,用蒸馏水定容。

乙液:称取 50 g 酒石酸钾钠,75 g 氢氧化钠及 4 g 亚铁氰化钾,用蒸馏水溶解,移入 1000 mL 容量瓶中,用蒸馏水定容。

费林氏溶液的标定:吸取费林氏甲液和乙液各 5 mL 于 150 mL 三角瓶中加水 10 mL,从滴定管中滴加约 9.5 mL 葡萄糖标准溶液控制在 2 min 内加热至沸,趁沸以 1 滴/2 s 的速度滴加葡萄糖标准溶液。滴定至蓝色褪尽为终点。记录消耗葡萄糖标准溶液的总体积。同时平行操作三份,取其平均值计算每 10 mL(甲乙液各 5 mL)碱性酒石酸铜溶液相当于葡萄糖的质量(mg)。

$$A = \frac{W \times V}{1000} \qquad (11-11)$$

式中,A 为 10 mL 费林氏甲乙液,相当于葡萄糖克数,g;W 为称取葡萄糖克数,g;V 为滴定时所消耗葡萄糖的毫升数,mL;1000 为葡萄糖的稀释倍数。

4. 果汁或者浓缩果汁。

四、仪器

实验室常用仪器。

五、操作步骤

1. 称取适量匀样(根据含糖量而定,要求滴定消耗样品液体积在 10 mL 左右)于 250 mL 容量瓶中,加水 100 mL,加入盐酸 5 mL 摇匀,将容量瓶置于温度为 67 ℃～70 ℃恒温水中转化,转化 10 min,取出置流动水中迅速冷却至室温,加 1%甲基红指示剂 2 滴,用 30%氢氧化钠中和至中性,用水稀释至刻度,摇匀,注入滴定管中备用。

2. 预滴定

吸取费林氏甲、乙液各 5 mL,放入 150 mL 三角瓶中,再加入 10 mL 水,在电炉上加热至沸,从滴定管中滴入转化好的糖液至蓝色褪尽即为终点,记下滴定所耗试液的毫升数。

3. 正式滴定

取费林氏甲、乙液各 5 mL 于三角瓶中再加入 10 mL 水,滴入转化糖液,较预滴定少 1 mL,加热沸腾 1 min,再以 1 滴/2 s 的速度滴加糖液至终点,记下所耗糖液的毫升数,平行试验三次。

六、结果计算

$$X = \frac{A \times 250}{m \times V} \times 100 \qquad (11-12)$$

式中,X 为果汁中总糖(以葡萄糖计)的含量,g/100 g(或 g/100 mL);A 为 10 mL 费林氏混合液相当于转化糖克数，g；m 为样品的质量，g（或 mL）；V 为滴定时耗用糖液毫升数，mL；250 为稀释倍数。

七、注意事项

同一样品同时或连续两次测定结果的相对误差≤±5%，取三次测定的算术平均值作为结果，精确到小数点后一位。

实验 11-3　果汁的感官质量及色泽的检验

Ⅰ　果汁的感官检验

一、实验目的

1. 通过眼观、鼻嗅、口尝、耳听以及手触等方式,对食品的色泽、香气、滋味等质量状况进行客观的综合性鉴别分析。

2. 掌握食品的感官检验的方法。

二、实验原理

根据人类的感觉特性,用眼(视觉)、鼻(嗅觉)、舌(味觉)和口腔(综合感觉),按照产品标准要求,对其色泽、形态、组织、滋味与口感以及有无杂质等进行感官测定。本方法参照中华人民共和国农牧渔业部部标准——果汁测定方法感官检验(NY 82.2—1988)。

三、材料

果汁或者浓缩果汁。

四、仪器

实验室一般常用仪器。

五、操作步骤

1. 果汁的感官检验以 2～6 个样品为一组。用同样的玻璃杯,装入同体积的样品,温度应始终如一,约为 18 ℃,提供给三名以上经验丰富的评尝员。

2. 检验结果的评定可以酌情采用比较简单或比较详细的一种方案,感官检验方案见表 11-2 所列。色泽和外观、香气、滋味分别见表 11-3 至表 11-5 所列。

3. 最后,汇总评定结果,并进行比较、讨论。

表 11-2　感官检验方案

项目	评分	4	3	2	1	得分
外观	清汁	澄清透明无沉淀	微浑浊略有沉淀	较浑浊有少量沉淀	严重浑浊或沉淀较多	
	浑汁	均匀浑浊无沉淀	浑浊较均匀微有沉淀	几乎没有浑浊,少量沉淀	澄清透明或沉淀较多	
色泽		色正常光泽好	色较深或色较淡,有光泽	色深或几乎无色、光泽差	色极深或无色、无光泽	

（续表）

项目	评分	4	3	2	1	得分
香气		香气极浓纯正、无异香	香气宜人、无异香	香气淡、略带其他滋味	有明显的异香	
滋味		滋味极浓纯正、无异味	滋味宜人、无异味	滋味淡、略带其他滋味	有明显的异味	
结论		优质产品	商业产品	需改进质量限销售	不能销售	

表 11-3　色泽和外观评价标准

评分	鉴评情况
4	产品色泽应与品名相符。果汁应具有新鲜水果近似的色泽或习惯承认颜色。同一产品色泽鲜亮一致,无变色现象。清汁澄清透明,浑汁均匀混浊无沉淀
3	颜色正常有光泽,透明或均匀混浊、有微量沉淀
2	颜色正常或较深。标签上注明"清汁",但呈现出浑浊,色过深或过浅,如氧化变色。标签上注明"浑汁",但浑浊度较差,有少量沉淀
1	颜色正常或较深。标签上注明"浑汁",但呈现明显沉淀,上层呈透明清液,色泽深浅不当。标签上注明"清汁",但呈现浑浊,并有明显沉淀

表 11-4　香气评价标准

评分	鉴评情况
6	香气柔和、优雅
5	具有很浓的果香
4	具有明显的果香
3	具有较淡的果香
2	稍有异香或稍有刺激味
1	有令人不愉快的异香,或无果香味

表 11-5　滋味评价标准

评分	鉴评情况
10	口味优雅、爽口,糖酸比协调
9	有较浓的水果味,糖酸比协调
8	有水果味,糖酸比协调
7	含有水果味,糖酸比协调
6	含有水果味,糖酸比较协调
5	含有水果味,糖酸比不协调

评分	鉴评情况
4	含有其他品种的令人愉快的水果味,糖酸比协调
3	含有其他品种的令人不愉快的水果味,糖酸比不协调
2	有明显的异味
1	无水果味

六、结果分析

总分建议:合格或不合格。

产品不准销售的标准:(1)任何一项性质被评为 1 分;(2)总分低于 15 分(满分为 20 分)。

七、注意事项

1. 检验室应通风、明亮。

2. 在每次连续检验过程中,对最有经验的评尝员,检验样品的数量也不得超过 14~20 个品种。

3. 总结论必须合理地与表中各栏得分相符合,产品不合格的理由,应明确指出。

II 颜色的测定

一、实验目的

1. 进一步了解食品颜色的测定方法和原理,加深理解颜色的表示方法及其意义。

2. 掌握利用色度仪测定食品颜色的操作技能。

3. 要求学生自己设计具体实验方案,可选择 3 种以上的类型产品进行颜色测定,分析其原因。对试验中存在的问题进行分析,提出解决问题的建议。

二、实验原理

色差计是一种简单的颜色偏差测试仪器,即制作一块模拟与人眼感色灵敏度相当的分光特性的滤光片,用它对样板进行测光,关键是设计这种感光器的分光灵敏度特性,并能在某种光源下通过电脑软件测定并显示出色差值。自动比较样板与被检品之间的颜色差异,输出三组数据和比色后的 ΔE、ΔL、Δa、Δb 四组色差数据,提供配色的参考方案。根据色差计测色后显示的数据结果,进行如下分析:

ΔE 总色差的大小

$\Delta E = [(\Delta L) + (\Delta a) + (\Delta b)]1/2$

$\Delta L = L_{样品} - L_{标准}$（明度差异）

$\Delta a = a_{样品} - a_{标准}$（红/绿差异）

$\Delta b = b_{样品} - b_{标准}$（黄/蓝差异）

$\Delta L+$ 表示偏白，$\Delta L-$ 表示偏黑

$\Delta a+$ 表示偏红，$\Delta a-$ 表示偏绿

$\Delta b+$ 表示偏黄，$\Delta b-$ 表示偏蓝

色差仪根据外观形状，可以分为：(1)手持式色差仪——能直接读取色差数据，一般不能连电脑，不带软件。使用方便、价格便宜，但精度较低。在颜色管理的一般领域使用广泛。(2)便携式色差仪——又称便携式分光测色仪，能直接读取数据外，还能连电脑，带软件。体积较小，便于携带，精度较高，价格适中。(3)台式色差仪——又称台式分光测色配色仪，一般无读数显示，连电脑时使用测色、配色软件，具有高精度的测色和配色功能，体积较大，性能稳定，价格较高。

三、材料

果汁或者浓缩果汁。

四、仪器

色差计等。

五、操作步骤

1. 启动色差计，半透明果汁选择反射模式，澄清汁选择透射模式。

2. 选择所需的色彩系统 Lab 或 LCH 坐标，例如按下 Lab 键则表示采用 L＊a＊b＊色坐标。

3. 首先目测 3 个新鲜果汁之间是否有颜色差异，用"深""浅""同"标记。

4. 将色差计轻放在目标颜色上，并按下测量键，听到"哔"一声后即表示目标测量完成，并同时显示出色彩值。

如果在测量目标颜色时有错误，可以按"TARGET"键回到目标颜色测量显示屏，再重复步骤 2。

5. 将色差计的测量口轻放在样品上后，按测量键，听到"哔"一声后表示测量完成，测量结果便会显示与原来目标的色差。

6. 对目测的果汁进行仪器测定，果汁色度按要求测定三次，取平均值。

　　（a）反射模式　　　　　　　　　（b）透射模式

图 11-1　色差计

表 11-6 目测颜色比较表

样品	对照	
	对照 B	对照 C
A 与其他样品相比		
B 与其他样品相比	—	

六、结果计算

ΔE_{ab}^* 值	感觉到的色差程度
0~0.5	极小的差异
0.4~1.5	稍有的差异
1.4~3.0	感觉到的差异
3.0~6.0	显著差异
6.0~12.0	很明显差异
12.0 以上	不同颜色

根据色差计测色后显示的数据结果,判断所测样品间在颜色上是否有差异,目测结果与之是否相同。

明度差:$\Delta L = L_{样品} - L_{标准}$　　$\Delta L +$ 表示偏白,$\Delta L -$ 表示偏黑

色度差:红/绿差 $\Delta a = a_{样品} - a_{标准}$　　$\Delta a +$ 表示偏红,$\Delta a -$ 表示偏绿

黄/蓝差 $\Delta b = b_{样品} - b_{标准}$　　$\Delta b +$ 表示偏黄,$\Delta b -$ 表示偏蓝

ΔE_{ab} 总色差的大小:$\Delta E_{ab} = [(\Delta L)^2 + (\Delta a)^2 + (\Delta b)^2]^{1/2}$

七、注意事项

1. 仪器应放置在干燥、温度恒定、平稳的地方,避免在直射阳光下操作,且电源保持稳定。

2. 保持仪器的清洁,清理时用干净的布擦拭。操作时如有食盐等腐蚀性物料,及时将仪器及配件清理干净。

实验 11-4　牛乳的品质检测

Ⅰ　蛋白质的测定（凯氏定氮法）

一、实验目的

1. 掌握凯氏定氮法测定食品中蛋白质的原理。
2. 熟练掌握氮/蛋白质分析仪的实验操作技能。

二、实验原理

食品中的蛋白质在催化加热条件下被分解，用硼酸吸收后以硫酸或盐酸标准滴定溶液滴定，产生的氨与硫酸结合生成硫酸铵。碱化蒸馏使氨游离，根据酸的消耗量乘以换算系数，即为蛋白质的含量。

本方法参照中华人民共和国食品安全国家标准——食品中蛋白质的测定（GB 5009.5—2010），适用于各种食品中蛋白质的测定，不适用于添加无机含氮物质、有机非蛋白质含氮物质的食品测定。

三、试剂和材料

1. 硫酸铜、硫酸钾、硫酸（密度为 1.84 g/cm³）、硼酸、甲基红指示剂、溴甲酚绿指示剂、亚甲基蓝指示剂、氢氧化钠、乙醇（95%）。

2. 硼酸溶液（20 g/L）：称取 20 g 硼酸，加水溶解并稀释至 1000 mL。

3. 氢氧化钠溶液（400 g/L）：称取 40 g 氢氧化钠加水溶解后，放冷，并稀释至 100 mL。

4. 硫酸标准滴定溶液（0.0500 mol/L）或盐酸标准滴定溶液（0.0500 mol/L）。

5. 甲基红乙醇溶液（1 g/L）：称取 0.1 g 甲基红，溶于 95% 乙醇，用 95% 乙醇稀释至 100 mL。

6. 亚甲基蓝乙醇溶液（1 g/L）：称取 0.1 g 亚甲基蓝，溶于 95% 乙醇，用 95% 乙醇稀释至 100 mL。

7. 溴甲酚绿乙醇溶液（1 g/L）：称取 0.1 g 溴甲酚绿，溶于 95% 乙醇，用 95% 乙醇稀释至 100 mL。

8. 混合指示液：2 份甲基红乙醇溶液与 1 份亚甲基蓝乙醇溶液临用时混合。也可用 1 份甲基红乙醇溶液与 5 份溴甲酚绿乙醇溶液临用时混合。

9. 乳制品。

除非另有规定，本方法中所用试剂均为分析纯，水为 GB/T 6682 规定的三级水。

四、仪器

天平（感量为 1 mg）、定氮蒸馏装置（如图 11-2 所示）、凯氏定氮仪等。

五、操作步骤

1. 试样处理

称取充分混匀的固体试样 0.2～2 g、半固体试样 2～5 g 或液体试样 10～25 g（相当于 30～40 mg 氮），精确至 0.001 g，移入干燥的 100 mL，250 mL 或 500 mL 定氮瓶中，加入 0.2 g 硫酸铜、6 g 硫酸钾及 20 mL 硫酸，轻摇后于瓶口放一小漏斗，将瓶以 45°角斜支于有小孔的石棉网上。小心加热，待内容物全部炭化，泡沫完全停止后，加强火力，并保持瓶内液体微沸，至液体呈蓝绿色并澄清透明后，再继续加热 0.5～1 h。取下放冷，小心加入 20 mL 水。放冷后，移入 100 mL 容量瓶中，并用少量水洗定氮瓶，洗液并入容量瓶中，再加水至刻度，混匀备用。同时做试剂空白试验。

2. 测定

按图 11-2 装好定氮蒸馏装置，向水蒸气发生器内装水至 2/3 处，加入数粒玻璃珠，加甲基红乙醇溶液数滴及数毫升硫酸，以保持水呈酸性，加热煮沸水蒸气发生器内的水并保持沸腾。

3. 向接收瓶内加入 10.0 mL 硼酸溶液及 1～2 滴混合指示液，并使冷凝管的下端插入液面下，根据试样中氮含量，准确吸取 2.0 ～10.0 mL 试样处理液由小玻杯注入反应室，以 10 mL 水洗涤小玻杯并使之流入反应室内，随后塞紧棒状玻塞。将 10.0 mL 氢氧化钠溶液倒入小玻杯，提起玻塞使其缓缓流入反应室，立即将玻塞盖紧，并加水于小玻杯以防漏气。夹紧螺旋夹，开始蒸馏。蒸馏 10 min 后移动蒸馏液接收瓶，液面离开冷凝管下端，再蒸馏 1 min。然后用少量水冲洗冷凝管下端外部，取下蒸

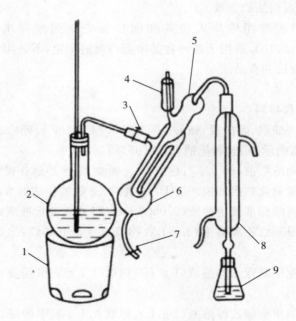

图 11-2 定氮蒸馏装置图

1—电炉；2—水蒸气发生器；3—螺旋夹；4—小玻杯及棒状玻塞；5—反应室；
6—反应室外层；7—橡皮管及螺旋夹；8—冷凝管；9—蒸馏液接收瓶

馏液接收瓶。以硫酸或盐酸标准滴定溶液滴定至终点，其中 2 份甲基红乙醇溶液与 1 份亚甲基蓝乙醇溶液指示剂，颜色由紫红色变成灰色，pH＝5.4；1 份甲基红乙醇溶液与 5 份溴甲酚绿乙醇溶液指示剂，颜色由酒红色变成绿色，pH＝5.1。同时做试剂空白度验。

如采用自动凯氏定氮仪法，称取固体试样 0.2～2 g、半固体试样 2～5 g 或液体试样 10 ～25 g（相当于 3～40 mg 氮），精确至 0.001 g。按照仪器说明书的要求进行检测。

六、结果计算

$$X = \frac{(V_1 - V_2) \times c \times 0.0140}{m \times V_3} \times F \qquad (11-13)$$

式中，X 为试样中蛋白质的含量，单位为克每百克（g/100 g）；V_1 为试液消耗硫酸或盐酸标准滴定液的体积，单位为毫升（mL）；V_2 为试剂空白消耗硫酸或盐酸标准滴定液的体积，单位为毫升（mL）；V_3 为吸取消化液的体积，单位为毫升（mL）；c 为硫酸或盐酸标准滴定溶液浓度，单位为摩尔每升（mol/L）；0.0140 为 1.0 mL 硫酸（1.000 mol/L）或盐酸（1.000 mol/L）标准滴定溶液相当的氮的质量，单位为克（g）；m 为试样的质量，单位为克（g）；F 为氮换算为蛋白质的系数。一般食物为 6.25；纯乳与纯乳制品为 6.38。

七、注意事项

1. 以重复性条件下获得的两次独立测定结果的算术平均值表示，蛋白质含量 ≥1 g/100 g 时，结果保留三位有效数字；蛋白质含量 <1 g/100 g 时，结果保留两位有效数字。

2. 在重复性条件下获得的两次独立测定结果的绝对差值不得超过算术平均值的 10%。

Ⅱ　乳品中脂肪的测定（盖勃法）

一、实验目的

1. 掌握盖勃法测定乳品中脂肪的原理。
2. 熟练掌握盖勃氏乳脂计的实验操作技能。

二、实验原理

在乳中加入硫酸破坏乳胶质性和覆盖在脂肪球上的蛋白质外膜，离心分离脂肪后测量其体积。本方法参照国家标准——婴幼儿食品和乳品中脂肪的测定（GB 5413.3—2010），适用于巴氏杀菌乳、灭菌乳、生乳中脂肪的测定。

三、试剂和材料

硫酸（分析纯，ρ_{20} 约 1.84 g/L）、异戊醇（分析纯）、乳制品。

四、仪器

乳脂离心机、盖勃氏乳脂计（最小刻度值为 0.1%，图 11-3）、单标乳吸管（10.75 mL）等。

五、操作步骤

于盖勃氏乳脂计中先加入 10 mL 硫酸，再沿着管壁小心准确加入 10.75 mL 样品，使样品与硫酸不要混合，然后加 1 mL 异戊醇，塞上橡皮塞，使瓶口向下，同时用布包裹以防冲出，用力振摇使呈均匀棕色液体，静置数分钟（瓶口向下），置 65 ℃～70 ℃水浴中 5 min，取出后置于乳脂离心机中以 1100 r/min 的转速离心 5 min,再置于 65 ℃～70 ℃水浴水中保温 5 min(注意水浴水面应高于乳脂计脂肪层)。取出,立即读数,即为脂肪的百分数。

六、注意事项

在重复性条件下获得的两次独立测定结果的 绝对差值不得超过算术平均值的 5%。

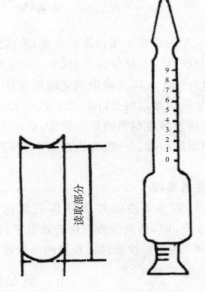

图 11-3　盖勃氏乳脂计

Ⅲ　乳品中乳糖、蔗糖的测定

一、实验目的

1. 掌握费林氏法测定乳品中乳糖及蔗糖的 原理。

2. 熟练掌握费林氏法的实验操作技能。

二、实验原理

乳糖:试样经除去蛋白质后,在加热条件下, 以亚甲基蓝为指示剂,直接滴定已标定过的费林 氏液,根据样液消耗的体积,计算乳糖含量。

蔗糖:试样经除去蛋白质后,其中蔗糖经盐酸 水解为还原糖,再按还原糖测定。水解前后的差值乘以相应的系数即为蔗糖含量。

本方法参照中华人民共和国食品安全国家标准——婴幼儿食品和乳品中乳糖、蔗糖的 测定(GB 5413.5—2010),适用于婴幼儿食品和乳品中乳糖、蔗糖的测定。

三、试剂和材料

1. 乙酸铅、草酸钾、磷酸氢二钠、盐酸、硫酸铜、浓硫酸、酒石酸钾钠、氢氧化钠、酚酞、乙 醇、亚甲基蓝。

2. 乙酸铅溶液(200 g/L):称取 200 g 乙酸铅,溶于水并稀释至 1000 mL。

3. 草酸钾-磷酸氢二钠溶液:称取草酸钾 30 g,磷酸氢二钠 70 g,溶于水并稀释至 1000 mL。

4. 盐酸(1+1):1 体积浓盐酸与 1 体积的水混合。

5. 氢氧化钠溶液(300 g/L):称取 300 g 氢氧化钠,溶于水并稀释至 1000 mL。

6. 费林氏液(甲液和乙液)

(1)甲液:称取 34.639 g 硫酸铜,溶于水中,加入 0.5 mL 浓硫酸,加水至 500 mL。

(2)乙液:称取 173 g 酒石酸钾钠及 50 g 氢氧化钠溶解于水中,稀释至 500 mL,静置两 天后过滤。

7. 酚酞溶液(5 g/L):称取 0.5 g 酚酞溶于 100 mL 体积分数为 95% 的乙醇中。

8. 亚甲基蓝溶液(10 g/L):称取 1 g 亚甲基蓝于 100 mL 水中。

9. 乳制品。

除非另有规定,本方法所用试剂均为分析纯,水为 GB/T 6682 规定的三级水。

四、仪器

天平(感量为 0.1 mg)、水浴锅、可调电炉等。

五、操作步骤

1. 费林氏液的标定

(1)用乳糖标定

① 称取预先在 94 ℃±2 ℃烘箱中干燥 2 h 的乳糖标样约 0.75 g(精确到 0.1 mg),用水溶解并定容至 250 mL。将此乳糖溶液注入一个 50 mL 滴定管中,待滴定。

② 预滴定:吸取 10 mL 费林氏液(甲、乙液各 5 mL)于 250 mL 三角烧瓶中。加入 20 mL蒸馏水,放入几粒玻璃珠,从滴定管中放出 15 mL 样液于三角瓶中,置于电炉上加热,使其在 2 min 内沸腾,保持沸腾状态 15 s,加入 3 滴亚甲基蓝溶液,继续滴入至溶液蓝色完全褪尽为止,读取所用样液的体积。

③ 精确滴定:另取 10 mL 费林氏液(甲、乙液各 5 mL)于 250 mL 三角烧瓶中,再加入 20 mL 蒸馏水,放入几粒玻璃珠,加入比预滴定量少 0.5～1.0 mL 的样液,置于电炉上,使其在 2 min 内沸腾,维持沸腾状态 2 min,加入 3 滴亚甲基蓝溶液,以每两秒一滴的速度徐徐滴入,溶液蓝色完全褪尽即为终点,记录消耗的体积。

按式(11-14)、式(11-15)计算费林氏液的乳糖校正值(f_1):

$$A_1 = \frac{V_1 \times m_1 \times 1000}{250} = 4 \times V_1 \times m \qquad (11-14)$$

$$f_1 = \frac{4 \times V_1 \times m_1}{AL_1} \qquad (11-15)$$

式中,A_1 为实测乳糖数,mg;V_1 为滴定时消耗乳糖溶液的体积,mL;m_1 为称取乳糖的质量,g;f_1 为费林氏液的乳糖校正值;AL_1 为由乳糖液滴定毫升数查表 11-7 所得的乳糖数,mg。

表 11-7 乳糖及转化糖因数表(10 mL 费林氏液)

滴定量(mL)	乳糖(mg)	转化糖(mg)	滴定量(mL)	乳糖(mg)	转化糖(mg)
15	68.3	50.5	33	67.8	51.7
16	68.2	50.6	34	67.9	51.7
17	68.2	50.7	35	67.9	51.8
18	68.1	50.8	36	67.9	51.8
19	68.1	50.8	37	67.9	51.9
20	68.0	50.9	38	67.9	51.9
21	68.0	51.0	39	67.9	52.0
22	68.0	51.0	40	67.9	52.0
23	67.9	51.1	41	68.0	52.1
24	67.9	51.2	42	68.0	52.1

（续表）

滴定量（mL）	乳糖（mg）	转化糖（mg）	滴定量（mL）	乳糖（mg）	转化糖（mg）
25	67.9	51.2	43	68.0	2.2
26	67.9	51.3	44	68.0	52.2
27	67.8	51.4	45	68.1	52.3
28	67.8	51.4	46	68.1	52.3
29	67.8	51.5	47	68.2	52.4
30	67.8	51.5	48	68.2	52.4
31	67.8	51.6	49	68.2	52.5
32	67.8	51.6	50	68.3	52.5

注："因数"系指与滴定量相对应的数目，可自表 10-6 中查得。若蔗糖含量与乳糖含量的比超过 3∶1，则在滴定量中加表 10-7 中的校正值后计算。

（2）用蔗糖标定

称取在 105 ℃±2 ℃烘箱中干燥 2 h 的蔗糖约 0.2 g（精确到 0.1 mg），用 50 mL 水溶解并洗入 100 mL 容量瓶中，加水 10 mL，再加入 10 mL 盐酸，置于 75 ℃水浴锅中，时时摇动，使溶液温度在 67.0 ℃～69.5 ℃，保温 5 min，冷却后，加 2 滴酚酞溶液，用氢氧化钠溶液调至微粉色，用水定容至刻度。再按费林氏液的标定（1）中②及③操作。

按式（11-16）及式（11-17）计算费林氏液的蔗糖校正值（f_2）：

$$A_2 = \frac{V_2 \times m_2 \times 100}{1000 \times 0.95} = 10.5263 \times V_2 \times m_2 \qquad (11-16)$$

$$f_2 = \frac{10.5263 \times V_2 \times m_2}{AL_2} \qquad (11-17)$$

式中，A_2 为实测转化糖数，mg；V_2 为滴定时消耗蔗糖溶液的体积，mL；m_2 为称取蔗糖的质量，g；0.95 为果糖分子质量和葡萄糖分子质量之和与蔗糖分子质量的比值；f_2 为费林氏液的蔗糖校正值；AL_2 为由蔗糖溶液滴定的毫升数查表 11-7 所得的转化糖数，mg。

表 11-8　乳糖滴定量校正值数

滴定终点时所用的糖液量 （mL）	用 10 mL 费林氏液、蔗糖及乳糖量的比	
	3∶1	6∶1
15	0.15	0.30
20	0.25	0.50
25	0.30	0.60
30	0.35	0.70
35	0.40	0.80

滴定终点时所用的糖液量 （mL）	用 10 mL 费林氏液、蔗糖及乳糖量的比	
	3∶1	6∶1
40	0.45	0.90
45	0.50	0.95
50	0.55	1.05

2. 乳糖的测定

（1）试样处理：称取婴儿食品或脱脂粉 2 g，全脂加糖粉或全脂粉 2.5 g，乳清粉 1 g，精确到 0.1 mg，用 100 mL 水分数次溶解并洗入 250 mL 容量瓶中。徐徐加入 4 mL 乙酸铅溶液、4 mL 草酸钾-磷酸氢二钠溶液，并振荡容量瓶，用水稀释至刻度。静置数分钟，用干燥滤纸过滤，弃去最初 25 mL 滤液后，所得滤液作滴定用。

（2）预滴定：操作同费林氏液的标定（1）中②。

（3）精确滴定：操作同费林氏液的标定（1）中③。

3. 蔗糖的测定

样液的转化与滴定取 50 mL 样液于 100 mL 容量瓶中，以下按 1 中（2）用蔗糖标定，自"加 10 mL 水"起依法操作。

六、结果计算

1. 乳糖

$$X=\frac{F_1\times f_1\times 0.25\times 100}{V_1\times m} \tag{11-18}$$

式中，X 为试样中乳糖的质量分数，单位为克每百克（g/100 g）；F_1 为由消耗样液的毫升数查表 11-7 所得乳糖数，单位为毫克（mg）；f_1 为费林氏液乳糖校正值；V_1 为滴定消耗滤液量，单位为毫升（mL）；m 为试样的质量，单位为克（g）。

以重复性条件下获得的两次独立测定结果的算术平均值表示，结果保留三位有效数字。

2. 蔗糖

利用测定乳糖时的滴定量，按式（11-19）计算出相对应的转化前转化糖数 X_1。

$$X_1=\frac{F_2\times f_2\times 0.25\times 100}{V_1\times m} \tag{11-19}$$

式中，X_1 为转化前转化糖的质量分数，g/100 g；F_2 为由测定乳糖时消耗样液的毫升数查附表所得转化糖数，mg；f_2 为费林氏液蔗糖校正值；V_1 为滴定消耗滤液量，mL；m 为样品的质量，g。

用测定蔗糖时的滴定量，按式（11-20）计算出相对应的转化后转化糖 X_2。

$$X_2=\frac{F_3\times f_2\times 0.50\times 100}{V_2\times m} \tag{11-20}$$

式中,X_2 为转化后转化糖的质量分数,单位为克每百克(g/100 g);F_3 为由 V_2 查得转化糖数,单位为毫克(mg);f_2 为费林氏液蔗糖校正值;m 为样品的质量,单位为克(g);V_2 为滴定消耗的转化液量,单位为毫升(mL)。

试样中蔗糖的含量,按式(11-21)计算:

$$X=(X_2-X_1)\times 0.95 \tag{11-21}$$

式中,X 为试样中蔗糖的质量分数,g/100 g;X_1 为转化前转化糖的质量分数,单位为 g/100 g;X_2 为转化后转化糖的质量分数,单位为克每百克(g/100 g)。

七、注意事项

1. 以重复性条件下获得的两次独立测定结果的算术平均值表示,结果保留三位有效数字。

2. 若试样中蔗糖与乳糖之比超过 3∶1 时,则计算乳糖时应在滴定量中加上表 11-7 中的校正值数后再查表 11-8。

3. 在重复性条件下获得的两次独立测定结果的绝对差值不得超过算术平均值的 1.5%。

Ⅳ 乳和乳制品中非脂乳固体的测定

一、实验目的

掌握乳和乳制品中非脂乳固体的测定的原理。

二、实验原理

先分别测定出乳及乳制品中的总固体含量、脂肪含量(如添加了蔗糖等非乳成分含量,也应扣除),再用总固体含量减去脂肪和蔗糖等非乳成分含量,即为非脂乳固体含量。

本方法参照中华人民共和国食品安全国家标准——乳和乳制品中非脂乳固体的测定(GB 5413.39—2010),适用于生乳、巴氏杀菌乳、灭菌乳中非脂乳固体的测定。

三、试剂和材料

1. 平底皿盒:高 20~25 mm,直径 50~70 mm 的带盖不锈钢或铝皿盒,或玻璃称量皿。

2. 短玻璃棒:适合于皿盒的直径,可斜放在皿盒内,不影响盖盖。

3. 石英砂或海砂:可通过 500 μm 孔径的筛子,不能通过 180 μm 孔径的筛子,并通过下列适用性测试。将约 20 g 的海砂同短玻璃棒一起放于一皿盒中,然后敞盖在 100 ℃±2 ℃的干燥箱中至少烘 2 h。把皿盒盖盖后放入干燥器中冷却至室温后称量,准确至 0.1 mg。用 5 mL 水将海砂润湿,用短玻棒混合海砂和水,将其再次放入干燥箱中干燥 4 h。把皿盒盖盖后放入干燥器中冷却至室温后称量,精确至 0.1 mg,两次称量的差不应超过 0.5 mg。如果两次称量的质量差超过了 0.5 mg,则需对海砂进行下面的处理后,才能使用。将海砂在体积分数为 25% 的盐酸溶液中浸泡 3 d,经常搅拌。尽可能地倾出上清液,用水洗涤海砂,直到中性。在 160 ℃ 条件下加热海砂 4 h。然后重复进行适用性测试。

4. 乳制品。

除非另有规定,本方法所用试剂均为分析纯,水为 GB/T 6682 规定的三级水。

四、仪器

天平(感量为 0.1 mg)、干燥箱、水浴锅等。

五、操作步骤

1. 总固体的测定

在平底皿盒中加入 20 g 石英砂或海砂,在 100 ℃±2 ℃ 的干燥箱中干燥 2 h,于干燥器冷却 0.5 h,称量,并反复干燥至恒重。称取 5.0 g(精确至 0.0001 g)试样于恒重的皿内,置水浴上蒸干,擦去皿外的水渍,于 100 ℃±2 ℃ 干燥箱中干燥 3 h,取出放入干燥器中冷却 0.5 h,称量,再于 100 ℃±2 ℃ 干燥箱中干燥 2 h,取出冷却后称量,至前后两次质量相差不超过 1.0 mg。

试样中总固体的含量按式(11-22)计算:

$$X = \frac{m_1 - m_2}{m} \times 100 \qquad (11-22)$$

式中,X 为试样中总固体的含量,单位为克每百克(g/100 g);m_1 为皿盒、海砂加试样干燥后质量,g;m_2 为皿盒、海砂的质量,g;m 为试样的质量,g。

2. 脂肪的测定(按 GB 5413.3 中规定的方法测定)。

3. 蔗糖的测定(按 GB 5413.5 中规定的方法测定)。

六、结果计算

$$X_{\text{NFT}} = X - X_1 - X_2 \qquad (11-23)$$

式中,X_{NFT} 为试样中非脂乳固体的含量,单位为克每百克(g/100 g);X 为试样中总固体的含量,单位为克每百克(g/100 g);X_1 为试样中脂肪的含量,单位为克每百克(g/100 g);X_2 为试样中蔗糖的含量,单位为克每百克(g/100 g)。

七、注意事项

以重复性条件下获得的两次独立测定结果的算术平均值表示,结果保留三位有效数字。

V 乳和乳制品酸度的测定

一、实验目的

掌握乳和乳制品酸度测定的原理。

二、实验原理

以酚酞为指示液,用 0.1000 mol/L 氢氧化钠标准溶液滴定 100 g 试样至终点所消耗的氢氧化钠溶液体,经计算确定试样的酸度。

　　本方法参照国家标准——乳和乳制品酸度的测定(GB 5413.34—2010),适用于巴氏杀菌乳、灭菌乳、生乳、发酵乳、炼乳、奶油及干酪素酸度的测定。

三、试剂和材料

　　1. 中性乙醇-乙醚混合液:取等体积的乙醇、乙醚混合后加 3 滴酚酞指示液,以氢氧化钠溶液(4 g/L)滴至微红色。

　　2. 氢氧化钠标准溶液(0.1000 mol/L)。

　　3. 酚酞指示液:称取 0.5 g 酚酞溶于 75 mL 体积分数为 95% 的乙醇中,并加入 20 mL 水,然后滴加氢氧化钠溶液至微粉色,再加入水定容至 100 mL。

　　4. 乳制品。

　　除非另有规定,本方法所用试剂均为分析纯或以上规格,水为 GB/T 6682 规定的三级水。

四、仪器

　　天平(感量为 1 mg)、电位滴定仪、滴定管(分刻度为 0.1 mL)、水浴锅等。

五、操作步骤

　　1. 巴氏杀菌乳、灭菌乳、生乳及发酵乳

　　称取 10 g(精确到 0.001 g)已混匀的试样,置于 150 mL 锥形瓶中,加 20 mL 新煮沸冷却至室温的水,混匀,用氢氧化钠标准溶液(14.2)电位滴定至 pH=8.3 为终点;或于溶解混匀后的试样中加入 2.0 mL 酚酞指示液,混匀后用氢氧化钠标准溶液滴定至微红色,并在 30 s 内不褪色,记录消耗的氢氧化钠标准滴定溶液毫升数,代入公式(11-24)中进行计算。

　　2. 奶油

　　称取 10 g(精确到 0.001 g)已混匀的试样,加 30 mL 中性乙醇-乙醚混合液,混匀,以下按 1. 巴氏杀菌乳、灭菌乳、生乳、发酵乳,"用氢氧化钠标准溶液电位滴定至 pH=8.3 为终点……"操作。

　　3. 干酪素

　　称取 5 g(精确到 0.001 g)经研磨混匀的试样于三角瓶中,加入 50 mL 水,于室温下(18 ℃～20 ℃)放置 4～5 h,或在水浴锅中加热到 45 ℃并在此温度下保持 30 min,再加 50 mL 水,混匀后,通过干燥的滤纸过滤。吸取滤液 50 mL 于三角瓶中,用氢氧化钠标准溶液电位滴定至 pH=8.3 为终点;或于上述 50 mL 滤液中加入 2.0 mL 酚酞指示液,混匀后用氢氧化钠标准溶液滴定至微红色,并在 30 s 内不褪色,将消耗的氢氧化钠标准溶液毫升数代入公式(11-25)进行计算。

　　4. 炼乳

　　称取 10 g(精确到 0.001 g)已混匀的试样,置于 250 mL 锥形瓶中,加 60 mL 新煮沸冷却至室温的水溶解,混匀,以下按 1. 巴氏杀菌乳、灭菌乳、生乳、发酵乳,"用氢氧化钠标准溶液电位滴定至 pH8.3 为终点……"操作。

六、结果计算

$$X_2 = \frac{c_2 \div V_2 \times 100}{m_2 \times 0.1} \qquad (11-24)$$

式中，X_2 为试样的酸度，°T；c_2 为氢氧化钠标准溶液的摩尔浓度，mol/L；V_2 为滴定时消耗氢氧化钠标准溶液体积，mL；m_2 为试样的质量，g；0.1 为酸度理论定义氢氧化钠的摩尔浓度，mol/L。

在重复性条件下获得的两次独立测定结果的算术平均值表示，结果保留三位有效数字。

$$X_3 = \frac{c_3 \div V_3 \times 100 \times 2}{m_3 \times 0.1} \qquad (11-25)$$

式中，X_3 为试样的酸度，°T；c_3 为氢氧化钠标准溶液的摩尔浓度，mol/L；V_3 为滴定时消耗氢氧化钠标准溶液体积，mL；m_3 为试样的质量，g；0.1 为酸度理论定义氢氧化钠的摩尔浓度，mol/L；2 为试样的稀释倍数。

七、注意事项

1. 以重复性条件下获得的两次独立测定结果的算术平均值表示，结果保留三位有效数字。

2. 在重复性条件下获得的两次独立测定结果的绝对差值不得超过 1.0 °T。

（徐　涛　孙汉巨）

附　录

附录一　盐酸标准溶液(1 mol/L、0.5 mol/L 及 0.1 mol/L)的配制与标定

一、配制

量取下列规定体积的浓盐酸,用蒸馏水稀释,定容至 1000 mL。

$C(HCl)$ (mol/L)	盐酸 (mL)
1	90
0.5	45
0.1	9

二、标定

称取下列规定量的于 270 ℃～300 ℃灼烧至恒重的基准无水碳酸钠,精确至 0.0001 g。溶于 50 mL 水中,加 10 滴溴甲酚绿-甲基红混合指示液(取 0.2%溴甲酚绿乙醇溶液 30 mL,加 0.1%甲基红乙醇溶液 20 mL,混匀),用配制好的盐酸溶液滴定至溶液由绿色变为紫红色,煮沸 2 min。冷却至室温后,继续滴定至溶液呈暗紫色。同时,做空白试验。

$C(HCl)$ (mol/L)	基准无水碳酸钠 (g)
1	1.6
0.5	0.8
0.1	0.2

三、计算

$$C = \frac{m \times 1000}{(V_1 - V_2) \times 52.99} \qquad (附-1)$$

式中,C 为盐酸标准溶液的浓度,mol/L;m 为基准无水碳酸钠的质量,g;V_1 为盐酸溶液的体积,mL;V_2 为空白试验盐酸溶液用量,mL;52.99 为基准无水碳酸钠的摩尔质量[$M(1/2$ $Na_2CO_3)$],g/mol。

四、比较

1. 操作量取 30.00～35.00 mL 配制好的盐酸溶液,加 50 mL 无二氧化碳的水及 2 滴酚

酞指示液(10 g/L),用下列规定浓度的氢氧化钠标准滴定溶液滴定,近终点时加热至 80 ℃,继续滴定至溶液呈粉红色。

C(HCl) (mol/L)	C(NaOH) (mol/L)
1	1
0.5	0.5
0.1	0.1

2. 计算

盐酸标准滴定溶液浓度按式(附-2)计算:

$$C=\frac{V_1\times c_1}{V}\qquad\text{(附-2)}$$

式中,C 为盐酸标准滴定溶液的浓度,mol/L;V_1 为氢氧化钠标准滴定溶液的体积,mL;c_1 为氢氧化钠标准滴定溶液的浓度,mol/L;V 为盐酸溶液的体积,mL。

附录二　硫酸标准溶液(1 mol/L 及 0.1 mol/L)的配制与标定

一、配制

量取下列规定体积的硫酸,用蒸馏水溶解,定容至 1000 mL。

C(H_2SO_4) (mol/L)	V(H_2SO_4) (mL)
1	30
0.1	3

二、标定

称取下列规定量的于 270 ℃～300 ℃ 灼烧至恒重的基准无水碳酸钠,精确至 0.0001 g。溶于 50 mL 水中,加 10 滴溴甲酚绿-甲基红混合指示液(取 0.2%溴甲酚绿乙醇溶液 30 mL,加 0.1%甲基红乙醇溶液 20 mL,混匀。),用配制好的硫酸溶液滴定至溶液由绿色变为紫红色,煮沸 2 min。冷却至室温后,继续滴定至溶液呈暗紫色。同时,做空白试验。

C(H_2SO_4) (mol/L)	基准无水碳酸钠 (g)
1	1.6
0.1	0.2

三、计算

$$c = \frac{m \times 1000}{(V_1 - V_2) \times 105.98}$$ （附-3）

式中，c 为硫酸标准溶液的浓度，mol/L；m 为基准无水碳酸钠的质量，g；V_1 为硫酸溶液的体积，mL；V_2 为空白试验硫酸溶液用量，mL；52.99 为基准无水碳酸钠的摩尔质量[$M(1/2 Na_2CO_3)$]，g/mol。

附录三　氢氧化钠标准溶液（1 mol/L、0.5 mol/L 及 0.1 mol/L）的配制与标定

一、配制

称取 100 g 氢氧化钠，溶于 100 mL 水中，摇匀，注入聚乙烯容器中，密闭放置至溶液清亮。用塑料管虹吸下列规定体积的上层清液，注入 1 L 无二氧化碳的水中，摇匀。

$C(NaOH)$ (mol/L)	$m(NaOH)$ (g)
1	52
0.5	26
0.1	5.2

二、标定

1. 操作

称取下列规定量的于 104 ℃～110 ℃ 烘至恒重的基准邻苯二甲酸氢钾，精确至 0.0001 g，溶于下列规定体积的无二氧化碳的水中，加 2 滴酚酞指示液（10 g/L），用配制好的氢氧化钠溶液滴定至溶液呈粉红色，同时做空白试验。

$C(NaOH)$ (mol/L)	m(基准邻苯二甲酸氢钾) (g)	V(无二氧化碳的水) (mL)
1	6	80
0.5	3	80
0.1	0.6	50

2. 计算

$$c = \frac{m \times 1000}{(V_1 - V_2) \times 204.2}$$ （附-4）

式中，c 为氢氧化钠标准滴定溶液的浓度，mol/L；m 为基准邻苯二甲酸氢钾的质量，g；V_1 为

氢氧化钠溶液的体积,mL;V_2为空白试验氢氧化钠溶液的体积,mL;204.2为基准邻苯二甲酸氢钾的摩尔质量$[M(KHC_8H_4O_4)]$,g/mol。

三、比较

1.操作量取30.00～35.00 mL下列规定浓度的盐酸标准滴定溶液,加50 mL无二氧化碳的水及2滴酚酞指示液(10 g/L),用配制好的氢氧化钠溶液滴定,近终点时加热至80 ℃,继续滴定至溶液呈粉红色。

$c(NaOH)$ (mol/L)	$C(HCl)$ (mol/L)
1	1
0.5	0.5
0.1	0.1

2.计算氢氧化钠标准滴定溶液浓度,按式(附-5)计算。

$$c=\frac{V_1\times C_1}{V}\qquad\text{(附-5)}$$

式中,c为氢氧化钠标准滴定溶液的浓度,mol/L;V_1为盐酸标准滴定溶液的体积,mL;C_1为盐酸标准滴定溶液的浓度,mol/L;V为氢氧化钠溶液的体积,mL。

附录四　0.1 mol/L 硫代硫酸钠标准溶液的配制与标定

一、配制

称取26 g硫代硫酸钠($Na_2S_2O_3\cdot 5H_2O$)(或16 g无水硫代硫酸钠),溶于1000 mL水中,缓缓煮沸10 min,冷却,放置两周后过滤备用。

二、标定

1.操作

称取0.15 g于120 ℃烘至恒重的基准重铬酸钾,精确至0.0001 g。置于碘量瓶中,溶于25 mL水,加2 g碘化钾及20 mL硫酸(20%),摇匀,于暗处放置10 min。加150 mL水,用配制好的硫代硫酸钠溶液滴定。近终点时加3 mL淀粉指示液(5 g/L),继续滴定至溶液由蓝色变为亮绿色。同时,做空白试验。

2.计算

硫代硫酸钠标准滴定溶液浓度按式(附-6)计算:

$$c=\frac{m\times 1000}{(V_1-V_0)\times 49.03}\qquad\text{(附-6)}$$

式中,c为硫代硫酸钠标准滴定溶液的浓度,mol/L;m为基准重铬酸钾的质量,g;V_1为硫代硫酸钠溶液的体积,mL;V_0 为空白试验硫代硫酸钠溶液的体积,mL;49.03 为基准重铬酸钾的摩尔质量$[M(1/6 \ K_2Cr_2O_7)]$,g/mol。

三、比较

1. 操作准确量取 30.00～35.00 mL 碘标准滴定溶液$[c(1/2I_2)=0.1 \ mol/L]$,置于碘量瓶中,加 150 mL 水,用配制好的硫代硫酸钠溶液滴定,近终点时加 3 mL 淀粉指示液(5 g/L),继续滴定至溶液蓝色消失。同时做水所消耗碘的空白试验:取 250 mL 水,加 0.05 mL 碘标准滴定溶液$[c(1/2I_2)=0.1 \ mol/L]$及 3 mL 淀粉指示液(5 g/L),用配制好的硫代硫酸钠溶液滴定至溶液蓝色消失。

2. 计算

硫代硫酸钠标准滴定溶液浓度按式(7)计算:

$$c=\frac{c_1 \times (V_1-0.05)}{V-V_2} \tag{附-7}$$

式中,c 为硫代硫酸钠标准滴定溶液浓度,mol/L;V_1 为碘标准滴定溶液的体积,mL;c_1 为碘标准滴定溶液的浓度,mol/L;V 为硫代硫酸钠溶液的体积,mL;V_2 为空白试验硫代硫酸钠溶液的体积,mL;0.05 为空白试验中加入碘标准滴定溶液的体积,mL。

四、注意事项

1. 0.1 mol/L 碘液有效期一个月。

2. 0.5％淀粉指示剂的配制:称取 1 克淀粉,加入 99 mL 冷水中,充分搅拌均匀后,在电炉上边加热,边搅拌,至沸腾后,保持 2～3 min 为止。

3. 加入盐酸的目的是中和 $Na_2S_2O_3$ 标准溶液中的稳定剂 Na_2CO_3。

4. 标准碘溶液须保存在棕色瓶内,并置于阴凉处。

5. 市售的碘单质常含碘酸盐杂质,可通过升华来除掉。

附录五　0.1 mol/L 碘标准溶液的配制与标定

一、配置

称取 12.5 g 碘及 35 g 碘化钾,溶于少量水中,然后移入 500 mL 棕色瓶中,加水稀释至 500 mL,摇匀。

二、标定

用移液管准确量取 25.00 mL 碘液至锥形瓶,加 30 mL 水、10 mL 0.1 mol/L 盐酸,摇匀,用 0.1000 mol/L 的 $Na_2S_2O_3$ 标准溶液滴定近终点(微黄色)时加 1 mL 0.5％淀粉指示剂,继续滴定至溶液蓝色消失为终点。

三、计算

$$c=\frac{V_1 \times C_1}{V} \tag{附-8}$$

式中,c 为碘标准溶液的浓度,mol/L;V_1 为消耗 $Na_2S_2O_3$ 标准溶液的体积,mL;C_1 为 $Na_2S_2O_3$ 标准溶液的浓度,mol/L;V 为碘标准溶液的体积,mL。

附录六　高锰酸钾标准溶液的配制与标定

一、试剂

高锰酸钾、草酸钠(基准试剂)、硫代硫酸钠标准溶液、硫酸、浓硫酸、碘化钾、1%淀粉指示剂。

二、操作步骤

1. 高锰酸钾标准溶液(0.1 mol/L)的配制

称取 3.3 g 高锰酸钾溶于 1000 mL 蒸馏水中,缓慢煮沸 14～20 min,冷却后于暗处密闭保存两天以上。以"4 号"玻璃过滤器过滤,滤液贮存于具有磨口塞的棕色瓶中。

2. 0.1 mol/L 高锰酸钾标准溶液的标定

称取于 104 ℃～110 ℃烘至恒重的基准草酸钠 0.2 g(准确至 0.2 mg),溶于 100 mL 蒸馏水中,加 8 mL 浓硫酸,用 50 mL 滴定管以 0.1 mol/L 高锰酸钾溶液滴定,近终点时,加热至 65 ℃,继续滴定至溶液所呈粉红色保持 30 s。同时做空白试验。

三、结果计算

$$c=\frac{m}{(V_1-V_2)\times0.0670}$$

(附-9)

式中,c 为高锰酸钾标准滴定溶液的实际浓度,mol/L;m 为草酸钠的重量,g;V_1 为标定是消耗高锰酸钾的体积,mL;V_2 为空白试验时消耗高锰酸钾溶液的体积,mL;0.0670 为草酸钠的毫摩尔质量。

附录七　20 ℃时折射率与可溶性固形物换算表

折射率	可溶性固形物(%)	折射率	可溶性固形物(%)	折射率	可溶性固形物(%)	折射率	可溶性固形物(%)	折射率	可溶性固形物(%)	折射率	可溶性固形物(%)
1.3330	0.0	1.3549	14.5	1.3793	29.0	1.4066	43.5	1.4373	58.0	1.4713	72.5
1.3337	0.5	1.3557	15.0	1.3802	29.5	1.4076	44.0	1.4385	58.5	1.4737	73.0
1.3344	1.0	1.3561	15.5	1.3811	30.0	1.4086	44.5	1.4396	59.0	1.4725	73.5
1.3351	1.5	1.3573	16.0	1.3820	30.5	1.4096	45.0	1.4407	59.5	1.4749	74.0
1.3359	2.0	1.3582	16.5	1.3829	31.0	1.4107	45.5	1.4418	60.0	1.4762	74.5

（续表）

折射率	可溶性固形物（%）	折射率	可溶性固形物（%）	折射率	可溶性固形物（%）	折射率	可溶性固形物（%）	折射率	可溶性固形物（%）	折射率	可溶性固形物（%）
1.3367	2.5	1.3590	17.0	1.3838	31.5	1.4117	46.0	1.4429	60.5	1.4774	75.0
1.3373	3.0	1.3598	17.5	1.3847	32.0	1.4127	46.5	1.4441	61.0	1.478	75.5
1.3381	3.5	1.3606	18.0	1.3856	32.5	1.4137	47.0	1.4453	61.5	1.4799	76.0
1.3388	4.0	1.3614	18.5	1.3865	33.0	1.4147	47.5	1.4464	62.0	1.4812	76.5
1.3395	4.5	1.3622	19.0	1.3874	33.5	1.4158	48.0	1.4475	62.5	1.4825	77.0
1.3403	5.0	1.3631	19.5	1.3883	34.0	1.4169	48.5	1.4486	63.0	1.4838	77.5
1.3411	5.5	1.3639	20.0	1.3893	34.5	1.4179	49.0	1.4497	63.5	1.4850	78.0
1.3418	6.0	1.3647	20.5	1.3902	35.0	1.4189	49.5	1.4509	64.0	1.4863	78.5
1.3425	6.5	1.3655	21.0	1.3911	35.5	1.4200	50.0	1.4521	64.5	1.4876	79.0
1.3433	7.0	1.3663	21.5	1.3920	36.0	1.4211	50.5	1.4532	65.0	1.4888	79.5
1.3441	7.5	1.3672	22.0	1.3929	36.5	1.4221	51.0	1.4544	65.5	1.4901	80.0
1.448	8.0	1.3681	22.5	1.3939	37.0	1.4231	51.5	1.4555	66.0	1.4914	80.5
1.3456	8.5	1.3689	23.0	1.3949	37.5	1.4242	52.0	1.4570	66.5	1.4927	81.0
1.3464	9.0	1.3698	23.5	1.3958	38.0	1.4253	52.5	1.4581	67.0	1.4941	81.5
1.3471	9.5	1.3706	24.0	1.3968	38.5	1.4264	53.0	1.4593	67.5	1.4954	82.0
1.3479	10.0	1.3715	24.5	1.3978	39.0	1.4275	53.5	1.4605	68.0	1.4967	82.5
1.3487	10.5	1.3723	25.0	1.3987	39.5	1.4285	54.0	1.4616	68.5	1.4980	83.0
1.3494	11.0	1.3731	25.5	1.3997	40.0	1.4296	54.5	1.4628	69.0	1.4993	83.5
1.3502	11.5	1.3740	26.0	1.4007	40.5	1.4307	55.0	1.4639	69.5	1.5007	84.0
1.3510	12.0	1.3749	26.5	1.4016	41.0	1.4318	55.5	1.4651	70.0	1.5020	84.5
1.3518	12.5	1.3758	27.0	1.4026	41.5	1.4329	56.0	1.4663	70.5	1.5033	85.0
1.3526	13.0	1.3767	27.5	1.4036	42.0	1.4340	56.5	1.4676	71.0		
1.3533	13.5	1.3775	28.0	1.4046	42.5	1.4351	57.0	1.4688	71.5		
1.3541	14.0	1.3781	28.5	1.4056	43.0	1.4362	57.5	1.4700	72.0		

附录八　20℃时固形物对温度的校准表

温度 (℃)	固形物含量(%)														
	0	5	10	15	20	25	30	35	40	45	50	55	60	65	70
10	0.50	0.54	0.58	0.61	0.64	0.66	0.68	0.70	0.72	0.73	0.74	0.75	0.76	0.78	0.79
11	0.46	0.49	0.53	0.55	0.58	0.60	0.62	0.64	0.65	0.66	0.67	0.68	0.69	0.70	0.71
12	0.42	0.45	0.48	0.50	0.52	0.54	0.56	0.57	0.58	0.59	0.60	0.61	0.61	0.63	0.63
13	0.37	0.40	0.42	0.44	0.46	0.48	0.49	0.50	0.51	0.52	0.53	0.54	0.54	0.55	0.55
14	0.33	0.35	0.37	0.39	0.40	0.41	0.42	0.43	0.44	0.45	0.45	0.46	0.46	0.47	0.48
15	0.27	0.29	0.31	0.33	0.34	0.34	0.35	0.36	0.37	0.37	0.38	0.39	0.39	0.40	0.40
16	0.22	0.24	0.25	0.26	0.27	0.28	0.28	0.29	0.30	0.30	0.31	0.31	0.32	0.32	0.32
17	0.17	0.18	0.19	0.20	0.21	0.21	0.21	0.22	0.22	0.23	0.23	0.23	0.23	0.24	0.24
18	0.12	0.13	0.13	0.14	0.14	0.14	0.14	0.15	0.15	0.15	0.15	0.16	0.16	0.16	0.16
19	0.06	0.06	0.06	0.07	0.07	0.07	0.07	0.08	0.08	0.08	0.08	0.08	0.08	0.08	0.08
应加入之校正值															
21	0.06	0.07	0.07	0.07	0.07	0.08	0.08	0.08	0.08	0.08	0.08	0.08	0.08	0.08	0.08
22	0.13	0.13	0.14	0.14	0.15	0.15	0.15	0.15	0.15	0.16	0.16	0.16	0.16	0.16	0.16
23	0.19	0.20	0.21	0.22	0.22	0.23	0.23	0.23	0.23	0.24	0.24	0.24	0.24	0.24	0.24
24	0.26	0.27	0.28	0.29	0.30	0.30	0.31	0.31	0.31	0.31	0.31	0.32	0.32	0.32	0.32
25	0.33	0.35	0.36	0.37	0.38	0.38	0.39	0.40	0.40	0.40	0.40	0.40	0.40	0.40	0.40
26	0.40	0.42	0.43	0.44	0.45	0.46	0.47	0.48	0.48	0.48	0.48	0.48	0.48	0.48	0.48
27	0.48	0.50	0.52	0.53	0.54	0.55	0.55	0.56	0.56	0.56	0.56	0.56	0.56	0.56	0.56
28	0.56	0.57	0.60	0.61	0.62	0.63	0.63	0.64	0.64	0.64	0.64	0.64	0.64	0.64	0.64
29	0.64	0.66	0.68	0.69	0.71	0.72	0.72	0.73	0.73	0.73	0.73	0.73	0.73	0.73	0.73
30	0.72	0.74	0.77	0.78	0.79	0.80	0.80	0.81	0.81	0.81	0.81	0.81	0.81	0.81	0.81

（孙汉巨　魏兆军）

参 考 文 献

[1] 王永华. 食品分析[M]. 北京:中国轻工业出版社,2010.

[2] 张水华. 食品分析[M]. 北京:中国轻工业出版社,2007.

[3] 王启军. 食品分析实验[M]. 北京:化学工业出版社,2011.

[4] 大连轻工学院等校. 食品分析[M]. 北京:中国轻工业出版社,2006.

[5] 西南师大等校. 食品分析[M]. 北京:高等教育出版社,2006.

[6] 无锡轻工学院等校. 食品分析[M]. 北京:中国轻工业出版社,1995.

[7] 黄伟坤. 食品检验与分析[M]. 北京:中国轻工业出版社,1999.

[8] 张水华. 食品分析实验[M]. 北京:化学工业出版社,2010.

[9] 丁晓雯. 食品分析实验[M]. 北京:中国林业出版社,2012.

[10] 王喜波. 食品检测与分析实验[M]. 北京:化学工业出版社,2013.

[11] 师邱毅. 食品安全快速检测技术及应用[M]. 北京:化学工业出版社,2010.

[12] 车振明. 食品安全与检测[M]. 北京:中国轻工业出版社,2007.

[13] 许文涛,黄昆仑. 转基因食品安全评价与检测技术[M]. 北京:科学出版社,2009.

[14] 付玉梅,许锦珍,廖群,等. Lowry 法测定寡肽的研究[J]. 药物分析杂志,2011,31(4):739 - 741.

[15] 李永利,张焱. 邻苯三酚自氧化法测定 SOD 活性[J]. 中国卫生检验杂志,2000,6:672 - 673.

[16] 刘绍. 食品分析与检验[M]. 武汉:华中科技大学出版社,2011.

[17] 俞一夫. 粮油食品分析与实验[M]. 北京:中国轻工业出版社,1992.

[18] 王双飞. 食品质量与安全实验[M]. 北京:中国轻工业出版社,2009.

[19] 孟宏昌. 食品分析[M]. 北京:化学工业出版社,2007.

[20] 金文进. 食品理化检验技术[M]. 哈尔滨:哈尔滨工程大学出版社,2013.

[21] 余以刚,曾庆祝. 食品质量与安全检验实验[M]. 北京:中国质检出版社,2014.

[22] 徐树来,王永华. 食品感官分析与实验[M]. 北京:化学工业出版社,2010.

[23] 谢笔钧. 食品分析[M]. 北京:科学出版社,2014.

[24] 邹良明. 食品仪器分析[M]. 北京:科学出版社,2013.

[25] 李和生. 食品分析[M]. 北京:科学出版社,2015.

[26] 谢增鸿,吕海霞,林旭聪. 食品安全分析与检测技术[M]. 北京:化学工业出版社,2010.

[27] 万萍,谢贞建,赵秋燕. 食品分析与实验[M]. 北京:中国纺织出版社,2015.

[28] 高向阳,宋建军. 现代食品分析实验[M]. 北京:科学出版社,2012.

[29] 刘杰,张添,曾洁. 食品分析实验[M]. 北京:化学工业出版社,2014.

[30] 黄晓钰,刘邻渭. 食品化学与分析综合实验[M]. 北京:中国农业大学出版社,2009.

[31] 李启隆,胡劲波. 食品分析科学[M]. 北京:化学工业出版社,2010.

[32] 穆花荣,于淑萍. 食品分析[M]. 北京:化学工业出版社,2015.

[33] 侯玉泽,丁晓雯. 食品分析[M]. 郑州:郑州大学出版社,2011.

[34] S. Suzanne Nielsen 著,杨严俊译. 食品分析[M]. 北京:中国轻工业出版社,2012.

[35] 黄泽元. 食品分析实验[M]. 郑州:郑州大学出版社,2013.

[36] Tajik H,Malekinejad H,Razavi - Rouhani S M,et al. Chloramphenicol residues in chicken liver,kidney and muscle:a comparison among the antibacterial residues monitoring methods of Four Plate Test, ELISA and HPLC[J]. Food & Chemical Toxicology,2010,48(8 - 9):2464 - 2468.

[37] Han - Ju Sun,Jing Wang,Xue - Ming Tao et al. Purification and characterization of polyphenol oxidase

from rape flower[J]. Journal of Agricultural and Food Chemistry. 2012,60（3）：823 - 829.

[38] Zhong Z,Li G,Zhu B,et al. A rapid distillation method coupled with ion chromatography for the deter-mination of total sulphur dioxide in foods[J]. Food Chemistry,2012,131(3)：1044-1050.

[39] 蔡刚,邢海龙,林永通. 离子色谱法测定食品中二氧化硫的应用研究[J]. 中国食品卫生杂志,2012,24（4）：338-341.

[40] 陈福生. 食品安全实验[M]. 北京:化学工业出版社,2010.

[41] 陈秀杰,谭倩,余涛. 离子色谱法测定食品中二氧化硫与传统化学法的比较[J]. 中国卫生检验杂志,2014(1)：38-40.

[42] 付善良,丁利,焦艳娜,等. 纸质食品包装材料中 26 种有机残留物的检测[J]. 包装工程,2014(3)：16-21.

[43] 付体鹏. 猪样品中 20 种禁用兽药质谱检测方法的优化研究[D]. 重庆:西南大学,2013.

[44] 李超辉. 胶体金免疫层析试纸条定量检测猪尿以及猪肉中的克伦特罗残留[D]. 南昌:南昌大学,2014.

[45] 刘红河,廖仕成,康莉,等. 高效液相色谱-电喷雾串联质谱法测定奶及奶制品中双氰胺和三聚氰胺[J]. 卫生研究,2014,43(6)：978-981.

[46] 刘莹. 有机磷农药的胶体金免疫层析快速检测试纸条的研制[D]. 上海:上海师范大学,2009.

[47] 罗艳,罗明,舒海霞,等. 高效液相色谱法测定米粉中次硫酸氢钠甲醛(吊白块)[J]. 中国食品添加剂,2011(1)；241-245.

[48] 司晗,马莉. 吹扫捕集-气相色谱质谱联用法测定饮用水中一氯二溴甲烷和二氯一溴甲烷[J]. 环境科学导刊,2016,35(3)；91-94.

[49] 孙兴权,董振霖,李一尘,等. 动物源食品中兽药残留高通量快速分析检测技术[J]. 农业工程学报,2014,30(8)：280-292.

[50] 田甜. 猪尿盐酸克伦特罗快速检测卡优选及应用[D]. 成都:四川农业大学,2014.

[51] 汪霄峰,周谷凉. 高效液相色谱法测定食品中苏丹红 I～IV[J]. 食品安全质量检测学报,2015(5)：1919-1923.

[52] 肖潇,程晓华,王庆国. 高效液相色谱法测定食品中苏丹红染料的方法改进[J]. 疾病预防控制通报,2015(6)：57-58.

[53] 张浩,苗笑亮,马宇翔,等. 玉米中溴甲烷残留量测定研究[J]. 粮食与饲料工业,2010(2)：53-55.

[54] 张立新. 酶抑制法快速定性检测水果中有机磷和氨基甲酸酯类农药残毒方法[J]. 山西果树,2016(1)：41-42.

[55] 国家药典委员会. 中国药典 2015 版(第三部)[M]. 2015.

[56] 中华人民共和国国家质量监督检验检疫总局,中国国家标准化管理委员会. 食品中苏丹红染料的测定 高效液相色谱法 GB/T 19681—2005[S]. 北京:中国标准出版社,2005.

[57] 中华人民共和国国家卫生和计划生育委员会. 食品中过氧化氢残留量的测定 GB 5009.226—2016[S]. 北京:中国标准出版社,2016.

[58] 中华人民共和国国家质量监督检验检疫总局,中国国家标准化管理委员会. 原料乳和乳制品中三聚氰胺检测方法 GB/T 22388—2008[S]. 北京:中国标准出版社,2008.

[59] 中华人民共和国国家卫生和计划生育委员会,国家食品药品监督管理总局. 食品中蛋白质的测定 GB 5009.5—2016[S]. 北京:中国标准出版社,2016.

[60] 中华人民共和国国家卫生和计划生育委员会,国家食品药品监督管理总局. 食品中脂肪酸的测定 GB 5009.168—2016[S]. 北京:中国标准出版社,2016.

[61] 中华人民共和国国家卫生和计划生育委员会,国家食品药品监督管理总局. 食品中脂肪的测定 GB 5009.6—2016[S]. 北京:中国标准出版社,2016.

[62] 中华人民共和国国家卫生和计划生育委员会．食品中水分的测定 GB 5009.3—2016[S]．北京：中国标准出版社，2016.

[63] 中华人民共和国国家卫生和计划生育委员会．食品中灰分的测定 GB 5009.4—2016[S]．北京：中国标准出版社，2016.

[64] 中华人民共和国国家卫生和计划生育委员会，国家食品药品监督管理总局．食品中铁的测定 GB 5009.90—2016[S]．北京：中国标准出版社，2016.

[65] 中华人民共和国国家卫生和计划生育委员会，国家食品药品监督管理总局．食品中钙的测定 GB 5009.92—2016[S]．北京：中国标准出版社，2016.

[66] 中华人民共和国国家卫生和计划生育委员会，国家食品药品监督管理总局．食品中铜的测定 GB 5009.13—2017[S]．北京：中国标准出版社，2017.

[67] 中华人民共和国国家卫生和计划生育委员会，国家食品药品监督管理总局．食品中锌的测定 GB 5009.14—2017[S]．北京：中国标准出版社，2017.

[68] 中华人民共和国国家卫生和计划生育委员会，国家食品药品监督管理总局．食品中钾、钠的测定 GB 5009.91—2017[S]．北京：中国标准出版社，2017.

[69] 中华人民共和国国家卫生和计划生育委员会，国家食品药品监督管理总局．食品中镁的测定 GB 5009.241—2017[S]．北京：中国标准出版社，2017.

[70] 中华人民共和国国家卫生和计划生育委员会，国家食品药品监督管理总局．食品中锰的测定 GB 5009.242—2017[S]．北京：中国标准出版社，2017.

[71] 中华人民共和国国家卫生和计划生育委员会，国家食品药品监督管理总局．食品中牛磺酸的测定 GB 5009.169—2016[S]．北京：中国标准出版社，2016.

[72] 中华人民共和国国家质量监督检验检疫总局，中国国家标准化管理委员会．大豆低聚糖的测定 GB/T 22491—2008[S]．北京：中国标准出版社，2008.

[73] 中华人民共和国国家卫生和计划生育委员会，国家食品药品监督管理总局．食品中脂肪酸的测定 GB 5009.168—2016[S]．北京：中国标准出版社，2016.

[74] 中华人民共和国国家卫生和计划生育委员会，国家食品药品监督管理总局．食品中胆固醇的测定 GB 5009.128—2016[S]．北京：中国标准出版社，2016.

[75] 中华人民共和国国家卫生和计划生育委员会，国家食品药品监督管理总局．食品中硒的测定 GB 5009.93—2017[S]．北京：中国标准出版社，2017.

[76] 中华人民共和国国家卫生和计划生育委员会．食品中总砷和无机砷的测定 GB 5009.11—2014[S]．北京：中国标准出版社，2014.

[77] 中华人民共和国国家卫生和计划生育委员会．食品中有机酸的测定 GB 5009.11—2016[S]．北京：中国标准出版社，2016.

[78] 中华人民共和国国家质量监督检验检疫总局，中国国家标准化管理委员会．分析实验室用水规格和试验方法 GB/T 6682—2008[S]．北京：中国标准出版社，2008.

[79] 中华人民共和国卫生部．婴幼儿食品和乳品中乳糖、蔗糖的测定 GB 5413.5—2010[S]．北京：中国标准出版社，2010.

[80] 中华人民共和国国家质量监督检验检疫总局，中国国家标准化管理委员会．粮食中粗纤维素含量测定 介质过滤法 GB/T 5515—2008[S]．北京：中国标准出版社，2008.

[81] 中华人民共和国卫生部，中国国家标准化管理委员会．植物类食品中粗纤维的测定 GB/T 5009.10—2003[S]．北京：中国标准出版社，2003.

[82] 中华人民共和国国家卫生和计划生育委员会，国家食品药品监督管理总局．食品中苯甲酸、山梨酸和糖精钠的测定 GB 5009.28—2016[S]．北京：中国标准出版社，2016.

[83] 中华人民共和国国家卫生和计划生育委员会，国家食品药品监督管理总局．食品中亚硝酸盐与硝酸

盐的测定 GB 5009.33—2016[S]. 北京:中国标准出版社,2016.

[84] 中华人民共和国国家卫生和计划生育委员会. 食品中二氧化硫的测定 GB 5009.34—2016[S]. 北京:中国标准出版社,2016.

[85] 中华人民共和国国家卫生和计划生育委员会. 味精中麸氨酸钠(谷氨酸钠)的测定 GB 5009.43—2016[S]. 北京:中国标准出版社,2016.

[86] 中华人民共和国国家卫生和计划生育委员会,国家食品药品监督管理总局. 食品中铜的测定 GB 5009.13—2017[S]. 北京:中国标准出版社,2017.

[87] 中华人民共和国国家卫生和计划生育委员会. 食品中镉的测定 GB 5009.15—2014[S]. 北京:中国标准出版社,2014.

[88] 中华人民共和国国家卫生和计划生育委员会,国家食品药品监督管理总局. 食品中铅的测定 GB 5009.12—2017[S]. 北京:中国标准出版社,2017.

[89] 中华人民共和国卫生部,中国国家标准化管理委员会. 食品中有机氯农药多组分残留量的测定 GB/T 5009.19—2008[S]. 北京:中国标准出版社,2008.

[90] 中华人民共和国卫生部,中国国家标准化管理委员会. 蔬菜中有机磷和氨基甲酸酯类农药残留量的快速检测 GB/T 5009.199—2003[S]. 北京:中国标准出版社,2003.

[91] 中华人民共和国卫生部,中国国家标准化管理委员会. 食品中有机磷农药残留量的测定 GB/T 5009.20—2003[S]. 北京:中国标准出版社,2003.

[92] 中华人民共和国国家卫生和计划生育委员会,国家食品药品监督管理总局. 食品中黄曲霉毒素 B 族和 G 族的测定 GB 5009.22—2016[S]. 北京:中国标准出版社,2016.

[93] 中华人民共和国国家卫生和计划生育委员会. 食品酸度的测定 GB 5009.239—2016[S]. 北京:中国标准出版社,2016.

[94] 中华人民共和国国家卫生和计划生育委员会. 食品中反式脂肪酸的测定 GB 5009.257—2016[S]. 北京:中国标准出版社,2016.

[95] 中华人民共和国国家卫生和计划生育委员会. 食品中丙烯酰胺的测定 GB 5009.204—2014[S]. 北京:中国标准出版社,2014.

[96] 中华人民共和国国家卫生和计划生育委员会. 食品接触材料及制品氯乙烯的测定和迁移量的测定 GB 31604.31—2016[S]. 北京:中国标准出版社,2016.

[97] 中华人民共和国质量监督国家质量监督检验检疫总局,中国标准化委员会. 动物尿液中盐酸克伦特罗(瘦肉精)残留的检测-气相色谱/质谱(GC/MS)方法 NY/QY 421—2003[S]. 北京:中国标准出版社,2003.

[98] 中华人民共和国质量监督国家质量监督检验检疫总局. 进出口食品中甲醛的测定 液相色谱法 SN/T 1547—2011[S]. 北京:中国标准出版社,2011.

[99] 上海市食品药品监督管理局. 火锅食品中罂粟碱、吗啡、那可丁、可待因和蒂巴因的测定 液相色谱-串联质谱法 DB 31/2010—2012[S]. 北京:中国标准出版社,2012.

[100] 中华人民共和国国家卫生和计划生育委员会,国家食品药品监督管理总局. 食品中脂肪酸的测定 GB 5009.168—2016[S]. 北京:中国标准出版社,2012.

[101] 中华人民共和国国家卫生和计划生育委员会,国家食品药品监督管理总局. 食品中钙的测定 GB 5009.92—2016[S]. 北京:中国标准出版社,2016.

[102] 中华人民共和国贸易部. 果汁通用试验方法 SB/T 10203—1994[S]. 北京:中国标准出版社,2016.

[103] 中华人民共和国质量监督国家质量监督检验检疫总局. 进出口动物源性食品中糖皮质激素类兽药残留量检测方法 SN/T 2222—2008[S]. 北京:中国标准出版社,2008.

[104] 中华人民共和国国家卫生和计划生育委员会,国家食品药品监督管理总局. 食品中苯甲酸、山梨酸和糖精钠的测定 GB 5009.28—2016[S]. 北京:中国标准出版社,2016.

[105] 中华人民共和国卫生部,中国国家标准化管理委员会. 食用植物油卫生标准 GB 2716—2005[S]. 北京:中国标准出版社,2005.

[106] 中华人民共和国卫生部,中国国家标准化管理委员会. 食用植物油煎炸过程中的卫生标准 GB 7102.1—2003[S]. 北京:中国标准出版社,2003.

[107] 中华人民共和国国家卫生和计划生育委员会. 食品中酸价的测定 GB 5009.229—2016[S]. 北京:中国标准出版社,2016.

[108] 中华人民共和国质量监督国家质量监督检验检疫总局,中国国家标准化管理委员会. 动植物油脂碘值的测定 GB/T 5532—2008[S]. 北京:中国标准出版社,2008.

[109] 中华人民共和国国家卫生和计划生育委员会,国家食品药品监督管理总局. 食品中双乙酸钠的测定 GB 5009.277—2016[S]. 北京:中国标准出版社,2016.

[110] 中华人民共和国卫生部,中国国家标准化管理委员会. 食用植物油卫生标准的分析方法 GB/T 5009.37—2003[S]. 北京:中国标准出版社,2003.

[111] 中华人民共和国质量监督国家质量监督检验检疫总局,中国国家标准化管理委员会. 饮料通用分析方法 GB/T 12143—2008[S]. 北京:中国标准出版社,2008.

[112] 中华人民共和国国家卫生和计划生育委员会,国家食品药品监督管理总局. 食品中淀粉的测定 GB 5009.9—2016[S]. 北京:中国标准出版社,2008.